Aus der Vorrede zur zweiten Auflage.

Schon in der Vorrede zur ersten Auflage (1833) deutete ich die Kreise an, für welche dieses Lehrbuch bestimmt ist, und wiederhole hier nur, daß Oberquarta und die beiden Cötus von Tertia, oder wenn, wie bei einigen Gymnasien, auch Sekunda in zwei Cötus getheilt ist, noch besser beide Tertia und Unter-Sekunda die Klassen sind, in welche die Naturgeschichte, der Auffassung des vorliegenden Lehrbuches nach, passend verwiesen werden müßte. Man würde bei solcher Anlage des Unterrichtes in der untersten Klasse am zweckmäßigsten mit der Zoologie beginnen, und in dem einen Halbjahr die Rückgratthiere, in dem anderen die übrigen Gruppen durchnehmen. Darauf folgte in der nächsten Klasse die Botanik, auch jährig, im Winter die Terminologie oder der allgemeine Theil, im Sommer der specielle, verbunden mit Excursionen. Für die dritte Klasse bliebe dann die Mineralogie, welche sich recht gut in einem halben Jahre vortragen läßt, wobei der Lehrer noch Zeit genug behält, die Krystallographie etwas weitläufiger, als wie sie hier gegeben wurde, durchzunehmen; etwa in dem Umfange, wie ich sie in meinem Handbuch der Naturgeschichte (Berlin 1836. 8.) gegeben habe, worauf ich alle Diejenigen, welche sich ausführlicher über nur angedeutete Gegenstände unterrichten wollen, verweisen möchte. Für das zweite Halbjahr in der dritten Klasse dürfte ein bündiger Kursus der Geologie, welchen sich freilich der Lehrer nach den vorhandenen Hülfsmitteln, unter denen sich de la Beche Geognosie, übersetzt von H. v. Dechen (Berlin 1832. 8.) als das brauchbarste auszeichnet, selbst entwerfen müßte, am geeignetsten sein; doch könnte er auch mit einem repetitorischen Vortrage der früher durchgenommenen Disciplinen ausgefüllt werden; besonders gehörte hierher dann die Darstellung des natürlichen Systems der Pflanzen, für welche ebenfalls mein Handbuch der Naturgeschichte als Anleitung dienen könnte. Derselbe Gang des Unterrichtes leidet übrigens auch auf Bürgerschulen seine Anwendung; auch für diese würde ich eine Reihenfolge der Disciplinen in der angegebenen Ordnung als die zweckmäßigste vorschlagen. Es hat auch in der Darstellung des Gegenstandes eine solche Stufenfolge des Unterrichtes mir vorgeschwebt, woraus sich denn auch eine mehr wissenschaftliche Haltung für die allgemeinen Theile der Botanik und Mineralogie ergeben mußte; letztere namentlich dürfte einem Schüler der unteren Klasse immer unverständlich bleiben.

Da in der Naturgeschichte alles auf Anschauung ankommt, so versäume der Lehrer ja nicht, die berührten Gegenstände den Schülern, so viel es sich thun läßt, selbst vorzulegen. Präparate werden wohl die wenigsten Schulen besitzen; auch reichen gute Abbildungen hin, ja sind in vielen Fällen, besonders bei niederen Thieren, vorzuziehen, da sie schon die charakteristischen Merkmale ganz besonders hervorheben. Leider fehlt es noch immer an einer zweckmäßigen Sammlung für den Bedarf eines Schülers, daher ich schon in der Vorrede zur ersten Auflage einen zoologischen Schulatlas ankündigte. Derselbe ist, trotz mancher Hindernisse, so weit gediehen, daß das erste Heft zu Ostern erscheinen kann, und ich hoffe, daß er sich durch Brauchbarkeit und Wohlfeilheit, wie dieser Grundriß, dem er sich ganz anschließt, empfehlen wird. Er ist übrigens so eingerichtet, daß er selbst dem Studirenden noch Mittel zur Aufklärung bietet, mithin den Bedürfnissen eines Gymnasialvortrages vollkommen entspricht. Beim Studium der Botanik sind Abbildungen weniger nöthig. Leicht kann der

Grundriß

der

Naturgeschichte.

Für Gymnasien, Real- und höhere Bürgerschulen

entworfen

von

Dr. Hermann Burmeister,
Director des Museo publico in Buenos-Aires,
vormals Professor der Zoologie an der Universität in Halle.

Zehnte Auflage.

Berlin,
Verlag von Georg Reimer.
1867.

Lehrer die eigenthümlichen Formen, welche in der Terminologie erklärt werden, durch schnell an der Tafel entworfene Umrisse erläutern, und diese Art der Verdeutlichung hat noch den Vortheil, daß der Schüler den Gegenstand gleichsam vor seinen Augen entstehen sieht. Ich habe diese Methode nicht bloß in der Botanik, sondern auch in der Zoologie, als höchst zweckmäßig erkannt, auch darauf gehalten, daß die Schüler alle von mir vorgezeichneten Figuren sogleich in einem besonderen Hefte copiren und während der Repetition als Fingerzeige benutzen. Freilich gehört dazu eine sichere Hand und treue Phantasie; allein ohne diese kann ein Naturforscher überhaupt nichts anfangen, und daher darf ich sie, als nothwendige Eigenschaften jedes Naturhistorikers, wohl bei den Lehrern der Physiographie voraussetzen.

Berlin, 1835.

Vorrede zur vierten Auflage.

In der Voraussetzung, daß die gewählte Form dieses kleinen Lehrbuches den Anforderungen einer zweckdienlichen Methode noch ferner Genüge leisten werde, habe ich bei der vierten Auflage nur solche Veränderungen gemacht, welche durch die rastlosen Fortschritte der Wissenschaft bedingt wurden. So viel in meinen Kräften steht, bin ich bemüht gewesen, von diesen Fortschritten, auch wenn sie den engeren Kreis meiner wissenschaftlichen Thätigkeit nicht berühren, Kunde zu nehmen, und die Hauptresultate, so weit sie in ein Lehrbuch, wie das vorliegende, gehören, ihm einzuverleiben. Dies gilt zumal von der umfassenden Ausführung, welche die Fruktifikationslehre der Pflanzen in unsern Tagen erfahren hat. In der Zoologie wurden die Klassen der Säugethiere und Vögel ganz neu durchgearbeitet und die in den Familien aufgeführten Gattungen schematisch geordnet, wie ich hoffe zum Vortheil des Buches, und im Einklange mit der anerkannten Wahrheit: qui bene distinguit, bene docet. Leider ergab sich daraus in den meisten Fällen die Nothwendigkeit, von der früheren Reihenfolge der Gattungen abzuweichen, ein Umstand, der doch eigentlich Nebensache ist. Erheblicher dürfte es sein, daß ich die Angaben der Zähnezahlen bei den Säugethieren theils wieder weggelassen habe, weil sie mir bei der sonstigen Haltung dieses Grundrisses zu sehr in Details zu führen schienen; theils durch allgemeinere Bezeichnung dem Fassungsvermögen der Schüler zugänglicher zu machen suchte, was gewiß nur lobenswerth ist, wenn es gleich manche Veränderungen mit sich brachte, welche, als solche, für die neuen Auflagen von Lehrbüchern keineswegs zweckmäßig und wünschenswerth sind. In der Abtheilung der Gliederthiere mußte ich mich bemühen, diesen Grundriß mit meinem Handbuch der Naturgeschichte (Berlin 1836. 8.) und meinem Handbuch der Entomologie (Berlin 1835—46. 8.), deren Differenzen aus scharfer Prüfung der bisherigen Systematik hervorgegangen sind, in Einklang zu bringen; was, wenn es gleich diese Auflage von den früheren wesentlich unterscheidet, doch ihr nur zum Vortheil gereichen kann. Auf beide Werke muß ich den Lehrer zur genaueren Kenntnißnahme verweisen, für seine Schüler aber empfehle ich ihm besonders meinen Zoologischen Hand-Atlas, dessen letztes siebentes Heft bald erscheinen wird*). Im Verlage derselben Handlung, die den Atlas und diesen Grundriß liefert, sind auch recht brauchbare Umrisse zur Erläuterung des natürlichen Systems der Pflanzen erschienen, bei deren Anfertigung unter meiner Leitung besonders Nees v. Esenbeck treffliche genera plantarum florae Germanicae benutzt wurden. Ihre Vollendung ist nächstens zu gewärtigen**).

Halle, August 1840.

---

*) Nunmehr (seit 1845) erschienen ist.

**) Seit dem Jahre 1845 sind die botanischen Abbildungen auf 44 Tafeln vollendet und z. Th. neu herausgegeben.

Zu dieser achten Auflage weiß ich übrigens nichts weiter zu bevorworten, als daß ich die frühere Form unverändert beibehielt, und nur einige Charaktere hie und da schärfer faßte. Dann habe ich eine allgemein verständliche und mehr populäre Darstellung des ganzen Gebietes der Naturgeschichte vor mehreren Jahren unter dem Titel: Geschichte der Schöpfung herausgegeben, die kürzlich in der vierten Auflage (Leipzig 1851. 8.) die Presse verlassen hat, und besonders den Lehrern, welche nicht Naturforscher vom Fache sind, als Handbuch willkommen sein möchte.

Halle, den 10. August 1852.

H. Burmeister.

Vorrede zur neunten Auflage.

Mit wissenschaftlichen Forschungen in Brasilien beschäftigt, ist es Herrn Professor Burmeister nicht möglich gewesen, die inzwischen nöthig gewordene neue Auflage dieses Grundrisses selbst zu besorgen. Mit der Herausgabe derselben beauftragt, habe ich mich auf eine sorgfältige Revision des Textes beschränkt und verweise in Betreff der wenigen, von dem Fortschritte der Wissenschaft gebotenen Aenderungen auf des Verfassers sechste Auflage der Schöpfungsgeschichte (Leipzig 1856) und auf desselben Zoonomische Briefe (Leipzig 1856).

Halle, im December 1856.

C. Giebel.

Vorrede zur zehnten Auflage.

Die Gründe, welche den Herrn Verfasser veranlaßten, mir die Herausgabe der neunten Auflage zu übertragen, sind bleibende geworden: er ist seitdem nach Südamerika übergesiedelt und widmet seine Thätigkeit hauptsächlich der Untersuchung der dortigen Thierwelt. So übernahm ich die Revision der wieder nöthig gewordenen zehnten Auflage, deren Verbesserungen sich auf mehrere Zusätze und schärfere Charakteristik einzelner Arten beschränken, den durch mehr denn 30 Jahre hindurch bewährten Plan des Buches aber nicht berühren. Des Herrn Verfassers Schöpfungsgeschichte (7. Aufl. Leipzig 1867), Zoonomische Briefe (Leipzig 1856), Zoologischer Handatlas (2. Aufl. Berlin 1856) und meine Naturgeschichte des Thierreiches (Leipzig 1859—64. 5 Bde.), sowie Aug. Garckes Flora von Nord- und Mitteldeutschland (8. Aufl. Berlin 1867) und Naumanns Lehrbuch der Mineralogie (3. Aufl. Leipzig 1864) reichen als wissenschaftliche Hülfsmittel bei dem Gebrauche dieses Grundrisses aus.

Halle, im November 1867.

C. Giebel.

Einleitung.

§. 1. Naturgeschichte nennt man denjenigen Zweig der Naturwissenschaft, welcher die verschiedenen Formen der Naturkörper nach deren äußerem und innerem Bau kennen lehrt, und ihre aus der Form zunächst folgenden Aehnlichkeiten und Unterschiede erörtert. Sie beschreibt daher die Naturkörper und stellt sie nach jenen Beziehungen in größere und kleinere Gruppen (Klassen, Ordnungen, Familien, Gattungen und Arten) zusammen.

§. 2. Ihrer Gestalt und gesammten Einrichtung nach bilden die Naturkörper zuvörderst zwei große Hauptabtheilungen.

Die Einen bestehen äußerlich wie innerlich aus verschiedenen Theilen, von denen jeder eine gewisse, ganz bestimmte Verrichtung hat, vermittelst welcher die Naturkörper sich erhalten. Man nennt diese Theile ihre Werkzeuge oder Organe, und solche Naturkörper darnach organische.

Die Anderen bestehen entweder gar nicht aus verschiedenen Theilen, oder aber wenn sie aus verschiedenen Bestandtheilen zusammengesetzt sind, so hat doch keiner derselben eine Verrichtung zur Erhaltung des Ganzen; es fehlen ihnen also die Werkzeuge oder Organe, weshalb man diese nun anorganische Naturkörper genannt hat. Solcher Art sind alle Mineralien, Metalle u. dgl. m.

§. 3. Die organischen Naturkörper theilen sich wieder in zwei Gruppen, nämlich:

a) in solche, unter deren Werkzeugen sich einige finden, welche den Naturkörper ganz oder zum Theil in Bewegung (Muskeln und Nerven) setzen. Naturkörper dieser Art sind die Thiere.

b) in solche, denen die Werkzeuge zur Bewegung, mithin auch die Fähigkeit, sich bewegen zu können, mangeln; diese nennt man Pflanzen.

§. 4. Die Thiere und Pflanzen als organische Naturkörper nennt man auch lebendig, und schreibt also beiden Leben zu.

Was ist aber das Leben?

Das Leben ist Thätigkeit aus eigener Kraft, eine Thätigkeit also, die keinen Grund von außen erhält, sondern die sich selbst antreibt, die lediglich ihrer selbst wegen thätig ist.

Es ist allgemein bekannt, daß man auch für die verschiedenen Veränderungen der leblosen Materie gewisse Kräfte als Ursachen betrachtet, und daß wir die Kräfte, welche die Veränderung oder die Thätigkeit derselben überhaupt veranlaßten, nachweisen können als ausgegangen von anderen Materien oder hervorgerufen durch deren Kräfte. Kein lebloser Körper theilt sich von selbst, sondern erst in Folge einer von außen einwirkenden Kraft, kein lebloser Körper bewegt sich wieder, wenn er in Ruhe versetzt worden, aus eigenem Antriebe; keiner ruhet, so lange er noch eine bewegende Kraft hat, wenn ihn nicht eine andere Kraft festhält. — Aber die lebendigen Körper thun dies alles aus freiem Antriebe; die Pflanze saugt Nahrung ein, eben so das Thier, ohne daß äußere Kräfte sie dazu auffordern; jene treibt Schößlinge, Zweige aus freiem Antriebe, dieses bewegt sich hin und her, ohne von fremden Kräften aus einer Ruhe gestört worden zu sein u. s. w. Dieses freie Handeln also ist der wesentliche Unterschied der lebendigen und leblosen Körper.

§. 5. Nach der angegebenen Verschiedenheit der Naturkörper zerfallen dieselben in drei große Gruppen, welche man Naturreiche nennt, und diesen entsprechend theilt sich die Naturgeschichte in drei große Abtheilungen, welche sind:

a) Die Naturgeschichte der Thiere, oder die Zoologie, welche vom Thierreich handelt.

b) Die Naturgeschichte der Pflanzen, oder die Botanik, handelt vom Pflanzenreich.

c) Die Naturgeschichte der anorganischen Naturkörper, oder die Mineralogie, handelt vom Mineralreich.

Erster Abschnitt.

Zoologie.

§. 6. Thiere (animalia) sind organische Naturkörper mit willkürlicher Bewegung.

Willkürlich nennen wir eine Bewegung, die allein von dem freien Entschlüß (Willen) des sich bewegenden Körpers abhängt, und keiner anderen Anregung von außen bedarf. Das Vermögen, den Ort, an welchem der Naturkörper sich befindet, verlassen zu können, oder die Locomotivität, worin man gewöhnlich die willkürliche Bewegung überhaupt ausgedrückt glaubt, kommt nicht allen Thieren zu, es fehlt den festgewachsenen Polypen, Muscheln und manchen Parasiten.

§. 7. Die Thiere bestehen als organische Naturkörper aus mehreren Organen oder Werkzeugen, welche zusammen ihren Leib ausmachen. Dieser Leib hat eine bestimmte, jedem besonderen Thiere eigenthümliche Form, welche Formen aber auf gewisse Einheiten sich zurückführen lassen; sie sind nämlich:

1) Symmetrisch, d. h. nur durch einen einzigen Schnitt in zwei gleiche, einander entgegengesetzte (rechte und linke) Hälften theilbar. Solche Thiere enthalten alle Organe, welche nicht in der Theilungsfläche d. h. der Mitte selbst liegen, paarig; wie z. B. auch der Körper des Menschen.

2) Regulär, d. h. durch mehrere durch den Mittelpunkt gelegte Schnitte in zwei gleiche Hälften theilbar. Diese Thiere enthalten alle Organe, die im Zentrum befindlichen ausgenommen, so vielmal, als wie viele Theilungsrichtungen es bei ihnen giebt; wie z. B. die Seeigel, Medusen.

3) Irregulär, d. h. gar nicht in gleiche Hälften theilbar, vielmehr im Leben beständig veränderlich, wie die wahren Infusionsthiere und Schwämme.

1*

§. 8. Der Leib zerfällt gewöhnlich bei symmetrischen Thieren in drei große Abschnitte, nämlich in den Kopf (caput), den Rumpf (truncus) und die Glieder oder Gliedmaßen (artus).

§. 9. Der Kopf kommt nicht einmal allen symmetrischen Thieren zu, sondern fehlt unter ihnen den Muscheln, welche Cüvier deshalb Kopflose (Acephala) nannte. Auch allen regulären und irregulären Thieren fehlt er ganz.

§. 10. Der Rumpf ist allen Thieren eigen. Einige, wie die regulären und irregulären, haben nichts weiter als den Rumpf, und können zugleich mit den symmetrischen, welchen Kopf und Gliedmaßen fehlen, Bauchthiere (animalia gastrodea oder Gastrozoa) genannt werden, weil der Bauch der Haupttheil des Rumpfes ist.

§. 11. Die Gliedmaßen fehlen ebenfalls vielen Thieren, nämlich allen Bauchthieren, aber auch vielen Würmern, z. B. dem Regenwurm, und selbst noch den Schlangen.

§. 12. Jeder dieser drei Abschnitte des Thierleibes enthält gewisse Organe, welche nur an oder in ihm vorkommen. Zugleich enthält aber auch jeder Haupttheil des Leibes andere Organe, die sich in allen wiederfinden, diese sind:

a) Die Nerven (neuri), weiße Fäden, die sich wie die Zweige eines Baumes von einem Hauptstamm aus verbreiten und mit ihren äußersten Enden zu allen anderen Organen sich hinbegeben. Ihre Verrichtung ist die Empfindung, welche daher auch überall am Körper möglich ist. Sie entspringen endlich alle aus dem Gehirn (cerebrum), das im Kopf liegt, und gleichsam als der Wurzelstock aller Nerven angesehen werden kann.

b) Die Gefäße (vasa), Röhren, welche sich gerade wie die Nerven zweigförmig verbreiten und zu allen anderen Organen begeben. Ihre Verrichtung besteht darin, den Nahrungsstoff des Körpers oder das Blut, aus dem Herzen in alle Organe zu führen, damit diese aus ihm ihre Nahrung schöpfen, und den übrig gebliebenen Rest wieder zum Herzen zurückzuleiten. Die fortleitenden Gefäße heißen Arterien oder Pulsadern, die zurückführenden Venen oder Blutadern; erstere verrathen sich leicht durch ihre Bewegung oder den Pulsschlag, daher sie auch Schlagadern genannt werden. Den Uebergang von den Arterien zu den Venen vermitteln die sehr feinen Haar- oder Capillargefäße.

c) Die Muskeln (musculi), dicke, runde oder flache, breite, gestreifte Organe, die aus lauter feinen Fasern bestehen, welche alle parallel neben einander, oder auch wohl in mehreren sich kreuzenden Schichten über einander liegen. Ihre Verrichtung besteht darin, die Organe, an welchen sie haften, durch ihre Contraktilität in Bewegung zu setzen, daher sie als die eigentlichen Bewegungsorgane der Thiere zu betrachten sind.

Zwischen den Muskeln liegt eine aus vielen Faserbündeln und Maschen bestehende Schicht, die man wegen ihrer Bildung Zellgewebe nennt, und in welcher sich das Fett ansammelt. Seine Verrichtung ist, die Muskeln, Gefäße und Nerven einzuhüllen, damit sie von außen geschützt sind. Beide, Muskeln und Zellgewebe mit dem Fett, bilden das Fleisch der Thiere.

d) Endlich bekleidet die Oberfläche aller Thiere die Haut (cutis), welche zunächst als eine schützende Hülle zu betrachten ist, unter der die Organe, wie unter einem eng anschließenden Schleier, versteckt liegen.

§. 13. Die Organe, welche sich nur in den einzelnen Hauptabschnitten des Leibes befinden, lassen sich am besten nach diesen Hauptabtheilungen betrachten.

§. 14. Der Kopf trägt die Sinneswerkzeuge, oder diejenigen Organe, welche für die Wahrnehmung äußerer Eindrücke ganz bestimmter Art berechnet sind. Es giebt deren vier.

a) Das Auge (oculus), oder das Organ, vermittelst welches wir sehen. Es hat seine Stelle immer an der vorderen Seite des Kopfes, und ist in den meisten Fällen doppelt, nicht selten mehrfach; häufig fehlt es ganz.

b) Das Ohr (auris), oder das Organ, vermittelst dessen wir den Schall und die Töne, welche andere Körper von sich geben, wahrnehmen, liegt immer an den Seiten des Kopfes, und ist stets, wo es sich auch finden mag, doppelt; vielen Thieren fehlt das Organ des Gehörs vollkommen, andere hören, obwohl das Ohr noch nicht mit Bestimmtheit bei ihnen entdeckt worden ist.

c) Die Nase (nasus) als Geruchsorgan nimmt die Eindrücke wahr, welche gewisse flüchtige oder verdampfende Materien erregen; sie findet sich immer am Vordertheile des Kopfes unter den Augen, und besteht in der Regel aus einer doppelten Höhle, in welcher sich eine zarte mit Nerven versehene Haut verbreitet. Sehr vielen Thieren fehlt auch die Nase ganz.

d) Die Zunge (lingua) als Geschmacksorgan findet sich im Munde, und besteht aus einem fleischigen, auch wohl von Knochen unterstützten Körper, der von einer weichen mit Nerven versehenen Haut überzogen ist. Das Thier erhält vermittelst des Geschmacks die Eindrücke, welche die auflöslichen Körper auf die Nerven der Zunge machen, daher nicht alle Dinge schmeckbar sind. Die Zunge ist allgemeiner verbreitet als die Nase, aber nicht bei allen Thieren, die eine Zunge haben, dient sie zum Schmecken.

§. 15. Im Rumpfe liegen die Ernährungs- und Fortpflanzungsorgane der Thiere.

I. Die Ernährungsorgane haben den Zweck, diejenigen Stoffe, welcher das Thier zu seiner Erhaltung bedarf, ihm zuzuführen und zuzubereiten. Diesen Zweck erreichen sie durch Aufnahme von Nahrungsmitteln und Veränderung derselben in die ernährende Flüssigkeit oder das Blut.

Aufgenommen werden die Nahrungsmittel durch den Mund (os), der allen Thieren eigen ist, in den Magen (ventriculus), woselbst sie in einen Brei verwandelt werden und nun in den Darm übergehen. Aus dem Darm saugen eigenthümliche Gefäße den Nahrungsstoff auf, und führen ihn zum Herzen (cor), einem muskulösen Beutel, welcher durch Scheidewände in Kammern und Vorhöfe getheilt ist, die mit einander in Verbindung stehen. Von hier aus kommt er in die Lunge (pulmo), damit er in ihr, vermittelst der eingeathmeten Luft, eine Veränderung (Reinigung) erleide, die ihn zur Ernährung der Organe geschickt macht. Nun erst ist der Nahrungsstoff wahres Blut (sanguis), das dann entweder zum Herzen zurückkehrt und aus ihm in alle Theile des Körpers vermittelst der Arterien oder Pulsadern geleitet wird, oder sogleich aus dem Athmungsorgan in diese Gefäße übergeht. Der Theil des Blutes, welchen die Organe nicht verbraucht haben, kehrt mit dem neu aus dem Darm aufgesogenen Safte durch die Venen ins Herz zurück. So läuft also das Blut auf einer Kreisbahn im Körper umher, welche Bewegung deshalb Kreislauf genannt wird.

§. 16. Die Organe, welche wir eben kennen gelernt haben, liegen so im Rumpf, daß die Lunge den obersten Theil desselben ausfüllt. Ihre Verrichtung heißt Athmung oder Respiration. Zwischen der Lunge, die aus 2 Hälften besteht, befindet sich das Herz. Der Raum, den beide einnehmen, heißt Brustkasten (thorax); bei den Säugethieren ist derselbe durch eine muskulöse Wand, das Zwerchfell, von dem übrigen Theil des Rumpfes getrennt. Gleich unter dem Zwerchfell liegt in der Mitte und links der Magen, rechts neben ihm die Leber (hepar), von welcher die Galle (bilis) abgesondert wird: eine grünlichgelbe bittere Flüssigkeit, die in den Darm fließt, und die Verarbeitung der Nahrungsmittel, welche wir Verdauung (digestio) nennen mit bewirken hilft. Der ganze Raum unter dem Zwerchfell heißt Bauchhöhle (abdomen oder venter), und enthält nur noch den Darm, der wieder aus dem Dünndarm (ilium) und Dickdarm (colon) besteht, welcher letztere sich in den After mündet. Auch finden sich in dieser Höhle noch die Nieren (renes), zwei Körper, die gegen den Rücken zu liegen, und unbrauchbare Stoffe aus dem Blute absondern, damit dieselben als Harn oder Urin wieder abfließen können. Ferner liegt linkerseits vom Magen noch die Milz und unterhalb des Magens die Bauchspeicheldrüse, welche ihren Speichel in den Darm ergießt.

§. 17. II. Die Fortpflanzungsorgane sind Kanäle oder Säcke, in welchen eigenthümliche flüssige Stoffe, als Grundlage oder Keime für die Brut, abgesondert werden. Beim Weibchen bilden sich in ihnen die Eier (ova), aus denen die jungen Thiere entstehen. Bei den Fischen z. B. heißen die Säcke des Weibchens Rogen, des Männchens Milch. Fast alle Thiere entstehen aus Eiern, welche die Weibchen legen; einige, wie die Säugethiere, gebären lebendige Junge, die von der Mutter ernährt, gesäugt, werden.

§. 18. Die Gliedmaßen, der dritte Haupttheil des Thierleibes, dienen den Thieren als Bewegungsorgane, daher sie vorzugsweise aus Muskeln bestehen; ihre Anzahl ist immer eine grade, auch sitzen wahre Gliedmaßen stets einander gegenüber, symmetrisch an beiden Seiten des Leibes, und haben paarweis gleiche Gestalt und Größe. Sie kommen daher nur bei symmetrisch gebildeten Thieren vor, fehlen aber selbst diesen zum Theil. Nach ihrer Verrichtung, welche auch ihre Form bestimmt, unterscheidet man folgende fünf Arten:

a) Füße (pedes), sie dienen bloß zum Gehen oder Kriechen, indem sie nur zum Anstemmen gegen den Boden brauchbar sind.

b) Hände (manus), sie dienen zum Ergreifen und Festhalten, sind daher zangenförmig gebildet, und werden besonders zum Klettern benutzt.

c) Flügel (alae), dienen zum Rudern in der Luft, und spannen immer große Hautfalten oder Flächen aus.

d) Flossen (pinnae), dienen zum Rudern im Wasser und spannen ebenfalls, aber kleinere, Hautfalten.

e) Kiefer (mandibulae oder maxillae), dienen bloß zum Ergreifen, Festhalten und Zermalmen der Nahrung, und stehen im Munde selbst oder in dessen unmittelbarer Umgebung (§. 15. I.).

In der Regel bestehen die Gliedmaßen aus hinter einander liegenden, für sich beweglichen Abschnitten, Gelenkungen (articulationes) oder Glieder genannt.

§. 19. Nach den wesentlichsten und auffälligsten Verschiedenheiten, welche sich im ganzen thierischen Körperbau vorfinden, zerfällt das Thierreich in drei große Gruppen. Diese sind:

1. Bauchthiere, Gastrozoa. Irreguläre, reguläre oder symmetrische Thiere, deren Leib bloßer Rumpf ist, oft freilich in mehrere Strahlen ausläuft, aber niemals mit wahren in sich artikulirten Gliedmaßen versehen ist. Den Meisten fehlt der Kopf.

2. Gliederthiere, Arthrozoa s. Articulata. Symmetrische Thiere, deren Leib aus vielen, hinter einander liegenden, gleichen oder ungleichen Ringen besteht. Die Meisten haben einen Kopf und wahre (sechs oder mehrere) Gliedmaßen, andern fehlen beide.

3. Rückgratthiere, Osteozoa s. Vertebrata. Symmetrische Thiere, in deren Leibe sich ein Gerüst harter Körper, die man Knochen nennt, findet, an welchem Gerüst oder Skelet alle übrigen Theile befestigt sind. Alle haben einen deutlichen

Kopf- mit Sinnesorganen und die allermeisten vier mehr oder weniger ausgebildete Gliedmaßen.

Wir wollen mit der Betrachtung der letztern Gruppe, weil sie die bekanntesten und größten Thiere enthält, den Anfang machen.

Erste Hauptgruppe.

Rückgratthiere.

§. 20. Die wesentlichste Eigenschaft dieser ersten Gruppe des Thierreiches ist die Anwesenheit des Skelets im Innern der hierher gehörigen Thiere, daher wir mit der Betrachtung desselben beginnen.

Das Skelet besteht aus Knochen, welche in den Gelenken an einander stoßen, und durch elastische faserige Bänder beweglich oder nur biegsam mit einander verbunden sind. Jeder Knochen (os) ist ursprünglich ein zelliger, weicher, knorpeliger Körper, in dessen Zellen sich später phosphorsaure Kalkerde absetzt. Viele Knochen haben im Innern einen hohlen Raum, der mit einer fettigen Materie, dem Mark (medulla), angefüllt ist. An den Enden, da wo die gegen einander beweglichen Knochen sich berühren, sind dieselben mit einer weichen, zelligen, weißen Substanz überzogen, deren Oberfläche sehr glatt ist, und die den Namen Knorpel (cartilago) führt; gewisse Knochen sind auch durch solche Substanz unbeweglich verbunden.

§. 21. Das Skelet zerfällt, wie der ganze Leib, in drei Abschnitte, nämlich in den Kopf, den Rumpf und die Gliedmaßen.

Der Kopf des Skelets ist eine einzige große, von Knochen umgebene Höhle, Schädelhöhle genannt, in welcher das Gehirn liegt, und an der noch besondere Knochen befestigt sind. Diese bilden andere Höhlen, die sich am vordern Theil des Schädels befinden und die Sinnesorgane in sich aufnehmen; es sind: die Augenhöhlen, in welchen die Augen liegen, die Höhlen des Gehörs, die Nasenhöhle und die Mundhöhle. Diese letztere wird umgeben von den Kiefern, zwei hufeisenförmigen oder geraden Knochen, deren jeder wieder aus zwei vorn an einander stoßenden Hälften besteht, und an dem einen Rande häufig mit Zähnen besetzt ist. In der Regel kann nur der Unterkiefer bewegt werden, oft aber auch beide, und zwar gegen einander.

§. 22. Der Rumpf des Skelets besteht aus vielen einzelnen Knochen, die sich unter 3 Rubriken bringen lassen, welche sind: Wirbel, Rippen und Becken.

Die Wirbel (vertebrae) sind kleine aus einem fast würfelförmigen oder cylindrischen Körper und einem von diesem ausgehenden Bogen bestehende Knochen, welche durch Knorpelsubstanz so an einander hängen, daß sie einen großen Stamm, die Wirbelsäule oder das Rückgrat, bilden. Die Bogen sind dabei nach außen gegen den Rücken zu gerichtet und bilden einen Kanal, in welchem ein dicker Nervenstrang, der aus dem Gehirn kommt, und Rückenmark genannt wird, hinabläuft. Seitlich treten aus ihm andere Nerven hervor, die zwischen den Bogen hervorkommen, und am Rumpf, wie zu den Gliedmaßen sich verbreiten. Vom Bogen entspringen noch spitze Knochenfortsätze, einer grade nach außen und oben, der Dornfortsatz, zwei andere nach der Seite hin, einer an jeder Seite, die Querfortsätze; beide dienen nur Bändern und Muskeln zur Anheftung. Nach ihrer Lage theilt man die Wirbel in fünf Gruppen. Halswirbel heißen die ersten gleich hinter dem Kopf, die bloß verkümmerte, oft gar keine Rippen tragen und gewöhnlich die beweglichsten sind; nach ihnen folgen die mit vollständigen Rippen versehenen Brustwirbel; dann die rippenlosen, unter allen am stärksten gebauten Lendenwirbel; darauf die Beckenwirbel, an welchen das Becken sitzt, und die meistens zu einem Knochen, dem Kreuz- oder Heiligenbein, verwachsen sind; endlich die Schwanzwirbel, die kleinsten von allen, welche den Schwanz der geschwänzten Thiere bilden und zum größern Theile keine Bogen, also auch keinen Rückenmarkskanal haben.

Die zweite Hauptform der Knochen des Rumpfes sind die Rippen (costae), dünne, schmale, bogig gekrümmte Knochen, welche mit dem einen Ende gewöhnlich an je zwei Wirbel stoßen, und hier durch Bänder in einer Gelenkung befestigt sind; das andere Ende setzt sich meist, aber nicht immer, vermittelst eines runden Knochen- oder Knorpelstücks an einen runden oder flachen

Knochen, der vorn auf der Brust liegt, und daher Brustbein (sternum) heißt. Dieses mit den Rippen und Rückenwirbeln bildet den Brustkasten, in welchem Lungen und Herz liegen.

Das Becken (pelvis), der dritte Haupttheil der Rumpfknochen, bildet das untere oder hintere Ende des Rumpfes, und besteht aus mehreren flachen, eine geräumige, aber nur zum Theil geschlossene, Höhle bildenden Knochen. Es hängt mit dem breiten Darmbein jederseits am Heiligenbein, und dient den Knochen der Hintergliedmaßen zum Ansatzpunkt.

Es kommt nicht bei allen Rückgratthieren vor, namentlich fehlt es allen Fischen, den Schlangen, und ist selbst noch bei den Säugethieren mitunter sehr unvollkommen entwickelt. Alle diese Thiere haben dann auch gar keine oder unvollkommene Hintergliedmaßen.

§. 23. Die Knochen der Gliedmaßen bilden mehrere, hinter einander liegende Reihen, und erscheinen als ziemlich enge und feste Röhren, die an beiden Enden keulenförmig verdickt und abgerundet sind. Diese mit Knorpel überzogenen Enden bilden die Gelenke und heißen deshalb Gelenkköpfe. Die Rückgratthiere haben nur vier Gliedmaßen, von welchen das erstere Paar am vorderen, das zweite in der Regel am hinteren Ende des Rumpfes befestigt ist. Das vordere Paar, beim Menschen Arm genannt, hängt an einem flachen dreieckigen Knochen, dem Schulterblatt, welcher auf dem Rücken am Anfange des Brustkastens neben dem Rückgrat liegt, und bei denjenigen Thieren, die ihre vordern Gliedmaßen zu angreifenden Geschäften, als Graben, Klettern, Fliegen, Schwimmen gebrauchen, durch einen dünnen S-förmig gekrümmten Knochen, das Schlüsselbein (clavicula), mit dem Brustbein verbunden ist, sonst aber nur durch Muskeln mit dem Brustkasten zusammenhängt. An diesem Schulterblatt hängt sehr frei beweglich der große Oberarmknochen, und an diesem zwei kleinere dünnere, die Speiche und Elle, welche den Unterarm bilden. Wo Oberarm und Unterarm zusammenstoßen, befindet sich die Gelenkung, welche man Ellenbogen nennt. Auf die Knochen des Unterarms folgen mehrere (gewöhnlich acht) kleinere Knochen, welche in 2 Reihen liegen, und das Handwurzelgelenk bilden, daher man sie Handwurzelknochen nennt. An diese stoßen so viele Knochen, als die Hand oder der Fuß Zehen hat, also 1, 2, 3, 4 oder 5; alle hängen unter sich durch Muskeln zusammen, und bilden die flache Hand. Nun hat noch jede Zehe oder jeder Finger drei oder mehre hinter einander liegende Knochen, mit Ausnahme der großen Zehe oder des Daumens, dem ein Glied weniger eigen ist, als den übrigen, so daß also jede vollkommene Gliedmaße aus acht oder mehr hinter einander liegenden Knochenreihen zusammengesetzt ist.

Bei den Hintergliedmaßen, gewöhnlich Beine oder Hinterbeine genannt, hängt der Knochen der ersten Reihe, der Oberschenkelknochen, im Hüftgelenk am Becken; auf ihn folgen die zwei Knochen der zweiten Reihe, das Schienbein und das Pfeifenbein, welche im Kniegelenk an ihn gränzen und den Unterschenkel bilden. Auf diesem Gelenk liegt noch ein runder Knochen, die Kniescheibe. Fußwurzelknochen, welche die folgenden Reihen bilden, und im Hackengelenk an das Schien- und Pfeifenbein stoßen, giebt es meistens sieben; dann folgen so viele Knochen, als Zehen am Fuße befindlich sind, welche den Plattfuß bilden und in einer Reihe neben einander liegen; endlich die drei oder mehr Reihen der Zehenknochen. —

Von der eben gegebenen Beschreibung der Gliedmaßen weicht ihr Bau bei vielen Rückgratthieren sehr ab. Die Fische haben weder deutliche Zehen, noch deutlich getrennte Knochen mit wahren Gelenken; ihre Zehen sind vielgliedrige, am Ende oft in mehrere Aeste zerfällte, und durch Haut zur Flosse verbundene Strahlen. Dies letztere gilt auch von den Walfischen, denen die Hintergliedmaßen noch dazu beständig fehlen. Die Schlangen haben gar keine Gliedmaßen, und manchen Eidechsen fehlen theils die vorderen, theils die hinteren. Bei den Vögeln bilden die vorderen die Flügel, die hinteren die Beine. An diesen finden sich niemals Fußwurzelknochen, die Plattfußknochen sind in einen, den Lauf (tarsus), verwachsen, und dieser sitzt am Schienbein unmittelbar.

§. 24. Nächst dem Skelet ist es besonders die allgemeine Form, welche die Rückgratthiere von den übrigen unterscheidet. Ihr Kopf ist immer deutlich sichtbar; an ihm nehmen wir in den allermeisten Fällen die angegebenen 4 Sinnesorgane wahr. Blinde Rückgratthiere finden sich unter den Fischen (der Schleimaal, Myxine s. Gastrobranchus), den Amphibien (Caecilia; der Olm, Proteus), nicht unter den Vögeln, aber viele schwach sehende unter den Säugethieren (der Maulwurf, Talpa; die

Blindmaus, Spalax u. a. m.). Das Ohr ist noch ganz versteckt bei den Fischen; den Amphibien fehlt der Gehörgang, daher das Trommelfell frei oder unmittelbar von Haut bedeckt da liegt; den Vögeln fehlt die äußere Ohrmuschel, welche also nur bei den meisten Säugethieren vorkommt. Die Nase ist bei den Fischen eine bloße Grube jederseits am Oberkiefer, bei allen übrigen eine in den Mund führende Höhle. Auch die Zunge dient wohl nur bei den Säugethieren zum Schmecken, bei den andern mehr zum Verschlucken. Die Kiefer haben bei Vögeln niemals Zähne, häufig bei den Fischen (nicht bei den Karpfen) und Amphibien (nicht bei den Schildkröten), in der Regel bei den Säugethieren (nicht bei den ächten Walfischen und Ameisenfressern). —

Die Form des Rumpfes ist sehr verschieden, bald flacher oder schmäler und höher, wie bei den Fischen; bald länglicher runder, wie bei den Amphibien; bald kleiner und kahnförmig, wie bei den Vögeln; endlich am größten, stärksten und nach allen Richtungen ziemlich gleichmäßig entwickelt, bei den Säugethieren. Unter seinen inneren Organen sind besonders die zur Athmung dienenden am verschiedenartigsten. Die Fische haben Kiemen, d. h. büschel- oder kammförmige Fortsätze, in welche die Blutgefäße dringen, und nun frei vom Wasser umspült werden; ebenso einige Amphibien (die jungen Frösche). Bei den übrigen ist das Athmungsorgan eine Lunge, d. h. ein häutiger Sack, der inwendig mehrere in Verbindung stehende Zellen hat, an welchen sich die feinsten Blutgefäße verbreiten. In diesen Sack gelangt von außen durch die aus Knorpelringen zusammengesetzte Luftröhre die Luft und umgiebt die Gefäße. So ist das Athmungsorgan bei den meisten Amphibien, allen Vögeln und Säugethieren beschaffen. Das Blut der Rückgratthiere hat immer eine rothe Farbe; bei den Fischen und Amphibien ist es kalt, d. h. nicht erheblich wärmer als die Luft oder das Wasser, in welchem sie leben; bei den Vögeln und Säugethieren warm, und hat hier eine Hitze von 28—35°. Der Darmkanal zeigt bei den verschiedenen Rückgratthieren besonders in der Länge große Verschiedenheit, den kürzesten haben die Fische, einen längern die Amphibien, einen noch längeren die Vögel, den längsten die pflanzenfressenden Säugethiere. Auch nach der Art der Nahrungsmittel richtet sich seine Beschaffenheit. Enger, aber fester, ist er bei den Fleischfressern; länger, weiter, aber dünner in seinen Häuten erscheint er bei den Pflanzenfressern. Seine Länge ist oft sehr bedeutend, häufig das Dreifache der Körperlänge, beim Menschen gewöhnlich 60 bis 70 Fuß, beim Schaf die achtundzwanzigfache Körperlänge.

§. 25. Was die äußere Oberfläche des Körpers betrifft, so ist diese selten ganz nackt, vielmehr in der Regel mit hornigen oder knöchernen Gebilden bekleidet. Bei den Fischen und Amphibien sind es Schuppen oder Schilder, bei den Vögeln immer Federn, bei den Säugethieren meistens Haare, seltener Schuppen oder Schilder, aber nie Federn.

§. 26. Man theilt die Rückgratthiere in 4 Gruppen, welche Klassen genannt werden; sie sind allgemein bekannt und unterscheiden sich am leichtesten in folgenden Merkmalen:

1. Rückgratthiere mit warmem Blut.

a) Säugethiere. Sie haben Zitzen, welche Milch absondern zur Ernährung der lebendig gebornen Jungen, und gewöhnlich ein Haarkleid.

b) Vögel. Sie haben Federn, aber keine Zähne und legen Eier.

2. Rückgratthiere mit kaltem Blut.

c) Amphibien. Athmen meistens durch Lungen und haben keine, oder 3—5-zehige, meistens fußartige Gliedmaßen.

d) Fische. Athmen immer durch Kiemen und haben allermeist Flossen, welche von zahlreichen Knochenstrahlen ausgespannt werden.

Erste Klasse.

Säugethiere. Mammalia.

§. 27. Außer der eben bemerkten Eigenthümlichkeit unterscheiden sich die Säugethiere noch in anderen Eigenschaften von den übrigen Klassen.

So hat ihr Kopf nur einen beweglichen Unterkiefer, der obere hängt fest mit dem Schädel zusammen, der mit zwei Gelenkköpfen im ersten Halswirbel eingelenkt ist. Die Zähne sind in den Kiefer eingebohrt, eingekeilt wie man's nennt, d. h. sie stecken mit kegelförmigen Wurzeln in darnach geformten Gruben. Auch unterscheidet man nach der Form der Zähne 3 Arten: Schneidezähne, welche vorn im Kiefer sitzen, und gewöhnlich eine breite, meißelförmige Gestalt haben; Backzähne oder Mahlzähne, die ganz hinten im Kiefer stecken, mehr viereckig gebauet sind, und oben eine breite oder in Zacken auslaufende Fläche darbieten; und Eck- oder Augenzähne, auch Reißzähne genannt, welche zwischen den Schneide- und Backzähnen sitzen, und durch ihre spitze, kegelförmige Gestalt sich auszeichnen. Jeder Zahn zeigt 2 Hauptttheile, die Krone, welche aus dem Kiefer hervorragt und von dem weißen, emailartigen Schmelz bekleidet wird, und die Wurzel, welche in der Höhle des Kiefers steckt und keinen Schmelz hat. Bei manchen Zähnen dringt auch der Schmelz in's Innere des Zahnes ein und bildet dann auf der Kaufläche hervorragende Leisten, z. B. bei dem Pferde; solche Zähne werden schmelzfaltige, die übrigen mit Schmelz überzogene Zähne, z. B. bei den Hunden und Katzen, genannt. Alle Säugethiere wechseln die Zähne (schichten) nach einiger Zeit; doch trifft dieser Wechsel nur die vorderen. Der Hals der Säugethiere besteht aus 7 Wirbeln, nur das Ai-Faulthier hat deren 9, und die Walfische weniger, indem einige mit einander verwachsen. Die Anzahl der übrigen Wirbel ist sehr verschieden, am auffälligsten die der Schwanzwirbel. Demnächst bietet besonders die Zahl der Zehen und ihrer Knochen Verschiedenheiten dar; einzehig ist das Pferd, zweizehig das Rindvieh, dreizehig das Nashorn, vierzehig das Schwein, fünfzehig sind die meisten, z. B. die Fledermäuse, meisten Affen und der Mensch, den wir, wegen der Uebereinstimmung seines Leibes, auch mit zu den Säugethieren rechnen. Steht von den 5 Zehen eine den übrigen so gegenüber, daß sich daraus eine Art Zange zum Ergreifen und Festhalten bildet, so nennt man diese Bildung Hand; wo nicht, schlechtweg Fuß.

Die Haut der Säugethiere ist selten nackt, wie bei den Walfischen, meistens mit Haaren bedeckt, nur selten mit Schildern, wie beim Armadill, oder mit Schuppen, wie beim Schuppenthier. Jedes Haar ist ein horniger Faden, der mit einer weichen kolbigen Wurzel in der Haut steckt, und daselbst gleichmäßig fortgebildet wird, so lange das Haar wächst. Bei einigen Säugethieren wachsen die Haare beständig, bei andern fallen sie im Frühjahr und Herbst aus und werden durch neue (Sommer- und Winterpelz) ersetzt; dies nennt man rauhen. Die Lippen, Nase und Fußsohlen sind häufig von diesem Haarkleide frei. Die Augen haben zwei sie bedeckende Hautfalten, Augenlider genannt, von welchen das obere das größere ist. An den Lippen zeigt sich meistens ein Bart stärkerer Haare, welche Bartborsten oder Schnurrhaare heißen. Am Ohre sitzt die Ohrmuschel, sie fehlt jedoch den Walfischen und einigen Seehunden. —

Die Spitze der Zehen ist bei den allermeisten Säugethieren mit einer hornigen Platte oder einem Haken bedeckt, welchen man Nagel (unguis) nennt. Liegt derselbe flach auf der obern Seite der Zehe, so heißt er Plattnagel (lamina), biegt er sich stark über das Ende und seitlich herab, so nennt man ihn Kralle (falcula), bekleidet er endlich das letzte Zehenglied wie ein Schuh, so heißt er Huf oder Klaue (ungula).

Vom innern Bau der Säugethiere muß als Eigenthümlichkeit angeführt werden, daß nur bei ihnen Brust- und Bauchhöhle durch einen flachen Muskel (das Zwerchfell) vollkommen getrennt sind, bei den übrigen Rückgratthieren aber mehr oder weniger zusammenhängen. Am obern Ende der Luftröhre findet sich ein eigenes aus Knorpelstücken und Muskeln gebildetes Organ, der Kehlkopf, das zur Hervorbringung der Stimme behülflich ist. Sonst finden sich wenige Eigenthümlichkeiten. Daß die Säugethiere durch Lungen athmen, daß das rothe etwa 30° warme Blut aus der Lunge erst wieder ins Herz, welches aus 2 Kammern und 2 Vorhöfen besteht, zurückkehrt, ehe es in den Körper sich verbreitet, und daß sie lebendige Jungen gebären, welche die Weibchen mit Milch ernähren (säugen), muß noch bemerkt werden. Die Organe, welche diese Milch bereiten, und Zitzen oder Euter heißen, liegen unter der Haut bald mehr an der Brust (Affen), bald am hintern Ende des Bauches in den Weichen (Rinder).

Man kennt gegenwärtig etwa 1500 verschiedene Arten von Säugethieren, die wieder in mehrere Hauptgruppen sich bringen lassen, zunächst nach der Bildung der Zehen in 3, wie folgt:

A. **Nagelsäugethiere.** Ihre Zehen sind mit Plattnägeln oder Krallen bewaffnet.	Erste Ordnung. Mammalia unguiculata.
a) Mit allen 3 Zahnarten	
Vorderglieder Hände	1. Fam. Mensch.
Vorder- nnd Hinterglieder Hände . . .	2. „ Affen.
Vorder- und Hinterglieder durch eine Flughaut verbunden	3. „ Fledermäuse.
Vorder- und Hinterglieder Füße.	
Ohne einen Sack um die Zitzen . . .	4. „ Raubthiere.
Mit einem Sack um die Zitzen . . .	5. „ Beutelthiere.
b) Die Reiß- oder Augenzähne fehlen . . .	6. „ Nagethiere.
c) Schneide- und Eckzähne oder alle fehlen .	7. „ Zahnlose.
B. **Hufsäugethiere.** Ihre Zehenspitzen sind von Hufen bekleidet.	Zweite Ordnung. Mammalia ungulata
a) Eine Zehe an jedem Fuß	8. Fam. Pferde.
b) Zwei Zehen an jedem Fuß	9. „ Wiederkäuer.
c) Mehr Zehen an jedem Fuß	10. „ Dickhäuter.
C. **Flossensäugethiere.** Ihre Zehen sind durch eine Schwimmhaut verbunden.	Dritte Ordnung. Mammalia pinnata.
a) Mit 4 flossenförmigen Füßen	11. Fam. Seehunde.
b) Mit 2 flossenförmigen Füßen	12. „ Walfische.

Erste Familie. Zweihänder, Bimana.

§. 28. Alle Gliedmaßen mit 5 Zehen, die vorderen Hände, die hinteren Füße; alle Zehen mit Plattnägeln. Gang aufrecht. Schnz. $\frac{4}{4}$. Eckz. $\frac{1}{1}$-$\frac{1}{1}$. Backz. $\frac{5}{5}$-$\frac{5}{5}$ *).

Hierher die einzige Gattung des Menschen (Homo), welche von Linné mit dem Zunamen des Weisen (H. sapiens) sehr charakteristisch bezeichnet wurde, denn die Vernunft ist es, welche den Menschen von allen Thieren vollständig unterscheidet, während sein Körper mit dem der Thiere vielfach übereinstimmt.

Der Mensch wird sehr unbeholfen geboren, erhält am Ende des ersten

*) Durch diese Formel bezeichnet man im Kurzen die Zahl der Zähne jedes Kiefers, sie lautet umschrieben so Schneidezähne vier in jedem Kiefer, Eckzähne jederseits einer in jedem Kiefer, Backzähne jederseits fünf in jedem Kiefer.

Jahres die Zähne, lernt um diese Zeit gehen, vertauscht vom sechsten Jahre an seine Zähne mit neuen (schichtet) und erhält im achtzehnten bis zwanzigsten Jahre seine letzten vier Backzähne (Weisheitszähne). Im 24sten Jahre ist er erwachsen und hat nun die Höhe von 5′ und 3—7″; kleinere und größere Menschen sind ungewöhnlich. Er hat allein von allen Geschöpfen eine scheinbar nackte, nur von sehr kurzen feinen Haaren bekleidete Körperhaut, bei langen Kopfhaaren; bedient sich allein der Sprache und besitzt allein einen denkenden Geist, Vernunft. Er gedeiht in allen Zonen, und zerfällt nach seiner angebornen Verschiedenheit in 6 Hauptstämme.

1. Der Kaukasische St. Farbe weiß, Wangen röther; Stirn hoch, sanft gewölbt; Nase ziemlich senkrecht, mäßig, spitz; Kinn zurückgezogen, Haare weich, gelockt; Bart stark. — Bewohnt Süd- und West-Asien, Nord-Afrika, ganz Europa und alle von dort aus bevölkerten Gegenden der Erde.

2. Der Mongolische St. Farbe gelb; Augen schwarzbraun, klein, schief nach oben gezogen; Wangen hervorragend; Nase klein, stumpf, breit; Haare schwarz, zottig; Bart schwach; Kiefer zurückgezogen; Kinn vorstehend. — Bewohnt Mittel- und Ost-Asien bis gegen Nord-Amerika hin.

3. Der Amerikanische St. Farbe rothbraun; Gesichtszüge stark hervortretend; Stirn niedrig; Haar schwarz, straff; Bart schwach. — Bewohnte früher ganz Amerika, jetzt nur noch die inneren unkultivirten Gegenden.

4. Der Malayische St. Farbe braun, bald heller, bald dunkler; Haar großlockig, schwarz; Nase breit am Grunde; Stirn hervortretend; Lippen aufgeworfen. — Bewohnt die Malayischen Inseln und Australien.

5. Der Aethiopische St. Farbe schwarz; Haar schwarz, kraus, wollig; Stirn schmal, flach, geneigt; Nase klein, stumpf; Lippen stark aufgeworfen; der Kopf nach dem Scheitel wie zusammengedrückt; Kiefer hervorragend. Gliederbau robust. — Bewohnt Mittel- und Süd-Afrika und Neu-Guinea.

6. Der Neuholländische St. Farbe schwarz; Haar schwarz aber nicht wollig; Stirn breiter, niedriger; Nase sehr breit und stumpf; Lippen dick und aufgetrieben; der Kopf mehr kugelig gestaltet; Kiefer sehr vorragend. Gliederbau auffallend schlank, schmächtig, fast affenförmig. — Bewohnt Neu-Holland.

Man nimmt an, daß 1000 Millionen Menschen auf der Erde wohnen, und daß alle 33 Jahre eine Generation aussterbe, während etwa $^1/_8$ mehr geboren werden. Dies giebt für jede Minute 63 Todesfälle und 70 Geburten. Die Nahrung des Menschen ist gemischt theils aus dem Pflanzen-, theils aus dem Thierreich. Küstenbewohner und Nordländer essen mehr Fleisch; die Bewohner der heißen Zone mehr Pflanzenstoffe, besonders Früchte.

Zweite Familie. Vierhänder, Quadrumana.

§. 29. Die Vorder- und Hintergliedmaßen sind Hände, beide meistens fünfzehig und mit Plattnägeln, bei einigen zum Theil mit Krallen; zwei Zitzen an der Brust. Augen nach vorn gerichtet. Sie leben auf Bäumen und nähren sich fast alle von Früchten.

Die Affen, welche diese Familie bilden, sind in ihrem Körperbau dem Menschen am ähnlichsten, doch unterscheiden sich die meisten schon durch den langen Schwanz, und alle durch die dichte Behaarung des Körpers und die unvollkommener ausgebildeten Vorderhände. Sie leben nur in der heißen Zone beider Welttheile und zeichnen sich durch ihr kluges und listiges Betragen, ihr nachahmungssüchtiges Naturell, aber auch zumal im Alter durch ihre Tücke und Hinterlist aus. Die größeren Arten haben außerordentliche Stärke, und werden einzelnen Menschen gefährlich; sie vertheidigen sich durch Werfen mit harten Früchten, Schlagen mit Knitteln, und viele auch durch Beißen. Besonders thun dies die durch ein großes Gebiß ausgezeichneten, bösartigen Paviane. Viele Affen der alten Welt haben ein nacktes Gesäß und Taschen an der innern Seite der Wangen (Backentaschen), beides findet sich bei denen der neuen Welt niemals.

A. Bloß mit Plattnägeln; Gesicht größtentheils nackt.

a) Affen der alten Welt. Backzähne $\frac{5}{5}$-$\frac{5}{5}$. Nasenscheidewand schmal.

α) Ohne Backentaschen und Schwanz.

Der Orangutan (Simia satyrus) hat keine Gesäßschwielen; ein sperriges aber langes Haarkleid, ganz platte Nase, starke vorstehende Kiefer mit großen Eckzähnen, lange Gliedmaßen und kurze Finger, welche an allen 4 Händen beständig eingeschlagen sind, wenn der Affe sie nicht zum Greifen benutzt. Er lebt auf Borneo, wird bis 5' hoch und hat eine kastanienbraune Farbe; jung besitzt er ein leichtes, dem des Menschen nicht unähnliches Gebiß, das aber nach der Zahn-Schichtung sich bedeutend vergrößert und paviansartig wird. Der alte Affe heißt dann Pongo. — Seine nächsten, in einzelnen Theilen noch menschenähnlicheren Verwandten sind der größere Gorilla und der kleinere Schimpansen, beide in Afrika heimisch.

Der Gibbon (Hylobates lar) hat ein dichtes Haarkleid, wie alle folgenden Affen, keine Gesäßschwielen und sehr lange Vordergliedmaßen. Er ist ganz schwarz, mit weißem Bart rings um das Gesicht und findet sich in Ostindien.

β) Mit Backentaschen.

Der gemeine Pavian oder Mandrill (Cynocephalus maimon) hat einen nur sehr kurzen Schwanz, große breite Gesäßschwielen, und ein stark entwickeltes Gebiß mit großen Eckzähnen. Seine Farbe ist grünbraun, mit weißlichem Kinnbart, seine Wangen sind gefurcht und schön blau, seine

Nase ist roth. Er wird bis $3\frac{1}{2}$ Fuß hoch, lebt in Guinea und kommt in Sammlungen häufig vor.

Der *türkische Affe* (Inuus sylvanus). Ohne Schwanz, mit Backentaschen, Gesäßschwielen und vorstehender Schnauze; Farbe gelbgrau, Bauch weißlich; Größe des Fuchses. Stammt aus Nord-Afrika; wird gemeiniglich von Bärenführern gehalten und zu allerlei Kunststücken abgerichtet.

Die *gemeine Meerkatze* oder der *Mohrenaffe* (Cercopithecus fuliginosus) hat Backentaschen, Gesäßschwielen und einen ziemlich langen Schwanz, so wie eine rußbraune Farbe, die am Bauche heller ist; über dem Auge auf dem oberen Lide ein hellfleischrother Fleck. Er wird so groß wie eine starke Katze, und lebt in Afrika. — Am häufigsten in Menagerien findet sich die *grüne Meerkatze* (Cercop. sabaeus), ein Affe von der Gestalt des vorigen mit grüngrauem Pelze, weißem Bauch, gelblicher Schwanzspitze und schwärzlichem Gesicht. Er bewohnt Senegambien.

b) Zu den *Affen der neuen Welt*, die immer geschwänzt sind und $\frac{6}{6}$-$\frac{6}{6}$ Backzähne, wie auch eine breite Nasenscheidewand haben, gehören:

Der *Brüllaffe* (Mycetes Beelzebub). Er hat einen sehr breiten Unterkiefer, eine knöcherne Pauke am Zungenbein, und einen kurzbehaarten, am Ende unten nackten Schwanz (*Greifschwanz*). Seine Farbe ist schwarz, Pfoten und Schwanzende rothbraun. Größer als eine Katze, besonders schlanker. Brasilien.

Der *Kapuzineraffe* (Cebus capucinus). Mit langem, überall kurzbehaartem Schwanz, der sich um Zweige wickelt, und an welchem sich der Affe aufhängt (*Wickelschwanz*), rundlichem Kopf und zurückgezogener Nase. Farbe unten gelbgrau, oder braungelb; der Scheitel mit einem dunkelbraunen Dreieck geziert. Guyana, häufig in herumziehenden Menagerien.

B. Mit Krallen an gewissen Fingern, doch nie am Daumen der hinteren Hände. Gesicht größtentheils dicht behaart.

a) Krallen an allen übrigen Fingern.

Der *Seidenaffe* oder *Jacchus* (Hapale Jacchus). Hat einen Backzahn weniger als die Affen der neuen Welt, nämlich fünf an jeder Seite. Seine Farbe ist schwarzgrau, an jedem Ohre ein großer weißer Haarbüschel, sein Schwanz weiß geringelt. So groß wie ein Eichkätzchen. Sehr häufig in Brasilien.

b) Krallen blos am Zeige- oder auch am Mittelfinger der Hinterhände.

Diese Gruppe nennt man *Halbaffen* (Prosimiae) oder *Makis*. Sie unterscheiden sich durch eine spitze hervorragende Schnauze, verschiedene Zahlen der Schneidezähne und spitzzackige Backz. von den eigentlichen Affen, und bewohnen bloß die alte Welt.

Der *Katzenmaki* (Lemur catta), so groß wie eine Katze, röthlichgrau, mit weißem Bauch und weiß und schwarz geringeltem Schwanz. Auf Madagaskar.

Dritte Familie. Flatterer, Chiroptera.

§. 30. **Zwischen den Vorder- und Hintergliedmaßen ist eine große Flughaut ausgespannt; Zitzen an der Brust; Gebiß dem der Raubthiere ähnlich. Es sind Nachtthiere, die von Insekten und kleineren Rückgratthieren, auch Früchten, sich nähren.**

A. Der fliegende Maki (Galeopithecus rufus) hat Zehen von gewöhnlicher Länge, die alle mit in der ganz behaarten Flughaut sitzen, $\frac{4}{6}$ Schz., die untern kammförmig gezackt, und $\frac{5}{5}$-$\frac{5}{5}$ Backz. Er hat die Größe eines Kaninchens, eine rothbraune Farbe, und lebt auf den Molucken.

B. Bei den ächten Fledermäusen*) sind die Zehen der Vordergliedmaßen sehr verlängert, und stecken, mit Ausnahme des Daumens, mit in der Flughaut, die sie spannen; Zehen der Hinterglieder frei. Zähne in verschiedenen Zahlenverhältnissen.

a) Ohne Nasenaufsätze.

α) Backzähne stumpfzackig. Fressen Früchte.

Der fliegende Hund oder Vampyr (Pteropus edulis), ohne Schwanz, mit einem Nagel am Zeigefinger der Vordergliedmaßen, $\frac{4}{4}$ Schnz. und $\frac{4}{6}$-$\frac{4}{6}$ oder $\frac{5}{6}$-$\frac{5}{6}$ Backzähnen. Er wird so groß wie ein kleiner Dachshund, hat eine braune Farbe, und lebt auf den ostindischen Inseln nur von Früchten. Daß er Schlafenden das Blut aussauge, ist eine Fabel, dies thun nnr die Blattnasen.

β) Backzähne (4—6) spitzzackig. Fressen gewöhnlich Insekten.

Die gemeinen Fledermäuse (Vespertiliones) haben $\frac{4}{6}$ Schndz., nicht sehr große getrennte Ohren und einen ziemlich langen Schwanz der in der Schenkelflughaut steckt. Man kennt in Deuschland gegen ein Dutzend Arten, unter welchen V. murinus mit Ohren von der Länge des Kopfes und 9 Querfalten darin, $\frac{6}{6}$ Bckz. und oben rauchbrauner, unteu weißlicher Körperfarbe, eine der gemeinsten ist; sie hat über 2½ Zoll Länge und spannt mit den Flügeln 14 Zoll. Die Fledermäuse verfallen den Winter hindurch in einen Schlaf (Lethargie), und verbergen sich dann, wie auch am Tage, in alten Gebäuden, Mauerlöchern, hohlen Bäumen ꝛc.

Die langohrigen Fledermäuse (Plecotus) haben auch $\frac{4}{6}$ Schndz., aber sehr große am Grunde verwachsene Ohren und einen Schwanz in der Schenkelflughaut. Die Europäische Art: Pl. auritus, ist graubraun, unten heller, wird über 1½ Zoll lang, spannt 9 Zoll und hat weit über 1 Zoll lange Ohren. —

b) Mit blattförmigen Nasenaufsätzen.

Die Blattnase (Phyllostoma hastatum), mit einem kurzen Schwanz in der Flughaut, $\frac{2}{4}$ oder $\frac{4}{4}$ Schndz., $\frac{4}{5}$ oder $\frac{5}{6}$ Backz., stacheliger Zunge und

*) Man vergleiche über die einheimischen Arten die genauen Untersuchungen von Blasius über die Säugethiere Deutschlands (Braunschweig 1857).

einfachem blattartigem Aufsatz auf der Nase. So groß wie eine kleine Ratte, bräunlich; lebt in Brasilien, saugt Schlafenden Blut ab.

Die Hufeisennase (Rhinolophus ferrum equinum) hat einen hufeisenförmigen Rand vorn auf der Nasenkante, 2 Aufsätze hinter den Nasenlöchern, $\frac{2}{4}$ Schndz. und $\frac{5}{6}$ Backz., und einen Schwanz in der Schenkelhaut. So groß wie eine Maus, grau. In Deutschland.

Vierte Familie. Raubthiere, Ferae.

§. 31. Vorder- und Hinterfüße gleich gebildet, mit gleichen, Krallen tragenden Zehen in verschiedener Zahl. Augenzähne allermeist groß, hakig; vordere Backzähne einreihig-spitzhöckerig (Lückenzähne), hintere mit stumpferen Höckern in zwei parallelen Reihen (Kauzähne); Schneidezähne in veränderlicher Anzahl. Zitzen am Bauch, frei. Fressen thierische Nahrung, die kleineren Insekten, einige gelegentlich auch Früchte und andere Pflanzennahrung.

A. Die fleischfressenden Raubthiere (Ferae carnivorae) haben stets $\frac{6}{6}$ Schneidezähne, starke Eckzähne, hinter den Lückzähnen einen großen, starkzackigen sogenannten Fleischzahn, dahinter einen oder zwei stumpfhöckerige Kauzähne, keine Schlüsselbeine und einen größeren Körper. Sie bilden 6 Unterfamilien.

a) Zwei derselben haben oben mehr Backzähne als unten, nämlich dort einen kleinen quergestellten Kauzahn, der dem Unterkiefer fehlt.

1) Die Katzen (Felis) als die blutgierigsten aller Raubthiere, haben $\frac{4}{3}$ Backzähne, vorn 5, hinten 4 Zehen mit beweglichen einziehbaren Krallen, eine rauhe Zunge und meistens eine senkrechte Pupille; nur die großen Arten, wie der Löwe (F. leo), Tiger (F. tigris), Jaguar (F. onca), Kuguar (F. concolor) und Leopard (F. pardus), haben eine runde. Diese großen Arten leben nur in warmen Ländern der alten Welt und Amerikas. Unsere Hauskatze stammt aus Oberägypten (von F. maniculata), und ist von der einheimischen wilden Katze (F. catus ferus) ganz verschieden. Kurzschwänzige Katzen mit Ohrbüscheln sind die nordischen Luchse (z. B. F. lynx).

2) Die Hyänen (Hyaena) haben $\frac{5}{4}$ Backzähne, überall 4 Zehen, keine beweglichen Krallen, aber eine rauhe Zunge. Man kennt mehrere Arten aus Afrika, z. B. die gestreifte (H. striata) in Nord-Afrika und die gefleckte (H. crocuta) in Süd-Afrika; beide sind sehr feigen Naturells und graugelb mit schwarzbraunen Zeichnungen, Pfoten und Ohren. —

b) Die anderen vier Unterfamilien haben unten mehr Backzähne als oben, oder gleich viele in beiden Kiefern.

aa) Zwei kleine quer gestellte Kauzähne im Oberkiefer haben:

3) Die Hunde (Canis), mit $\frac{6}{7}$ Backzähnen und 2 Kauzähnen im

Unterkiefer, vorn 5, hinten 4 Zehen, unbeweglichen Krallen, einer glatten Zunge und gewöhnlich runder Pupille; so namentlich beim Wolf (C. lupus), dessen Schwanz hängt, aber nur bis zum Hacken reicht, während die Stirn nicht gewölbt ist; und beim Haushund (C. familiaris), dessen Schwanz aufgebogen und dessen Stirn gewölbt ist. Die hängenden Ohren sind, wie alle die zahlreichen Spielarten, als allmälige Ausartungen des Grundtypus zu betrachten. — Eine elliptische aufrechte Pupille und einen bis zur Erde reichenden buschigen Schwanz besitzen die Füchse, unter denen sich der einheimische (C. vulpes) durch seine rothgelbbraune Farbe bei schwarzen Pfoten und schwärzlicher Schwanzspitze auszeichnet.

4) Die Viverren haben $\frac{6}{6}$ Backzähne und einen Kauzahn im Unterkiefer, vorn und hinten gleichviel (4 oder 5) Zehen, einen langen aber nicht so buschigen Schwanz und Drüsen neben dem After. Zu ihnen gehört: die Zibethkatze (Viverra Zibetha) mit spitzigen Ohren, ausgestrecktem gleichmäßig behaartem Schwanz, 5 Zehen an allen Füßen, beweglichen Krallen und rauher Zunge. Sie ist grau mit schwarzen Streifen, mit dem Schwanz gegen 3' lang und bewohnt Süd-Asien. Aus einer großen, unter dem After angebrachten Drüsentasche gewinnt man den Zibeth. — Das Ichneumon (Herpestes Ichneumon) hat kurze abgerundete Ohren, ausgestreckten zugespitzten Schwanz, 5 Zehen an allen Füßen, aber unbewegliche Krallen und keine Drüsentasche. Das kleine, einem Iltis ähnliche Thierchen ist gelblich grau, mit weißen Haarringen, bewohnt Aegypten und stellt den Krokodileiern nach. —

bb) Nur einen größeren oder sehr großen queren Kauzahn im Ober- und Unterkiefer haben:

5) Die Wieselartigen Raubthiere, welche außerdem durch einen schlanken Körperbau, kurze Ohren, fünf Zehen an allen Füßen und langen oder mäßig langen buschigen Schwanz sich auszeichnen. Dahin:

Das Stinkthier (Mephites putorius) hat $\frac{4}{5}$ Backzähne, Drüsen neben dem After, aus welchen es eine betäubend stinkende Feuchtigkeit bei der Verfolgung ausspritzt, und zwei zurückgezogene, untere Schneidezähne. Es lebt, wie alle Mephites, in Amerika und ist schwarzbraun mit weißen Rückenstreifen.

Die Marder (Mustela) haben $\frac{5}{6}$ Backzähne, kleine Drüsen neben dem After und einen stark buschigen Schwanz. Dahin der Baummarder (M. martes) dunkelbraun mit gelber Kehle; der Steinmarder (M. foina) hellbraun, mit weißer Kehle; der Zobel (M. zibellina), ganz gelblich rothbraun, mit sehr langen Grannenhaaren u. a. m.

Die Iltisse (Putorius) haben $\frac{4}{5}$ Backzähne und kürzer behaarte schlankere Schwänze; dahin der gemeine Iltis (P. verus) schwarzbraun mit weißem Strich über der Schnauze; das Frettchen (P. furo) ganz rothgelb mit rothen Augen; der Hermelin (P. erminea) hell rothbraun mit weißem Bauch, im Winter ganz weiß mit schwarzer Schwanzspitze; das Wiesel (P. vulgaris) hell rothbraun mit weißem Bauch, im Winter ganz weiß; halb so groß wie jener.

Die *Fischottern* (Lutra), mit $\frac{5}{5}$ Backz., breitem Kopf, Schwimmhäuten zwischen den Zehen, kürzeren Beinen und zugespitztem Schwanz. Die *gemeine Fischotter* (L. vulgaris) ist größer als ein Kater, röthlichbraun und lebt an Fischteichen. —

Der *Vielfraß* (Gulo borealis) hat ganz das Gebiß der Marder, nämlich $\frac{5}{6}$ Backzähne, und gleicht dem Dachs in der Statur wegen der kurzen Beine und breiten nackten Sohlen; aber der Kopf ist kürzer, stumpfer und der Schwanz länger buschiger; neben dem After 2 schmierlose Hautfalten. Er ist größer als der Dachs, rothbraun, mit hellem Rücken und bewohnt den Norden Europas.

Der *Dachs* (Meles vulgaris) hat ziemlich das Gebiß des Stinkthiers, aber $\frac{5}{6}$ Backzähne, und der Kauzahn ist noch viel größer, der Fleischzahn kleiner und stumpfer; seine langen zottigen Haare verdecken die kurzen Beine fast ganz, der Schwanz hat nur geringe Länge, über dem After ist eine Drüsentasche. Da auch seine Sohle breiter nackt ist, so hat man ihn zu den Bären gerechnet, was aber sein Gebiß nicht zuläßt. Er ist grau mit weißem Kopf und einem schwarzen Strich vom Ohr durch das Auge zur Nase, lebt in Erdlöchern und hält Winterschlaf.

cc) *Drei ziemlich gleiche viereckige* oder längliche, nie quergestellte Kauzähne in beiden Kiefern haben:

6) Die *Bärenartigen Raubthiere*, auch dadurch von den übrigen verschieden, daß sie mit der ganzen nackten Sohle auftreten; weshalb man sie *Plattfußgänger* (plantigradae) genannt hat. Sie besitzen vorn und hinten 5 Zehen und meistens $\frac{6}{6}$ Backzähne.

Die *eigentlichen Bären* (Ursus) haben $\frac{6}{7}$ Backzähne, von denen aber die 2—3 vordersten sehr klein sind und leicht ausfallen, einen runden Kopf mit spitziger Schnauze, kurze Ohren, keine Drüsentaschen, einen sehr kurzen Schwanz und ziemlich hohe plumpe Beine. — Der *braune Bär* (U. arctos), schwarzbraun; im Norden der alten Welt; frißt gern Honig. Der *weiße Bär* (U. maritimus, Eisbär) ganz milchweiß mit schwarzer Nase, an den Küsten des Eismeeres.

Die *Waschbären* (Procyon) haben $\frac{6}{6}$ Backzähne, eine kleinere Statur, einen fast bis zum Hacken reichenden Schwanz und spitze hervorragende Ohren. Die Arten, so groß wie Schäferhunde, bewohnen Amerika, sind braungrau mit weißlichem Kopf und schwarzem Querstreif durch beide Augen. Sie reiben ihre Nahrung zwischen den Pfoten und werden sehr zahm. — Der eben nicht größere *Nasenbär* (Nasua) mit fast rüsselförmiger Nase gleichfalls in Amerika.

B. Die Insekten fressenden Raubthiere (Ferae insectivorae) sind klein, fein gebaut, mit spitzer hervorragender Schnauze, schwankender Zahl der Schneidezähne, kleinen undeutlichen Eckzähnen und spitzzackigen Backzähnen in sehr verschiedener

Zahl. Schlüsselbeine vorhanden. Leben von Insekten und Würmern, höchstens noch kleinen Mäusen.

Der Igel (Erinaceus europaeus) hat $\frac{6}{2}$ Schnz., $\frac{7}{5}$ Backz., kurze Ohren und Schwanz, einen gekerbten Nasenrand und viele durch einander gesteckte Stacheln. Er kann sich mittelst eines starken Muskels unter der Haut kugeln und hält Winterschlaf. 1' lang; frißt Mäuse, giftige Schlangen, Frösche, Obst.

Die Spitzmäuse (Sorex) haben $\frac{2}{2}$ Schnz., sehr kurze Ohren, verkümmerte Augen, eine rüsselförmig verlängerte Schnauze und einen längeren leicht behaarten Schwanz. Die Wasserspitzmaus (S. fodiens) ist 3" lang, schwarz, unten weiß. An Ufern. Die Zwerg'spitzmaus (S. pygmaeus) ist $^{3}/_{4}$" lang, graubraun; das kleinste Säugethier. Die gemeine Spitzmaus (S. vulgaris) kömmt auch in Häusern vor.

Der Maulwurf (Talpa europaea) hat $\frac{6}{8}$ Schnz., $\frac{7}{6}$ Backz., eine spitze aber kürzere Nase, keine Ohrmuscheln, sehr kleine versteckte Augen, und zum Graben taugliche Vorderfüße. 3—4" lang, schwarz, wühlt in weicher Erde. Frißt Regenwürmer und viel schädliche Insektenlarven, bleibt wie die Spitzmäuse den ganzen Winter hindurch munter.

Fünfte Familie. Beutelthiere, Marsupialia.

§. 32. Vorder- und Hintergliedmaßen nicht selten in Form und Zehenzahl verschieden. Gebiß dem der Raubthiere ähnlich; mitunter jedoch fehlen die Eckzähne und dann sind auch die Backzähne stumpfhöckerig zur Pflanzennahrung. Die Zitzen am Bauch von einer Tasche oder Hautfalte umgeben, welche die saugenden Jungen umschließt und schützt. Dahin:

Die Beutelratte, das Opossum (Didelphys virginiana), so groß wie eine Katze, gelblich weiß, mit $\frac{10}{8}$ Schnz., großen Eckz., überall 7 spitzzackigen Backz., spitzer Schnauze und fast nacktem langem Schwanz. Hinterfüße handartig mit nagellosem Daumen. Frißt Vögel und deren Eier. Trägt die Jungen im Beutel. Virginien, Carolina.

Das Känguruh (Halmaturus giganteus), hat $\frac{6}{2}$ Schndz., keine Eckzähne, überall 4 Backz., kleine 5zehige Vorderfüße und lange 4zehige Hinterfüße, deren beide inneren sehr zarten Zehen verwachsen sind. Schwanz lang, dick und behaart. Zitzen in einem großen Beutel. Wird 4' hoch, ist aschgrau, frißt nur Kräuter und käuet wieder. Lebt in Neuholland.

Sechste Familie. Nagethiere, Glires.

§. 33. Zwei, sehr selten oben vier Schndz. in jedem Kiefer, keine Eckzähne, aber 2 bis 6, gewöhnlich 4, schmelzfaltige Backzähne. Gliedmaßen häufig mit verschiedener Zehenzahl, die hinteren meistens länger; Zitzen am Bauch. Fressen Pflanzennahrung. Werfen viele nackte Jungen.

A. Mit vollkommenen Schlüsselbeinen.

a) Ohren und Schwanz dicht behaart. Eichhörnchen.

Das Eichhörnchen (Sciurus vulgaris) hat 4 gleichgroße, von Schmelz bekleidete Backz. und davor im Oberkiefer noch einen kleineren fünften, der bisweilen fehlt; 5zehige Füße, Daumen der vorderen mit Nagel; Schwanz langhaarig, Haare zweizeilig. Rothbraun oder schwarz, im Winter grau mit Haarbüscheln an den Ohren.

Der Siebenschläfer (Myoxus glis). Gebiß ähnlich, aber ohne den fünften Backzahn und ohne Nagel am Daumen der Vorderfüße. Schwanz dicht, Ohren leicht behaart. Grau, mit braunem Augenkranz, Größe der Ratte. In Wäldern.

Das Murmelthier (Arctomys marmotta). Gebiß der Eichhörnchen, aber mit kurzen, abgerundeten Ohren, kurzem behaartem Schwanz, und gelblichgrauem, schwarzgemischtem Haarkleide. So groß wie eine Katze, lebt in Erdlöchern, klettert, und fällt in einen Winterschlaf. Auf den Alpen, besonders in Savoyen und der Schweiz.

b) Ohren, Pfoten und Schwanz ziemlich nackt.

α) Ohne Schwimmhäute. Mäuse.

Der Hamster (Cricetus vulgaris), mit kurzen, nackten Ohren, kurzem leichtbehaartem Schwanz, 3 ungleich großen von Schmelz bekleideten Backz., und Backentaschen. Größe der Ratte, gelbbraun, Kehle und Brust schwarz, gelb eingefaßt. Strichweise im mittleren Europa, in Erdlöchern, fällt in Winterschlaf.

Die Mäusegattung (Mus) hat kurze, nackte Ohren, einen langen, leichtbehaarten, schuppigen Schwanz, 3 ebensolche Backz., aber keine Backentaschen. Die Wanderratte (M. decumanus), gelbgrau, die größte, in Häusern. Die Hausratte (M. rattus), tief schwarz, Füße fleischfarben, nackt, kleiner; ebenda, aber von jener in vielen Gegenden ganz verdrängt. Die Hausmaus (M. musculus), mäusegrau, kaum 2" lang; gemein in Häusern. Die Brandmaus (M. agrarius), gelblich, mit schwarzem Rückenstreif; Größe der vorigen; in Gärten. Die Waldmaus (M. sylvaticus), gelbgrau, ohne Rückenstreif; in Wäldern. Alle gemein, sehr gefräßig und schädlich.

Die Wühlmäuse (Hypudaei) haben einen dickeren Kopf, 3 gleichgroße schmelzfaltige Backz., sehr kleine Ohren und einen viel kürzeren mehr behaarten Schwanz. Die Feldmaus (H. arvalis) ist graugelblich und so groß wie eine Maus; gräbt Gänge und Löcher auf den Feldern. Die Wasserratte (H. amphibius) hat Größe und Farbe der Wanderratte; in Uferlöchern. Der Lemming (H. lemmus) hat einen sehr kurzen Schwanz, und vorn viel größere Krallen; Farbe braun, gelb gefleckt; in Sibirien, macht schnurgerade Wanderungen.

β) Mit Schwimmhäuten. Biber.

Der gemeine Biber (Castor fiber) hat 4 gleichgroße schmelzfaltige Backzähne, Schwimmhäute zwischen den Hinterzehen und einen breiten, mit

Schuppen bedeckten Schwanz. Farbe gelbbraun, Länge über 2'. Am Ufer der Flüsse, wo er Wohnungen baut, besonders in Nord-Amerika, aber auch in Polen und Rußland, nicht mehr in Deutschland.

B. Mit unvollkommenen Schlüsselbeinen.

a) Mit kurzen runden Ohren und 2 Schneidezähnen im Oberkiefer.

Das Stachelschwein (Hystrix cristata) hat 4 gleichgroße schmelzfaltige Backz., eine rauhe Zunge, viele lange drehrunde Stacheln, vierzehige Vorderfüße, und am Hals eine starke Borsten-Mähne. Farbe braun, Stacheln weiß geringelt. Süd-Europa, Nord-Afrika.

Das Meerschweinchen (Cavia cobaya) hat 4 gleiche aus 2 dreieckigen Platten gebildete Backz., nackte Ohren, kurzen Schwanz und kurze mit stumpfen Nägeln besetzte Zehen. Farbe weiß, mit gelb und schwarzen Flecken. Aus Brasilien, wo man's schon gezähmt fand.

b) Mit längeren Ohren und 4 Schndz. im Oberkiefer, je 2 hinter einander.

Die Hasen (Lepores) haben allein von allen Nagethieren die doppelten obern Schndz. und die größte Zahl der Backz., nämlich unten 5, aber oben 6 aus je 2 schmalen Platten gebildete. Schwanz kurz. Hinterbeine verlängert. Der gemeine Hase (L. timidus), Ohren länger als der Kopf, Farbe gelblich-braun-grau, Schwanz obenauf schwarz. Das Kaninchen (L. cuniculus), hellgrau, Ohren kürzer als der Kopf. In Erdlöchern, hie und da nicht selten.

Siebente Familie. Zahnlose, Edentata.

§. 34. Schneidezähne fehlen, häufig auch die Eckzähne, bisweilen selbst die Backzähne. Zähne einförmig, cylindrisch oder kegelförmig, bisweilen faserig. Zehen verwachsen, ungleich; Krallen meistens sehr groß.

A. Kiefer nicht schnabelförmig verlängert.

a) Mit Zähnen in beiden Kiefern.

α) Kopf kurz, kugelig. Ohren versteckt, Haar lang und dicht.

Das Faulthier (Bradypus), mit tief ausgeschnittenen, cylindrischen Backzähnen, keinen Schneidezähnen, 2 Zitzen an der Brust und sehr langen stark zusammengedrückten Krallen. Der Ai (B. tridaçtylus) mit 3 Krallen an allen Füßen, kleinen Eckzähnen und $\frac{4}{4}$ Backz.; und der Unau (B. didactylus), mit starken Eckzähnen, und zweikralligen Vorderfüßen. Beide sind langsame Thiere, die ganz auf Bäumen leben, und bloß Süd-Amerika bewohnen.

β) Kopf lang gezogen. Ohren groß, hervorragend.

Das Gürtelthier, Armadill (Dasypus), mit vielen (8—25) kegelförmigen, oben zugeschärften Backzähnen, aber ohne Eck- und Schneidezähne. Leib von einem Hornpanzer bedeckt, welcher vorn und hinten aus verwachsenen, in der Mitte aus beweglichen Gürteln besteht, hinten 5, vorn 4—5 Zehen.

Leben in Süd-Amerika und fressen bloß Insekten. Z. B. der Tatu (D. tricinctus), mit kurzem Schwanz, und wenigen breiten Gürteln.

b) Ohne alle Zähne. Ohrmuscheln versteckt; eine lange wurmförmige Zunge.

Das Schuppenthier, formosanisches Teufelchen (Manis), hat keine Zähne, aber breite und harte den ganzen Leib oben bedeckende Schuppen. Man kennt viele Arten, z. B. (M. brachyura) mit kurzem Schwanz und 5 Zehen an allen Füßen, (M. macrura) mit langem Schwanz nnd vorn 4 Zehen; jene in Ostindien, diese in Senegambien.

Der Ameisenfresser (Myrmecophaga) hat keine Zähne, ein kleines Maul und dichtes Haarkleid. Der Ameisenbär (M. jubata) wird über 4' lang, hat ein langes braunes, an den Seiten helleres Haar, einen buschigen Schwanz und wohnt in Süd-Amerika. Frißt Ameisen und Termiten.

B. Kiefer schnabelförmig verlängert, bloß von nackter Haut bedeckt, keine Ohrmuscheln.

Das Schnabelthier (Ornithorhynchus paradoxus) hat einen breiten Entenschnabel, zwei faserige Backzähne in jedem Kiefer und Schwimmhäute zwischen den Zehen. Es wird 1—1½' lang, ist braun, und lebt in den Flüssen und Seen Neuhollands. Es gebiert lebendige Junge, deren Schnabel weich und zum Säugen geschickt ist. Eine zweite Gattung: Echidna, hat keine Backzähne und Schwimmhäute, aber große Krallen und Stacheln auf dem Rücken.

Achte Familie. Einhufer, Solidungula.

§. 35. Im Kiefer alle Zahnarten, nämlich $\frac{6}{6}$ Schndz., $\frac{1}{1}$-$\frac{1}{1}$ Eckz. und $\frac{6}{6}$-$\frac{6}{6}$ Backz., aber zwischen jeder eine weite Lücke: Eckzähne fehlen mitunter. Füße einzehig, mit großen Hufen.

Hierher die einzige Gattung des Pferdes (Equus), wovon 6 Arten bekannt sind, nämlich das gemeine (E. caballus), der Esel (E. asinus), der Halbesel oder Dschiggetai (E. hemionus), das Zebra (E. Zebra), das Quagga ((E. quagga) und der Onagga (E. Burchelii), alle leben ursprünglich in der alten Welt, die drei letzteren allein in Afrika. Vom Pferd und Esel werden Maulthiere und Maulesel gezüchtet.

Neunte Familie. Zweihufer, Bisulca, Wiederkäuer, Ruminantia.

§. 36. Keine Schneidezähne im Oberkiefer, aber 6 oder 8 im Unterkiefer, allermeistens keine oder kleine Eckzähne und $\frac{6}{6}$-$\frac{6}{6}$ Backzähne. Zwei große von Hufen bekleidete Zehen und meistens 2 kleinere nicht auftretende Hufe dahinter (Afterklauen). Die hierher gehörigen Thiere fressen, wie die Einhufer, nur Pflanzennahrung, die sie ungekauet verschlucken, daher dieselbe aus dem

Magen wieder heraufsteigt, um zum zweiten Male gekauet zu werden. Deshalb besteht ihr Magen aus vier getrennten Säcken, dem Wanst oder Pansen (rumen), dem Netzmagen oder der Haube (reticulum), dem Psalter oder Buch (omäsum) und dem Labmagen (abomäsum).

A. Ohne Afterklauen.

Das Kameel (Camelus bactrianus). Mit Eckzähnen in beiden Kiefern, $\frac{2}{6}$ Schndz., $\frac{6}{5}$-$\frac{5}{5}$ Backz. und kleinen Hufen. Rücken mit zwei Höckern. Das Dromedar (C. dromedarius) hat nur einen Höcker. Beide nirgends wild, aber in Vorder-Asien und Nord-Afrika die unentbehrlichsten Hausthiere.

Das Lama (Auchenia lama). Mit eben denselben Zähnen, aber $\frac{5}{4}$-$\frac{5}{4}$ Backz. und deutlicher getrennten, großhufigen Zehen. Keine Höcker auf dem Rücken. So groß wie ein Hirsch, rothbraun, langhaarig. Peru.

Die Giraffe (Camelopardalis giraffa). Ohne Eckzähne, aber mit kurzen von der Haut bekleideten Stirnhörnern; Hals lang, Vorderbeine länger als die hinteren. Farbe gelblich, rothbraun gefleckt. Afrika.

B. Mit Afterklauen.

a) Mit ästigem Geweih, aber gewöhnlich bloß beim Männchen.

Die Hirschgattung (Cervus) hat bisweilen Eckz. im Oberkiefer und zeichnet sich durch das hohe ästige Geweih der Männchen aus, das alle Jahr erneuert wird und dann an jeder Stange einen Zinken mehr erhält. Vor dem Auge eine längliche Vertiefung (Thränengrube). Der Edelhirsch (C. elaphus), rothbraun, Männchen mit großem, vielzackigem Geweih. Das Reh (C. capreolus), graubraun, Männchen mit nur dreizackigem, stark höckerigem Geweih. Das Rennthier (C. tarandus), unentbehrliches Hausthier und wild im hohen Norden, dessen Weibchen allein auch ein Geweih besitzt. Der Dammhirsch (C. dorcas) und das Elenthier (C. alces) beide mit schaufelförmigen Geweihstangen gehören auch hierher. Das Moschusthier (Moschus) ist kleiner und zarter gebaut als das Reh, ohne Geweih und mit langen Eckzähnen im Oberkiefer. Nur das Männchen hat den hinter dem Nabel gelegenen Beutel, welcher den Moschus liefert. Lebt in den asiatischen Hochgebirgen.

b) Mit Hörnern, wenigstens beim Männchen, aber ohne Eckzähne.

Die Antilopen (Antilope) haben meistens die schlanke Gestalt der Hirsche, aber die von Horn überzogenen, nicht ästigen Geweihe der Rinder, wiewohl sie zarter und feiner sind. In Europa nur eine Art, die Gemse (A. rupicapra), schwarzbraun, mit weißem Kopf, dunklem Backenstreif, und hakigen Hörnern. In den Hochalpen der Schweiz und Tyrol.

Die Ziegengattung (Capra) hat eine tief gespaltene Oberlippe, bogenförmige seitlich zusammengedrückte Hörner, keine Thränengrube und meist einen Bart am Kinn; dahin: die gem. Ziege (C. hircus) mit kurzen, sanftgebogenen, knotenlosen Hörnern; der Steinbock (C. ibex) mit großen, starken, knotigen Hörnern u. v. a.

Die Schaafgattung (Ovis) hat dieselbe Oberlippe, aber nach außen gerichtete, spiralig gewundene Hörner, Thränengruben vor den Augen, und keinen Bart. Das gem. Schaaf (O. aries) hat einen mäßig langen Schwanz und ein weiches krauses Wollhaar; es findet sich nicht mehr wild.

Die Rindergattung (Bos) hat runde, meistens doppelt gebogene, beiden Geschlechtern eigene Hörner, eine breite ungespaltene, meistens nackte Schnauze, schlichte oder wollige Haare, und einen Haarbüschel am Schwanz. Dahin: der gemeine Ochs (B. taurus), mit kurzem Haar, flacher Stirn, großer Wamme und leierförmig gebogenen Hörnern; der Auerochs (B. urus), mit einem wolligen Haarkleide und Bart am Kinn; der Büffel (B bubalus), mit steifen sperrigen Haaren, etwas gewölbter Stirn und kurzen dicken nach hinten herabgebogenen Hörnern. Ostindien; auch in Ungarn und Italien gezähmt.

Zehnte Familie. Vielhufer, Multungula, oder Dickhäuter, Pachydermata.

§. 37. Mehr als zwei auftretende Zehen mit kleineren Hufen an allen Füßen, doch schwankt ihre Zahl zwischen 3 und 5. Zähne verschieden, häufig alle drei Arten, aber durch Lücken getrennt; Einigen fehlen die Eckzähne, selbst die Schneidezähne in beiden, oder bloß in einem Kiefer.

A. Mit Eckzähnen.

Die Schweinegattung (Sus). Vier Zehen an allen Füßen, die äußeren kleiner, nach hinten gerichtet und hinaufgerückt; bisweilen hinten nur drei Zehen (bei den Bisamschweinen Süd-Amerikas). Alle Zahnarten, Eckzähne groß, kantig und gebogen (Hauer), schmelzhöckerige Backzähne in verschiedener Zahl, meist $\frac{7}{7}$-$\frac{7}{7}$; Leib mit steifen Borsten bedeckt. Das gem. Schwein (S. scrofa) hat verhältnißmäßig kleine Eckzähne, kurze Füße und ein dichtes Haarkleid; wild in unseren Waldungen. Der Babirussa oder Hirscheber (S. babirussa) hat sehr große hakenförmige Eckzähne, von welchen selbst die des Oberkiefers aufrecht stehen. Auf Celebes, Buru und Mangoli.

Das Flußpferd (Hippopotamus amphibius) hat vier gleiche Zehen an allen Füßen, und alle Zahnarten, aber oben mehr Backzähne als unten ($\frac{7}{6}$), Haut nackt. Nächst dem Elephanten das größte und zugleich das plumpeste Landthier. Ober-Aegypten und Afrika überhaupt, in Flüssen. Frißt Pflanzenstoffe, besonders saftige Wurzeln.

Der Tapir (Tapirus americanus) hat vorn vier, hinten drei Zehen, alle Zahnarten, oben mehr Backz. als unten ($\frac{7}{6}$), eine rüsselförmige Nase und eine kurzbehaarte Haut. So groß wie ein tüchtiges Schwein, braun. Das größte amerikanische Thier dieser Gruppe.

B. Ohne Eckzähne.

Die Nashorngattung (Rhinoceros) hat 3 Zehen an allen Füßen, in der Jugend 4, im Alter oft nur 2 oder gar keine Schndz. und 7 Backz., eine dicke schwielige nackte Haut, und 1 oder 2 gebogene Hörner auf der Nase, die aber nur in der Haut fest sitzen und keinen knöchernen Kern wie die der Schaafe und Stiere haben. Das afrikan. N. (Rh. africanus) hat im Alter keine Schneidezähne, eine faltenlose Haut und 2 Nasenhörner; das von Sumatra (Rh. sumatrensis) ebenfalls, aber große Hautfalten an den Hauptgelenken, wie die anderen beiden ostindischen Arten mit nur einem Nasenhorn und getäfelter Hautfläche.

Die Elephantengattung (Elephas) hat lange hervorragende Schneidezähne im Oberkiefer (Stoßzähne), aber keine im Unterkiefer, und 1 bis 2 große aus Schmelzplatten gebildete Backzähne oben wie unten. Nase in einen langen zugleich zum Greifen und Tasten dienenden, nervenreichen und sehr beweglichen Rüssel verlängert, Haut der Alten nackt, 5 Zehen an allen Füßen. Der ostindische E. (E. indicus) hat kleinere Ohren, vorn 5, hinten 4 Hufe, Backzähne mit parallelen Schmelzleisten; der afrikanische E. (E. africanus) größere Ohren, bloß 4 Hufe und Zähne mit rautenförmigen Schmelzleisten auf der Kaufläche.

Elfte Familie. Flossenfüßer, Pinnipedia.

§. 38. Fünf Zehen an allen Füßen, aber durch eine derbe Haut zur Flosse verwachsen. Nägel vorhanden, krallenartig. Alle Zahnarten. Leib dicht und meist straff behaart.

Die Seehunde (Phocae) haben ein Gebiß wie die Raubthiere, $\frac{6}{4}$ bis $\frac{4}{2}$ Schndz., starke Eckzähne, die aber nicht aus dem Munde hervorragen und 5—6 scharfzackige Backzähne. — Der gemeine S. (Ph. vitulina) ist gelbgrau, auf dem Rücken bräunlich und hat keine Ohrmuscheln. Ost- und Nordsee, frißt Fische. Der Seelöwe (Ph. jubata) hat eine lange Mähne um den Hals und kleine Ohrmuscheln. Farbe gelbgrau. Südsee. — Der Seebär (Ph. ursina) ist struppig schwarz behaart und erreicht 18 Fuß Länge, im Großen Ocean, wird zu Hundert Tausenden jährlich des Felles wegen erschlagen.

Das Walroß (Trichechus rosmarus) hat keine Ohrmuscheln, große hervorragende Eckzähne im Oberkiefer, im Alter keine Schneidezähne, und dann gewöhnlich überall 3 einfache, rund cylindrische Backzähne. Es wird 18—20′ lang, ist gelbbraun, hat eine Specklage unter der Haut und lebt im Eismeer heerdenweis und frißt besonders Miesmuscheln (Mytilus).

Zwölfte Familie. Walfische, Cetacea.

§. 39. Körper fischförmig, mit flossenartigen Vordergliedmaßen und gar keinen hinteren. Ohrmuschel fehlt. Leib meist ganz nackt, haarlos. Alle leben im Meere.

A. Die Einen, welche man Sirenen nennt, haben nach vorn gerichtete Nasenlöcher, Zitzen an der Brust, Zähne wie die Dickhäuter, ein spärliches kurzes Borstenkleid und Nägel an den Flossen. Fressen Kräuter. Dahin:

Die Seejungfer (Halicore Dugong), mit 2 großen Schneidezähnen und flachem, halbmondförmigem Schwanz. 7—8′ lang. Südsee. Dies Thier scheint zu der Fabel von den Seejungfern oder Sirenen Veranlassung gegeben zu haben.

B. Die Anderen oder Delphine, haben oben auf dem Kopf befindliche Nasenlöcher, Zitzen am Bauch, keine Haare, keine Nägel an den Flossen, aber kegelförmige Zähne im Kiefer.

Der eigentliche Delphin (Delphinus delphis) hat eine abgesetzte Schnauze, viele kegelförmige Zähne in beiden Kiefern, ist grau, mit weißem Bauch, wird 8—10′ lang und lebt an europäischen Küsten.

Der Pottfisch (Physeter macrocephalus) hat nur im Unterkiefer dicke kegelförmige Zähne, und Gruben im Oberkiefer, welche die Zähne aufnehmen. Sein Kopf macht den dritten Theil des ganzen Körpers aus und ist vorn so dick wie hinten durch die großen unter der Haut gelegenen Walrathbehälter; sein Leib 60′ lang. Eismeer.

Der Narwal oder Einhornfisch (Monodon monocerus) hat nur zwei gerade peitschenstielartig gewundene Stoßzähne im Oberkiefer, von welchen einer immer ausfällt. Leib gelblich, grau gefleckt. 18—20′ lang. Nordmeer.

C. Die Dritten oder ächten Walfische haben die Kennzeichen der vorigen, aber keine Zähne, sondern am unteren Rande ausgefaserte Hornplatten, welche in zwei Reihen an der innern Seite des Oberkiefers festsitzen (Barten, Fischbein). Fressen, wie die vorigen, thierische Nahrung.

Der grönländische Walfisch (Balaena mysticetus) hat einen sehr großen Kopf, einen glatten Leib und keine Rückenflosse. Er wird gegen 60′ lang.

Der Finnfisch (Balaenoptera boops) hat einen schmächtigern, am Bauch gefurchten Leib, einen spitzen Kopf und eine dreieckige Rückenflosse. Beide im Eismeere.

Zweite Klasse.

Vögel, Aves.

§. 40. Keine Zähne in den nackten, von Hornsubstanz bekleideten Kiefern (Schnabel). Leib mit Federn bedeckt, ebenso die zu Flügeln umgestalteten Vordergliedmaßen.

Anderweitige Eigenthümlichkeiten der Vögel sind: die Pneumaticität der Knochen, d. h. sie sind hohl, leer, und ihre Höhlungen stehen durch Kanäle in Verbindung; in diese dringt die Luft von der Lunge aus. Der Oberkiefer ist am Grunde biegsam, der Unterkiefer mittelst eines besondern Knochens (Quadratknochen) am Schädel eingelenkt. Halswirbelzahl sehr veränderlich, Rücken- und Beckenwirbel oft unbeweglich verwachsen; wenig Schwanzwirbel. Das kahnförmige Brustbein hat einen hohen Kamm, welcher nur dem Strauß und Kasuar fehlt; das Becken ist vorn offen, die Rippen haben am Hinterrande einen Hakenfortsatz; die Flügel sind dreizehig, die Füße 2—4-zehig, jede Zehe des Fußes und der Daumen des Flügels mit einem Nagel.

Die Federn sind hornige Gewächse, welche so lange sie wachsen, durch Blutgefäße ernährt werden. Jede besteht aus dem Schaft und der an beiden Seiten desselben angefügten Fahne; das untere hohle Ende des Schaftes heißt Spule, und die darin befindliche aus Zellen bestehende faltige Haut nennt man Seele, In dieser steigen die Blutgefäße hinauf. Alle Wasservögel, doch auch viele andere Gruppen, nur nicht die Singvögel haben zwei Arten von Federn: Deckfedern, welche derber und fester, die äußerste Oberfläche bilden und in sehr beschränkte aber ganz bestimmte Felder (Federfluren) über den Körper vertheilt sind, und Flaumenfedern oder Daunen, zartere, weiche, wollige Federn, die den untern Raum zwischen den Deckfedern ausfüllen; bei den andern Vögeln ist bloß der untere Theil jeder Feder daunenartig. Die großen Federn, welche an den Zehen der Vordergliedmaßen sitzen und den Fittig bilden, nennt man Schwungfedern (remiges), die darüber auf der Oberfläche des Flügels befindlichen heißen ganz besonders Deckfedern (tectrices), die großen Federn des Schwanzes nennt man Schwanz- oder Steuerfedern (rectrices). Die Federn sind stets fettig und lassen kein Wasser durch. Das Fett wird von einer Drüse abgesondert, die oben auf dem Schwanze liegt, und Bürzeldrüse heißt. Mit diesem Fett schmieren die Vögel ihre Federn ein. —

Der Schnabel und die Füße sind die einzigen nackten Theile des Vogels. Jenen bekleidet vorn eine hornige Scheide, hinten eine weiche Haut, Wachshaut (ceroma), in welcher die Nasenlöcher liegen. Die Füße sind von einer mit hornigen Schuppen, Schildern oder Schienen bekleideten Haut überzogen, welche bei den Wasservögeln nicht bloß die Zehen, sondern auch die Fußwurzel (tarsus) und einen Theil des Schienbeines umgiebt; bei den andern die Zehen und Fußwurzel allein. Jene Bildung der Füße bezeichnet man mit Wadbeinen (pedes vadentes), oder wenn die Beine sehr lang sind, mit Stelzenfuß (pes grallarius); fehlt solchen Füßen die Hinterzehe, so pflegt man sie Lauffüße (pedes cursorii) zu nennen. Sind alle Zehen mit Hautlappen versehen, oder durch Haut verbunden, so heißt der Fuß Schwimmfuß (pes natatorius); haben die Zehen starke gebogene Krallen und ein gedrungenes Ansehen, so heißt er Raubfuß (p. raptorius); ist der Fuß kleiner, zarter und die Krallen stumpf, so heißt er Gangfuß (p. ambulatorius); sind bei diesen Füßen die äußersten beiden Zehen am Grunde verwachsen, so nennt man sie Schreitfüße (pedes gressorii); stehen 2 Zehen nach vorn, 2 nach hinten, so nennt man ihn Kletterfuß (pes scansorius); ist die äußerste Zehe beweglich, so daß sie bald nach vorn, bald nach hinten gerichtet werden kann, so heißt sie Wendezehe (digitus versatilis).

Von den inneren Organen ist nur hinsichtlich des Magens anzuführen, daß er bei allen Körner fressenden Vögeln mit 2 dicken halbkugelförmigen Muskeln und innen mit starker Lederhaut versehen, bei den übrigen häutig sackförmig ist. Vor dem Magen findet sich häufig ein Kropf. Außer dem Kehlkopfe am Eingange in die Luftröhre ist noch ein zweiter Kehlkopf an deren unterm Ende bei den Singvögeln mit eigener Muskulatur vorhanden. In der Rumpfhöhle unter den Lungen und Eingeweiden befinden sich große Luftsäcke, von welchen aus die Luft in die einzelnen Knochen gelangt. Die allermeist hornige, zum Schmecken wenig taugliche Zunge enthält einen knöchernen Kern. Zwei Blinddärme sind allgemein vorhanden.

Alle Vögel legen bekanntlich hartschalige Eier, welche vom Weibchen, oder auch Männchen und Weibchen abwechselnd, bebrütet werden, bis die Jungen auskriechen. Das ausgebrütete Junge bleibt dann im Nest, und wird von den Aeltern ernährt (Nesthocker), oder es verläßt mit Dunen bekleidet sogleich nach der Geburt das Nest und sucht sich selbst unter Anleitung der Mutter seine Nahrung (Nestflüchter).

Die Vögel wechseln, wie die Säugethiere, ihr Federnkleid (mausern), und zwar entweder einmal im Herbst (Herbstmauser), oder zweimal, im Frühjahr und Herbst. In diesem Fall ist ihr Kleid häufig verschieden gezeichnet, das zwischen Frühjahr und Herbst nennt man Sommer- oder Hochzeitskleid, das zwischen Herbst und Frühjahr heißt Winterkleid. Bei Einigen tritt indeß nur eine Verfärbung des Gefieders ohne Federwechsel ein.

Die meisten Vögel unserer Gegend sind Zugvögel, d. h. sie wechseln im Frühjahr und im Herbst ihren Aufenthaltsort, ziehen nach Süden, wo sie auch während des Winters die ihnen zusagende Nahrung finden. Die im Frühjahr zurückkehrenden suchen den im Herbst verlassenen Platz wieder auf. Nur diejenigen Vögel sind einheimische, welche bei uns Nester bauen und brüten, also auch bei uns geboren sind.

Man kennt gegen 7000 verschiedene Vögelarten, welche in 3 Ordnungen und 8 Familien eingetheilt werden, wie folgt:

I. Die Jungen sind Nesthocker.

1. Ordn. Luftvögel (Aves aëreae) fliegen geschickt mit an die Brust angezogenen Beinen. Füße sind bis über den Hacken befiedert.

1) Raubvögel. 2) Singvögel. 3) Spechte. 4) Tauben.

II. Die Jungen sind Nestflüchter.

2. Ordn. Erdvögel (Aves terrestres) fliegen schlecht, doch mit angezogenen Beinen, oder gar nicht, und haben plumpe bis zum Hacken befiederte Füße.

5) Hühner. 6) Strauße und Kasuare.

3. Ordn. Wasservögel (Aves aquaticae) fliegen mit nach hinten ausgestreckten Beinen, deren Befiederung den Hacken nicht ganz erreicht.

a) Mit langen Beinen, meist ohne Schwimmhaut.

7) Sumpfvögel (Kraniche, Störche, Reiher, Schnepfen).

b) Mit kurzen Beinen und Schwimmhäuten.

8) Schwimmvögel (Möven, Enten, Gänse, Taucher).

Erste Familie. Raubvögel, Accipitrinae.

§. 41. Schnabel dick und stark, aber kürzer als der Kopf,

mit horniger, übergebogener, hakiger Spitze und breiter Wachshaut, Füße kurz, stark, mit großen, spitzen, gebogenen Krallen. Fressen Fleisch.

Die Geier (Vultures) haben nackten Kopf und Hals, längere in der Mitte etwas verengte und erst an der Spitze hakig herabgebogene Schnäbel und kürzere, weniger gekrümmte Krallen. Der Condor (V. gryphus) 3' hoch, schwarz, mit weißem Halskragen und mit zackigem Hautkamm auf dem Schnabel, auf den Kordilleren Südamerikas. — Der gelbe G. (V. fulvus) ist röthlich braun mit weißlichem von Dannen bekleidetem Kopf, gelber Halskrause und spaltenförmigen, fast senkrechten Nasenlöchern. Süd-Europa. — Der Geierkönig (Cathartes papa) hat wagrechte durchgehende Nasenlöcher und einen Hautkamm auf dem Schnabel; Gefieder oben rothgelb, unten weiß, Schwingen und Schwanz schwarz, Halskrause grau. Süd-Amerika. — Die Geier fressen nur Fleisch von todten Thieren oder Aas.

Die Falken (Falcones) haben befiederten Kopf und Hals, seitwärts stehende Augen, einen kurzen starkhakigen Schnabel, starke Krallen und niemals befiederte Zehen. Sie fressen kein Aas, nur frisches Fleisch von selbstgefangenen Thieren. Sehr viele Arten sind bekannt, z. B. der Königsadler (F. imperialis), rothbraun mit hellerem Nacken und befiederten Läufen. Der Seeadler (F. albicilla), braun mit weißlichem Kopf und Schwanz, und unbefiederten Läufen. Der Habicht (F. palumbarius), oben graubraun, unten weiß, mit vielen feinen, schwarzen Querwelllinien, $1^1/_2$' hoch. — Der Sperber (F. nisus), ebenso, aber nur $^3/_4$' hoch. Beide mit gelben Beinen und Wachshaut, aber blauem Schnabel und rundem Nasenloch. — Der Thurmfalk (F. tinnunculus), Schnabel mit einem Ausschnitt hinter der Spitze, Farbe rothbraun mit schwarzen Längsstrichen, Schwanz mit schwarzer Binde vor der Spitze. Größe des Sperbers. — Der Edelfalk (F. islandicus s. F. Gyrfalco), Schnabel des Vorigen, Zehen sehr lang, Läufe kurz; Gefieder weißlich oder oben grau, mit vielen schwarzen Querbinden, unten mit Längsflecken, die im Alter abnehmen. Norden Europas. Hierher noch die plumperen trägen Bussarde und die viel schlankeren Weihen.

Die Eulen (Striges) haben nach vorn gerichtete Augen, die von einem Federnkranze (Schleier) umgeben sind; Schnabel und Füße kleiner, letztere bis auf die Zehen befiedert. Der Uhu (Strix bubo) hat Ohrbüschel, ist braun, mit schwarzen Kreuzflecken und wird 2' hoch. Die Schleiereule (St. flammea) hat einen sehr großen Schleier, keine Ohrbüschel; unten gelb, auf dem Rücken rostbraun, mit vielen Längslinien abwechselnd weißer und schwarzer Punkte, 1'' hoch. Gemein Das Käuzlein (Str. noctua) nur 10'' hoch, braun mit weißen Flecken, ebenfalls gemein und wie vorige hauptsächlich von Mäusen lebend. — Die Eulen gehen nur bei Nacht auf den Raub aus und halten sich am Tage versteckt.

Zweite Familie. Singvögel, Passerinae.

§. 42. Schnabel allermeistens klein, oft kürzer als der Kopf, grade, kegel- oder pfriemenförmig; nur Gangfüße, deren Lauf hinten in der Regel von 2 langen Schienen bedeckt ist; eine am Zipfel nackte Bürzeldrüse, 9 oder 10 Schwingen am Handtheil des Flügels und 12 Schwanzfedern. Alle haben eine laute Stimme, die durch einen eignen Muskelapparat am unteren Ende der Luftröhre (unterm Kehlkopf) verstärkt wird und allen andern Vögeln fehlt; viele singen melodisch. Alle bauen künstliche Nester und füttern ihre Jungen. Sie sind theils Körner-, theils Insektenfresser, viele beides zugleich.

A. Nasengruben befiedert, Nasenlöcher unter Federn versteckt.

a) Eine Kerbe neben der hakigen Schnabelspitze.

Der Seidenschwanz (Bombycilla garrula) hat ein röthlich graubraunes Gefieder und eine Federnholle auf dem Kopfe; Schnabelgrund, Schwingen und eine Binde vor der gelben Schwanzspitze schwarz; Handschwingen gelb gerandet, Armschwingen und die Schwanzfedern mit rothen Hornblättchen an der Spitze. In Nadelwäldern, bei uns bloß im Winter.

b) Keine Kerbe neben der Schnabelspitze.

aa) Keine steifen Borstenspitzen an den Federn des Mundrandes.

Die Rabengattung (Corvus), mit großem, starkem, kegelförmigem, gradem Schnabel, straffen Federn über den Nasenlöchern und stufigen ersten Handschwingen. Der Rabe (C. corax), der größte, ganz schwarz. Die Krähe (C. cornix), grau, mit schwarzem Kopf, Flügeln und Schwanz. Die Dohle (C. monedula), schwarz, mit dickem, graulichem Kopf u. a. m.

bb) Mit steifen Borstenspitzen an den Federn des Mundrandes.

α) Lauf hinten mit doppelter Schilderreihe.

Die Lerchen (Alaudae) haben einen etwas kürzeren, zarteren, kegelförmigen Schnabel und einen sehr langen Sporn an der Hinterzehe; Farbe gelbgrau, mit braunen Flecken. Die Haubenlerche (A. cristata) hat auf dem Kopf einen langen, spitzen Federnbusch. Die Feldlerche (A. arvensis) mit ganz kurzer stumpfer Scheitelholle.

β) Lauf hinten geschient.

Die Meisengattung (Parus) hat einen sehr kleinen, kürzeren, mitunter ziemlich dicken, mehr kegelförmigen Schnabel und eine mit mehreren Hornspitzen versehene Zunge; sehr bekannt ist: die Kohlmeise (P. major), Kopf schwarz, Rumpf gelbgrün, Wangen weiß; und die Beutelmeise (P. pendulinus), rostroth, Bauch gelblich, Stirn und Schläfen schwarz; baut ein beutelförmiges, an Zweigen hängendes Nest.

Das Goldhähnchen (Regulus cristatus) hat einen feinen, vorn zusammengedrückten, aber graden Schnabel, kurze Flügel, und eine kleine Federnholle auf dem Scheitel; Gefieder olivenfarben, Scheitel gelb, mit schwarzem Seitenstreif. Der kleinste deutsche Vogel.

Der Blauspecht (Sitta europaea) hat einen längeren, flacheren, graden, am Ende abgerundeten Schnabel, große Krallen und einen kürzeren, breiten, runden Schwanz; Farbe oben blaugrau, unten fleischroth. Hüpft an Baumstämmen nach Insekten.

B. Nasengruben nicht befiedert, das Nasenloch frei sichtbar.

a) Keine steifen Borstenspitzen an den Federn des Mundrandes.

aa) Schnabel lang, dünn, leicht gebogen.

Der Baumläufer (Certhia familiaris) hat lange Krallen und steife, spitze Schwanzfedern zum Anstemmen beim Klettern; Farbe oben braungrünlich, weiß gesprenkelt. Zeitig im Frühjahr in Gärten, an Baumstämmen hüpfend, zutraulich.

Die Honigsauger (Nectarineae) haben eine lange, röhrige, zum Honigsaugen taugliche Zunge und keinen steifen Schwanz zum Anstemmen. Viele Arten, oft prächtig gold- und erzfarben, meist aus Afrika; gelten irrthümlich für Kolibri's.

bb) Schnabel grade, stärker, dicker.

Der Staar (Sturnus vulgaris), mit vorn abgerundetem, flachem Schnabel, dessen Mundwinkel sehr stark nach unten gezogen ist; Gefieder blauschwarz, weiß gesprengelt. Auf Viehweiden.

b) Mit steifen Borstenspitzen an den Federn des Mundrandes.

aa) Schnabel kurz, dick, kegelförmig, ohne Kerbe neben der Spitze; Nasenloch dicht am Grunde.

Die Finken (Fringillae) haben die stärksten, dicksten, härtesten, aber dabei nicht längsten Schnäbel unter allen Singvögeln. Auch fressen sie vorherrschend Sämereien, die Sänger und ihre Verwandten dagegen Insekten. Der Sperling (Fr. domestica), grau, Rücken braun und schwarz gefleckt, Kehle des Männchens schwarz. Der Buchfink (Fr. coelebs), Männchen mit blaugrauem Scheitel, braunem Rücken und rostrother Kehle wie Brust; Weibchen oben grünlich, unten grau. Flügel gestreift. Der Kanarienvogel (Fr. canaria), ganz schwefelgelb. Jetzt nicht mehr wild. Hieher noch Zeisig, Hänfling, Stieglitz, Dompfaff u. a.

Die Ammern (Emberizae). Schnabel der Finken, aber der Oberkiefer ausgebogen und der Unterkiefer mit einer hervorspringenden Ecke am Mundwinkel, Gaumen mit einem Höcker. Die Goldammer (E. citrinella), Kopf und Brust schwefelgelb, wie der graue Rücken braun gefleckt.

bb) Schnabel mit einer Kerbe neben der mehr hakigen Spitze; Nasenloch der Mitte genähert, unter einer Schuppe.

α) Flügel stets kürzer als die mittleren Schwanzfedern.

Die Würgergattung (Lanius), mit kurzem, dickem, gebogenem, von den Seiten zusammengedrücktem, und mit einem Seitenzahn vor der Spitze versehenem Schnabel. Manche Arten fressen junge Vögel. Der Neuntödter (L. collurio) ist oben zimmtbraun, unten und am Kopf grau. Schläfen schwarz. Spießt Käfer an Dornen.

Die Drosseln (Turdus) haben einen feineren, graden, mehr drehrunden Schnabel und eine sehr kleine erste Schwinge. — Die Schwarzdrossel oder Amsel (T. Merula) ist ganz schwarz mit gelbem Schnabel. Der Krammetsvogel (T. pilaris), oben aschgrau, Rücken bräunlich, Kehle und Brust rostgelb, schwarzbraun gefleckt. Die Singdrossel (T. musicus), oben olivenfarben, unten gelblich mit dreieckigen dunkelbraunen Flecken.

Die Sängergattung (Sylvia) hat ganz die Form und das Ansehen kleiner Drosseln, ihr Schnabel ist sehr zart, die erste Schwungfeder sehr klein. Die Nachtigall (S. luscinia), rothbraun, am Bauch heller. Das Rothkehlchen (S. rubecula), oberhalb olivenfarben, Kehle rostroth; u. v. a.

Die Bachstelze (Motacilla) hat einen etwas längeren Schnabel und einen viel längeren Schwanz, die erste kleine Schwinge fehlt. Die weiße B. (M. alba), oben grau, Stirn, Bauch und die äußeren Schwanzfedern weiß. Die gelbe B., Gelbgänschen (M. flava), oben schmutzig grün, unten gelb, Kopf aschgrau.

Der Zaunkönig (Troglodytes parvulus) hat den Schnabel der Vorigen, doch ist er sanft gebogen; Flügel kurz, abgerundet und der Schwanz sehr kurz. Gefieder braun, schwarz gewellt.

β) Flügel länger als die mittleren Schwanzfedern.

Die Schwalben (Hirundines) haben sehr kleine, flache, spitze, übergebogene Schnäbel, kleine zarte Füße und sehr lange Flügel. Die Hausschwalbe (H. urbica), oben stahlblau, unten weiß, Zehen befiedert. Bauet außen an Häusern. Die Rauchschwalbe (H. rustica), ebenso, Stirn und Kehle rostfarben, Zehen unbefiedert. Bauet in Häuser.

Dritte Familie. Spechtvögel, Picariae.

§. 43. Mit großen den Kopf an Länge übertreffenden Schnäbeln, größeren, stärkeren, meistens zu Schreit- oder Kletterfüßen umgebildeten Beinen, deren Lauf hinten nie von Schienen, sondern nur von Warzen bekleidet ist, und einer am Zipfel häufig befiederten Bürzeldrüse. Allen fehlen die Singmuskeln am untern Kehlkopf und die melodische Stimme. Die wenigsten Glieder dieser inhaltsreichen Gruppe sind in Europa zu Hause, die meisten leben zwischen den Wendekreisen. Merkwürdig sind besonders folgende:

a) Mit Gang- oder Schreitfüßen.

α) Schnabel klein, kürzer als der Kopf.

Der Mauersegler (Cypselus apus) hat ganz das Ansehn einer Schwalbe, einen breiten und flachen, aber kleinen Schnabel, und Füße mit gleich langen Zehen, die äußeren am Grunde verwachsen, die innere eine Wendezehe. Flügel lang, wie beim Kolibri. Farbe braunschwarz, Kehle weißlich Nistet auf Kirchthürmen, fliegt schaarenweis mit lautem Geschrei durch die Straßen.

Die Nachtschwalbe (Caprimulgus europaeus) hat ganz das Ansehn des Vorigen, ist aber größer, wie eine Drossel, hat einen sehr breiten und kurzen Schnabel, der bis hinter das Auge gespalten ist, und durch Haut verbundene Zehen. Nagel der Mittelzehe am inneren Rande gekämmt; Gefieder düster, braungelb mit dunkleren Flecken Frißt Abendfalter und andere Insekten, die sie im Zwielicht fängt.

β) Schnabel länger als der Kopf, meistens groß und dick.

Die Kolibrigattung (Trochilus), welche die kleinsten aller Vögel enthält, ist ausgezeichnet durch lange, dünne, grade Schnäbel, eine lange, runde, gespaltene Zunge, welche ihnen zum Einfangen der Blumeninsekten dient, und ziemlich lange, bisweilen vorn hornige Schwungfedern. Sie leben nur in Amerika und haben ein schönes glänzendes Gefieder; manche Arten wiegen nur einige Gran; die Eier wie Erbsen, aber länglich.

Der Wiedehopf (Upupa epops), mit einem langen, dünnen, sanft gebogenen Schnabel, ganz verkürzter Zunge und einer aus einer doppelten Reihe von Federn bestehenden Holle auf dem Kopf, die er auf- und niederschlagen kann. Gefieder hellgelbbraun, Federnholle am Rande schwarz; Flügel schwarz, mit weißen Querbinden. In Weidengebüschen.

Der Eisvogel (Halcedo ispida) hat einen großen, graden, starken, rothen Schnabel, dessen Rückenfirste einen Kiel bildet, und rothe Schreitfüße. So groß wie ein Dompfaffe, oben blaugrün, Kehle weißlich, Brust und Bauch rothbraun. Lebt an den Ufern von Seen, Flüssen, Teichen, wo er auch nistet und nährt sich von Fischen.

Die Nashornvögel oder Kalaos (Buceros) haben sehr große, gebogene, meistens mit einem rückwärts gekrümmten Aufsatz auf dem Oberkiefer versehene, innen hohle Schnäbel, und dicke klotzige Schreitfüße. Sie sind meistens große Vögel, mit schwarzem, dunklem Gefieder, welche die heißen Gegenden der alten Welt, besonders Afrika's, bewohnen, und von Früchten, Insekten oder kleinen Vögeln leben.

Die Mandelkrähe oder Blauracke (Coracias garrula) hat ganz das Ansehen eines krähenartigen Vogels, einen graden an der Spitze übergebogenen, schwarzen Schnabel und gelbe ziemlich zarte Füße. Gefieder des Rückens mandelbraun, Bauch, Brust, Kopf und Hals spangrün, Schwungfedern azurblau. Lebt einzeln in Gebüschen, wird so groß wie eine Dohle, und ist wohl der schönste aller deutschen Vögel. Frißt Insekten.

b) Mit Kletterfüßen.

Der Kukuk (Cuculus canorus) hat die Größe der Dohle, einen leicht gebogenen Schnabel mit ganz rundem Nasenloch, und gelbe Kletterfüße. Der Schwanz, besonders mancher ausländischen Arten, ist lang, das Gefieder grau oder braun, mit dunklen Querlinien. Dieser Vogel hat die Eigenthümlichkeit, daß er seine Eier nicht selbst ausbrütet, sondern kleinen Vögeln, die von Insekten leben, besonders Grasmücken, ins Nest legt.

Der Wendehals (Iynx torquilla), ein kleiner Vogel, von der Größe einer Lerche, mit kleinem, gradem Schnabel, langer, weit ausstreckbarer Zunge, und grauem, dicht mit kleinen schwarzen Dreiecken bestreutem Gefieder. Lebt paarweis und nistet auf alten Baumstämmen.

Die Gattung der Spechte (Picus) zeichnet sich aus durch einen großen, graden, sehr harten keilförmigen Schnabel mit länglichen Nasenlöchern; durch eine lange, runde, weit ausstreckbare Zunge; und durch einen spitzen, steifen Schwanz zum Anstemmen. Die Spechte leben in den Wäldern, und klopfen an die Baumstämme, um Insekten aus den Ritzen und Spalten derselben hervorzutreiben. Der Schwarzspecht (P. martius) ist so groß wie eine Krähe, schwarz mit rothem Scheitel. Der Grünspecht (P. viridis) ist schmutzig grün, mit schwarz und weiß gestreiften Schwungfedern und rothem Schnabel.

Die Pfefferfresser oder Tukans (Rhamphastus) haben die größten Schnäbel von allen, die wohl 3—4 mal so lang sind wie der Kopf, dick, breit, sanft gebogen, gegen das Ende zusammengedrückt, inwendig aber zellig, und voll Luft, daher leicht; Zunge federförmig, hornig. Sie leben in Brasilien und fressen saftige Früchte, mitunter auch Vogeleier und junge Vögel. Gefieder schwarz; theilweis gelb, weiß oder roth.

Die Papageien (Psittaci) endlich haben kürzere, aber sehr dicke, stark gewölbte Schnäbel, eine dicke, fleischige Zunge, und bloß warzige Kletterfüße. Sie fressen mehlreiche Samen und Früchte. Die Kakadus haben befiederte Wangen und eine große Federnholle auf dem Kopf, die sie aufrichten und niederlegen können, z. B. Ps. sulphureus; sie leben in Asien. Die Aras haben nackte Wangen und einen langen zugespitzten Schwanz; sie leben in Süd-Amerika. Die Perüches haben den Schwanz der Aras, aber dicht befiederte Wangen, z. B. Ps. Alexandri aus Ostindien. Die eigentlichen Papageien oder Perokets haben einen stumpfen, breiten Schwanz, und bald nackte Wangen, wie der graue P. (Ps. erithacus) mit rothem Schwanz aus Afrika; bald befiederte Wangen, wie der grüne P. (Ps. ochrocephalus) mit blauer Stirn, gelbem Gesicht, rothem Fleck am Flügel und Schwanz; aus Brasilien.

Vierte Familie. Tauben, Columbinae.

§. 44. Kleine, vorn hornige, hinten häutige Schnäbel mit länglicher Nasenöffnung, die von einer bauchig aufgetriebenen Schuppe bedeckt ist. Kleine, kurze Gangfüße mit kleinen abgestutzten Nägeln. Bauen auf Felsen oder Bäumen ein kunstloses Nest und füttern ihre Jungen aus dem Kropfe. Fressen Körner.

Die Gattung der Tauben (Columba) ist über die ganze Erde verbreitet, besonders aber in den wärmeren Klimaten zu Hause. Bei uns giebt es drei Arten: die große Ringeltaube (C. palumbus), blaugrau, mit röthlicher Brust und weißem Fleck an beiden Seiten des Nackens. Die Holztaube (C. oenas), Größe der Haustaube, oben blaugrau, Bauch weiß, Brust röthlich, Nacken bronzefarben. Die Turteltaube (C. turtur) fleischfarben, Scheitel und Hinterrücken grau, Schwungfedern braun, Deckfedern in der Mitte schwärzlich, im Nacken ein schwarz und weißer Halbring. Alle drei leben in Wäldern und nisten auf Bäumen. Die Haustaube stammt von einer Art (C. livia), die noch wild in Süd-Europa und Nord-Afrika vorkommt: sie ist bleigrau, auf den Flügeln mit zwei schwarzen Binden und schwarzen Schwungfedern. Sie nistet in Felsspalten. Kropf-, Pfauen- und Tümmler-Tauben sind Ausartungen ursprünglich verschiedener, ostindischer Arten.

Fünfte Familie. Hühner, Gallinaceae.

§. 45. Schnabel kleiner, dicker, übergebogen, bloß hornig. Nasenlöcher versteckt. Füße der Vorigen, aber stärker, besonders länger im Lauf, mit dickeren, stärkeren Krallen und mit kleiner meist hoch angesetzter Hinterzehe. Nisten fast immer auf der Erde und füttern ihre Jungen nicht. Fressen Körner und Gewürm.

Der Auerhahn (Tetrao urogallus) hat einen nackten, warzigen Streif über dem Auge, befiederte Läufe, aber keinen Sporn; Größe der Gans, Farbe schwarzblau, Deckfedern der Flügel braun; Weibchen röthlichbraun, am Bauch graulich, überall schwarz gefleckt. In Gebirgswaldungen. Der Birkhahn (T. tetrix) ist kleiner, das Männchen schwarz mit weißem Bauch, weißer Binde über die Flügel und gabeligem Schwanz; das Weibchen heller rostroth mit gelblichen Federrändern und tief ausgebuchtetem Schwanz. Auch in Deutschland.

Das Rebhuhn (Perdix cinerea) hat einen überall befiederten Kopf, aber nackte Läufe; erste Schwungfeder kürzer. Seine Farbe ist graubraun, auf dem Rücken gesprenkelt, Kehle des Männchens rostgelb, der Bauch braun. Gemein in Deutschland. Die Wachtel (P. coturnix) ist kleiner, heller, graugelb, mit dunklerem, hell geflecktem Rücken. Erste Schwungfeder den übrigen gleich. Häufig im Sommer auf Kornfeldern, zieht im Herbst nach Süden.

Das Perlhuhn (Numida Meleagris), Kopf nackt, mit helmartigem

Aufsatz, Hautlappen am Unterkiefer. Farbe hellgrau, mit weißen, schwarz gesäumten Punkten in Reihen. Männchen ohne Sporn. Afrika.

Die Hühnergattung (Gallus) hat einen nackten Hautkamm auf dem Kopf, Hautlappen an der Kehle und die Männchen sind bespornt, Schwanz aufrecht. Das Haushuhn stammt von einer Art (G. Bankiva), die sich noch auf Java wild findet, wie die kastanienbraunen mit goldgelben Halsfedern versehenen Hähne, und wie die graubraune mit schwärzlichen Querzeichnungen und gelbgeränderten Halsfedern versehene Henne gezeichnet ist.

Die Fasane (Phasiani) haben nur einen nackten Ring um's Auge, einen langen spitzen Schwanz, und das Männchen hat kurze Sporen. Der gemeine F. (Ph. colchicus), rostfarben mit schwärzlichen Querflecken, Kopf metallisch grün; Henne grau, braun gefleckt. Stammt aus dem westlichen Asien.

Der Pfau (Pavo cristatus) hat nur nackte Wangen und einen Federnbusch auf dem Kopf. Kopf und Hals metallisch grün, die Bürzelfedern beim Männchen sehr groß, bronzefarbig, jede am Ende mit einem Augenfleck. Wild in China und Hinterindien.

Der Truthahn (Meleagris gallopavo) oder Puter hat einen nackten mit vielen Warzen und einem Zipfel auf der Stirn versehenen Kopf und Vorderhals, so wie einen radförmig aufrichtbaren Schwanz. Gefieder braun, jede Feder vor dem Ende mit schwarzem Querstrich. Männchen mit einem Haarbüschel an der Brust. Stammt aus Nordamerika.

Sechste Familie. Laufvögel, Currentes.

§. 46. Keine zum Fliegen taugliche Flügel, Hals verlängert; Schnabel flach, so lang wie der Kopf; Beine sehr lang, besonders die Läufe, höchstens 3 Zehen. Brustbein ohne Kamm; Becken vorn geschlossen. Jungen werden nicht gefüttert. Diese Vögel laufen schnell und schlagen dann mit den Flügeln. Dahin:

Der Kasuar (Casuarius galeatus) mit nacktem Kopf und einem hornigen Helm auf dem Scheitel. Füße dreizehig. Schwarz, Kopf und Oberhals blau und roth, nackt. Auf Sumatra, Java.

Der amerikanische Strauß oder Nandu (Rhea americana) ist grau, Männchen mit schwarzem Streif an der Brust. Kopf, Hals und Schenkel befiedert. Füße dreizehig. Süd-Amerika.

Der eigentliche Strauß (Struthio camelus) hat nackten Kopf, Hals und Schenkel; Gefieder schwarz, einzelne Flügel- und Schwanzfedern weiß. Zwei Zehen. Afrika. Eier wie ein Kinderkopf, von mehreren Weibchen in ein Nest gelegt, worauf sie nur des Nachts brüten.

Siebente Familie. Sumpfvögel, Grallae.

§. 47. Lange Beine, mit halb befiedertem Schienbein und

meistens freien Zehen. Hals ebenfalls lang, der Länge der Beine entsprechend; Schnabel bald kürzer, dicker, bald länger und dünner. Leben in der Nähe des Wassers und fressen vorzugsweise thierische Nahrung. Füttern die Jungen nicht.

I. Zügelgegend ganz oder in der Mitte nackt.

A. Mit ganzen Schwimmhäuten und lamellirten Schnabelrändern.

Der Flamingo (Phoenicopterus ruber) hat einen breiten, kurzen, winkelförmig abwärts gebogenen Schnabel, den längsten Hals und die längsten Beine. Zehen kurz, die drei vordern durch Schwimmhaut verbunden. Gefieder feuer- oder blaßroth, Schwungfedern schwarz. Süd-Europa. Nord-Afrika.

B. Keine ganzen Schwimmhäute und ohne Lamellen am Schnabel.

α) Nasenlöcher hinten am Schnabelgrunde.

a) Lauf warzig. Krallen kurz, dick, die mittlere am Innenrande nicht gekerbt. Störche.

Der Löffelreiher (Platalea leucorhodia) hat die Gestalt des Reihers, aber einen nach dem Ende zu breit gedrückten, löffelförmig erweiterten Schnabel, nackte Augenringe und nackte Kehle. Am Grunde der vorderen Zehen eine breite Hautfalte. Gefieder weiß, Schnabel gelb, am Rande, wie die Füße und Schwingen, schwarz. Lauert am Ufer auf Fische und Würmer. Süd-Europa.

Die Störche (Ciconiae) haben dicke, hohe, grade Schnäbel, längere Beine mit kurzen Zehen und stumpfen Krallen. Augenring, bisweilen sogar der ganze Kopf, nackt. Der weiße St. (C. alba) hat rothen Schnabel und Füße, einen schwarzen Strich um das Auge und schwarze Schwungfedern. Der schwarze St (C. nigra) hat ein schwarzes metallisch glänzendes Gefieder, weißen Bauch und rothen Schnabel und Füße. Beide fressen Amphibien, besonders Frösche.

Der heilige Ibis (Ibis religiosa) gehört auch hieher. Er hat einen langen, gebogenen Schnabel, einen nackten, schwarzen Kopf, ein weißes Gefieder mit schwarzen buschigen Bürzelfedern und nicht sehr lange, schwarze Beine. Körper wie ein Huhn. Lebt in Aegypten und ward von den alten Aegyptern als heilig verehrt.

b) Lauf geschient, vorn mit Gürteln. Krallen lang, dünn, die mittlere am Innenrande gekerbt.

Die Reihergattung (Ardea) zeichnet sich aus durch einen langen, graden, spitzeren Schnabel, kürzere Läufe, aber längere, mit starken Krallen bewaffnete Zehen; Hinterzehe ganz auftretend. Zwei Arten sind bei uns besonders bekannt, der graue R. (A. cinerea), Rücken aschgrau, die längeren Federn des Hinterhauptes und Flecken am Vorderhalse schwarz. Lauert am Ufer auf Fische. Die Rohrdommel (A. stellaris), gelb, überall mit schwarzbraunen Kreuzflecken. Scheitel und Fleck am Mundwinkel schwarz. Hals dick befiedert. Lauert in Sümpfen und stößt von Zeit zu Zeit einen dumpfen Ton aus.

β) Nasenlöcher der Mitte des Schnabels genähert; Zügelgegend mit borstigen Federn zerstreut besetzt.

Der Kranich (Grus cinerea) hat einen kegelförmigen, ziemlich starken, hinter der Mitte etwas zusammengeschnürten Schnabel, langen Hals und lange, vierzehige Beine, deren Hinterzehe nur mit der Spitze den Boden berührt. Farbe aschgrau, Kopf schwärzlich, mit weißem Streif am Halse und nacktem schwieligem Hinterhaupt; Bürzelfedern verlängert. Größer und höher als der Storch. Lebt schaarenweis, wandert wie der Storch, frißt besonders Körner, aber auch Insekten und Würmer.

II. Zügelgegend ganz und dicht befiedert.

A. Hinterzehe klein oder fehlt ganz. Schnepfen.

a) Füße drei-zehig.

Die Trappe (Otis tarda) hat einen kurzen, ziemlich breiten Schnabel einen dicken Hals und dreizehige Lauffüße. Gefieder auf dem Rücken gelbbraun mit schwarzen Querstreifen, im übrigen weißgrau; Männchen mit Bartfedern am Mundwinkel. Frißt Körner. Größe der Gans und drüber.

b) Füße vier-zehig.

Der Kiebitz (Vanellus cristatus) hat einen kleinen Schnabel mit langer Nasengrube und vierzehige Füße, deren Hinterzehe sehr klein ist. Gefieder schwarz, erzfarben schillernd, im Nacken ein Schopf längerer Federn. Hinterhals, Brust, Bauch weiß. Beine roth. Auf sumpfigen Wiesen; frißt Insekten und Würmer.

Der Säbelschnäbler (Recurvirostra avosetta) hat einen langen, feinen, spitzen, aufwärts gebogenen Schnabel und Schwimmhäute zwischen den Vorderzehen. Gefieder weiß, Kopf, Nacken, ein Längsfleck auf jedem Flügel, Schwungfedern, Schnabel und Beine schwarz. Küsten der Nordländer.

Der Kampfhahn (Tringa pugnax) gehört zur großen Gattung der Strandläufer (Tringa); welche an dem graden, feinen, aber etwas stumpfen, nicht sehr langen, weichen, in der Mitte biegsamen Schnabel, und den langen vierzehigen Beinen kenntlich ist. Er unterscheidet sich durch sein buntes, bräunlichgraues, dunkler geflecktes Gefieder, und das Männchen besonders durch eine große Halskrause und viele kleine Warzen vor den Augen. Küsten der Ostsee.

Die Waldschnepfe (Scolopax rusticola) hat einen sehr langen, starken, graden Schnabel, große nach hinten gerückte Augen, kurzen Hals und kurze

Beine. Gefieder braun, schwarz in die Quere gestreift, auf dem Rücken gefleckt; Größe einer kleinen Taube. Frißt Insekten und Würmer. Bei uns nur auf dem Zuge.

B. Hinterzehe sehr groß, ganz auftretend. Rohrhühner.

Den Sumpfvögeln nahe verwandt, obwohl mit der Fähigkeit des Schwimmens begabt, ist das Wasserhuhn (Fulica atra), kenntlich an dem kurzen, seitlich zusammengedrückten, spitzen Schnabel, von welchem aus sich eine schwielige Haut auf die Stirn hin fortsetzt; an den kurzen Läufen, und den langen, jederseits mit mehreren abgerundeten, gefranzten Lappen versehenen Zehen. Farbe schwarzgrau. Größe des Huhns. Schaarenweis auf Seen im Binnenlande.

Achte Familie. Schwimmvögel. Natatores.

§. 48. Durch kürzere breitere Schnäbel, einen kürzeren Hals, sehr dichtes Gefieder und kürzere Beine, deren Zehen durch Schwimmhäute verbunden, oder mit breiten, seitlichen Hautlappen versehen sind, unterscheiden sich diese Vögel von den vorigen. Sie lieben, wie jene, das Wasser, können alle gut schwimmen, die meisten auch tauchen, einzelne sehr geschickt und ausdauernd, andere aber gar nicht fliegen, füttern ihre Jungen nicht, bauen kunstlose oder gar keine Nester und fressen theils thierische, theils pflanzliche Nahrung.

I. Flügel vollkommen, mit wahren Schwingen.

A. Ganze Schwimmhäute zwischen den Zehen.

a) Schnabelränder ohne Zähne und Lamellen.

α) Nur 3 Zehen durch Schwimmhaut verbunden.

Die Mövengattung (Larus) hat einen stark zusammengedrückten, hohen Schnabel, dessen Kinnwinkel am Unterkiefer merklich hervortritt, und meistens vierzehige Füße, die drei vorderen durch Schwimmhaut verbunden. Sie fressen Fische. Die Lachmöve (L. ridibundus) ist weiß, Rücken und Deckfedern der Flügel hellgrau, Kopf braun, Schnabel und Füße roth. Die Jungen grau, gesprenkelt. Größe der Krähe.

Der Albatros (Diomedea exulans) mit großem, an der Spitze hakenförmigem Schnabel und röhrenförmig hervortretenden Nasenlöchern. Zehen durch Schwimmhaut verbunden, die hintere fehlt. Gefieder weiß, Rücken und Flügeldecken schwarz gefleckt. Schnabel und Füße gelb. Größe des Schwans; Hals viel kürzer. Im südlichen Ocean.

β) Alle 4 Zehen durch Schwimmhaut verbunden.

Der Fregattvogel (Tachypetes aquila) hat einen schmäleren, starken, hakigen Schnabel, nackte Kehle und Augenrand, halbe Schwimmhäute zwischen allen vier Zehen, befiederte Läufe, einen gabelförmigen Schwanz und sehr lange Schwungfedern. Gefieder schwarzbraun. Etwas größer als eine Ente, Flügel viel länger; fliegt sehr anhaltend. Küste von Brasilien.

Der Seerabe (Carbo cormoranus) oder die Scharbe, hat die Kennzeichen des Vorigen, aber kürzere Schwingen, einen abgerundeten Schwanz, nackte Läufe und ganze Schwimmhäute zwischen allen vier Zehen. Gefieder stahlblauschwarz, Kehle und ein Fleck an der Hüfte weiß. Nordische Küsten, im Winter auch an deutschen, frißt besonders Aale.

Der Pelikan (Pelecanus onocrotalus), oder die Kropfgans, hat einen langen, breiten Schnabel, an dessen Unterkiefer ein weiter häutiger Sack hängt; Spitze mit einem Haken bewehrt. Alle vier Zehen durch ganze Schwimmhäute verbunden. Gefieder fleischroth, Schwingen schwarz. Ost-Küsten des Mittelmeeres.

b. Schnabelränder gezähnelt, mit davon ausgehenden hornigen Blättern.

Die Gattung der Gänse (Anser) zeichnet sich aus durch einen am Grunde hohen, an der Spitze mit einer breiten Hornschuppe besetzten Schnabel; Füße vierzehig, die drei vorderen durch Schwimmhaut verbunden. Die zahme Gans stammt von der, wie eine ganz graue zahme gefärbten, wilden Gans (A. cinereus), die überall in Deutschland auf Seen und an den Küsten angetroffen wird.

Die Schwäne (Cygni) haben einen längeren Hals, breitere, flache Schnäbel mit kleinerer Hornschuppe an der Spitze und nackte Zügel. Der stumme Schw. (C. olor) hat einen rothen, hinten schwarzen und mit einem Höcker versehenen Schnabel. Der Singschwan (C. musicus) hat keinen Höcker und einen schwarzen, hinten gelben Schnabel. Gefieder bei beiden weiß, in der Jugend grau.

Die Entengattung (Anas) unterscheidet sich von den Schwänen, bei gleichem Bau des Schnabels und der Beine, durch kürzeren Hals und vollkommen befiederte Zügel. Fressen, wie Gänse und Schwäne, am liebsten Pflanzennahrung, aber auch Gewürm, Insekten, manche selbst kleine Fische und Frösche. Die Haus-Ente findet sich wild überall in Deutschland (A. boschas); von der wilden haben die Männchen (Entriche) ganz die Größe und Farbe der zahmen mit bronzefarbenem Kopf, brauner Brust, grauem Rücken und weißlichem Bauch; die Weibchen dagegen sind wie die grau, braun und schwarz gesprenkelten mit erzfarbenem Spiegel gezeichneten zahmen Weibchen gefärbt. Zahlreiche andere Arten an unsern Gewässern.

B. Mit breitem Hautsaum an den Zehen.

Der Haubensteißfuß (Podiceps cristatus) hat einen graden, spitzen, etwas zusammengedrückten Schnabel, und vierzehige, mit flachen Nägeln am Ende bekleidete, gelappte, stark nach hinten gestellte Füße. Gefieder auf dem Rücken braungrau, Unterseite weiß, um den Kopf eine rostbraune, schwarzgesäumte Federnkrause. Größe der Ente und drüber, Hals und Beine länger. Auf inländischen Gewässern. Frißt Insekten und Fische.

II. Flügel unvollkommen, mit kleinen schuppenförmigen Federn.

Der Pinguin (Aptenodytes) ist dadurch vor allen anderen Vögeln merkwürdig, daß seine nur mit kleinen schuppenartigen Federn bekleideten Flügel nicht zum Fliegen taugen, sondern bloß zum Rudern im Wasser benutzt werden. Schnabel ziemlich grade, spitzig, etwas zusammengedrückt; Füße ganz hinten, vierzehig, mit kurzen, breiten Läufen und ganzer Schwimmhaut zwischen den vorderen Zehen. Man kennt mehrere Arten dieser Gattung, die alle an der Südspitze der Kontinente vorkommen. Sie gehen aufrecht und schwimmen mit dem ganzen Leibe im Wasser. A. patagonicus ist der größte, wird 3′ hoch, ist oben schwarz, unten weiß, am Halse mit einem gelben Längsstreif.

Dritte Klasse.

Amphibien, Amphibia.

§. 49. Rückgratthiere mit kaltem Blut, einer nackten oder von Schildern und Schuppen bedeckten Haut und wahren Füßen oder gar keinen Gliedmaßen. Sie athmen meistens, wenigstens im Alter, durch Lungen.

Der Bau der Amphibien ist so verschieden, daß sich wenig Allgemeines darüber sagen läßt. Das Skelet betreffend, so fehlt allen fußlosen zugleich das Becken; einigen, wie den Fröschen, auch die Rippen. Die Schildkröten haben keine Zähne, die übrigen spitze, hakige Zähne, nicht bloß im Kiefer, sondern oft auch am Boden des Mundes (Gaumenzähne). Die Zahl der Zehen schwankt zwischen 2 und 5, doch ist die letztere Zahl vorherrschend; die im Wasser lebenden haben Schwimmhäute zwischen den Zehen. Den Fröschen fehlen die Nägel, den anderen kommen Krallnägel zu. — Die äußere Bedeckung ist bei den Schildkröten und Krokodilen aus Schildern gebildet, bei den übrigen Eidechsen und Schlangen finden sich Schilder nur auf dem Kopf, sonst Schuppen, oder große, halbringförmige Gürtel am Bauch. Die Frösche, Molche und Salamander sind nackt und von Schleim bedeckt, welchen viele Hautdrüsen absondern.

Von den inneren Organen ist besonders das Athmungswerkzeug verschiedenartig gebildet. Bei den meisten (Schildkröten, Eidechsen, Schlangen) ist es eine Lunge, die aber bloß aus zweien großen häutigen Säcken besteht, welche noch dazu bei den Schlangen an Größe sehr ungleich sind. Die nackthäutigen Amphibien athmen in der Jugend, so lange sie im Wasser leben, alle durch Kiemen, die am Halse sitzen; einige behalten dieselben immer, andere, wie die Frösche, verlieren sie, wenn sie das Wasser verlassen. Demnächst ist das Gefäßsystem eigenthümlich. Das Herz hat eine unvollkommen getheilte Kammer und zwei Vorhöfe*), in welche das aus dem Körper und den Lungen zurückkehrende Blut gelangt und dann in die Kammer übergeht, von wo aus es wieder im Körper verbreitet wird. Die Verdauungsorgane zeigen keine bedeutenden Abweichungen, doch sind sie kleiner und besonders ist der Darm kürzer, als bei den Vögeln, auch niemals ein Kropf vorhanden und der Magen oft nur wenig weiter als der Darm. Dies bezieht sich auf die Nahrung, welche bei allen, einige Schildkröten ausgenommen, thierisch ist.

Die Amphibien pflanzen sich durch Eier fort, die theils im feuchten Lande verscharrt, theils in's Wasser gelegt werden; letztere sind ohne Schaale. Einige gebären auch lebendige Jungen. Die Jungen ernähren sich selbst. Man kennt etwa 1500 Amphibien-Arten, von welchen $^8/_9$ zwischen den Wendekreisen zu Hause sind; im höheren Norden gar keine; alle einheimischen halten Winterschlaf. Die meisten sind unschädliche, z. Th. vielmehr nützliche, nur wenige, wie die Giftschlangen, gefährliche Thiere. Man theilt sie in folgende vier Gruppen:

I. Leib mit Schildern und Schuppen bedeckt.
- a) Kiefer zahnlos . . . . 1. Schildkröten.
- b) Kiefer mit Zähnen.
  - Mit Augenlidern, Brustbein und vorn verwachsenen Unterkieferbogen . . . . 2. Eidechsen.
  - Ohne Augenlider und Brustbein, Unterkieferbogen vorn getrennt . . . . 3. Schlangen.

II. Leib nackt, mit schleimiger Haut . . . . 4. Nackthäuter.

*) Bei allen, auch bei den Fröschen. Siehe M. Weber's Beitr. zur Anatomie und Physiol. Bonn 1832. 8.

Erste Familie. Schildkröten, Testudinata.

§. 50. Das Skelet des Rumpfes ist äußerlich, d. h. die Rippen sind mit den Wirbeln, dem Brustbein, dem Becken und den auf oder zum Theil neben ihnen liegenden Hautknochen zu einem knöchernen Panzer verwachsen, in welchem alle Eingeweide, ja selbst die großen Knochen der Beine stecken, und der äußerlich nur von hornigen Schildern bedeckt wird. Füße fünfzehig, stets vorhanden. Die Landschildkröten fressen besonders weiche saftige Pflanzen, die Wasserschildkröten mehr Thiere.

Die Midas- oder Seeschildkröte (Chelonia Midas) hat einen breiten, ziemlich flachen Panzer, in welchen sich Kopf und Füße nicht zurückziehen können; Zehen der letzteren durch Schwimmhaut verbunden, flossenartig. Rückenschild mit 3 Reihen großer Hornplatten und kleineren am Umfange, jede Seitenreihe mit 4 Platten; Farbe braun und olivengrün gewellt; Fleisch grünlich. Atlantischer Ocean; wird über 2' lang.

Die europäische Sumpfschildkröte (Emys europaea) hat ebenfalls einen flachen Panzer, der am Rande nur wenig hervortritt und die Gliedmaßen nicht vollständig verstecken kann. Vorn 5, hinten 4 Zehen mit Nägeln, aber durch Schwimmhaut verbunden; Schwanz lang. Farbe schwarz, überall gelb punktirt. In Waldsümpfen, hie und da in Deutschland.

Die griechische oder Landschildkröte (Testudo graeca) hat einen hohen, stark gewölbten Panzer, unter welchem sich der Kopf und alle Glieder ganz verstecken können. Zehen bis auf die Nägel verwachsen, Brustschild hinten ohne bewegliche Platte. Größe einer tüchtigen Mannsfaust, Farbe gelblich, jedes Schild in der Mitte braun. Süd-Europa und Küstenländer des Mittelmeeres, in Gebüschen.

Zweite Familie. Eidechsen, Sauria.

§. 51. Die meisten Eidechsen unterscheiden sich von den Schlangen, denen sie nahe verwandt sind, schon dadurch, daß sie Füße besitzen, die allen Schlangen, aber auch einigen Eidechsen, fehlen. Untrügliche Kennzeichen liefert die Bildung des Kopfes, indem theils der Oberkiefer fester am Schädel sitzt, theils die beiden Bogen des Unterkiefers vorn verwachsen sind und daher das Maul sich nicht übermäßig erweitern kann. Alle Eidechsen haben Augenlider, die Schlangen nie. Die allermeisten Eidechsen besitzen ein Brustbein, die Schlangen keins. Die Eidechsen sind, mit Ausschluß der Krokodile, unschädliche Thiere, welche von

Insekten und kleinen Rückgratthieren leben, niemals aber mit Giftdrüsen und Giftzähnen versehen sind.

A. Panzereidechsen, S. loricata.

Sie haben statt der Schuppen hornige, mit einem erhabenen Kiel versehene Schilder auf dem Rücken, und eine anfangs doppelte, zuletzt einfache Reihe derselben auf dem Schwanz.

Die Gattung der Krokodile (Crocodilus) hat eine breite, mit der Kehle verwachsene Zunge, eingekeilte Kegelzähne, eine spaltenförmige Ohröffnung hinter dem Auge, und vorn mit fünf freien, hinten mit vier durch Schwimmhaut verbundenen Zehen versehene Füße, deren drei innere Zehen allein Nägel tragen. Der Leib ist oben von knöchernen, mit einer erhabenen Leiste versehenen, Schildern bedeckt. Der Nilkrokodil (Cr. vulgaris) hat einen Ausschnitt am Oberkiefer zur Aufnahme des vierten Unterkieferzahns. 4 Nacken- und 6 Halsschilder. Farbe braun, Bauch gelblich. Gegen 20' lang. Im Nil. Der Kaiman oder Alligator (Cr. lucius) hat eine Grube im Oberkiefer, zur Aufnahme desselben Zahnes, halbe Schwimmhäute der Hinterfüße, und vier im Quadrat gestellte Halsschilder. 14' lang. Nord-Amerika. Der Gavial (Cr. gangeticus) hat eine sehr lange, schnabelförmige, vorn erweiterte Schnauze. Findet sich im Ganges.

B. Schuppeneidechsen, S. squamata.

Sie haben Schuppen oder eine bloß warzige Haut.

Die gemeine Eidechse (Lacerta agilis) hat eine ziemlich lange, tief gespaltene Zunge, feine Zähne in den Kiefern und am Gaumen, Schilder auf dem Kopf, einen Halbring breiterer Schuppen an der Kehle (Halsband); breite, viereckige Schuppen am Bauch, eine Reihe von Drüsenporen am Innenrande der Hinterschenkel und ringförmig gestellte, gekielte Schuppen (Wirtelschuppen) auf der Oberfläche des langen Schwanzes. Farbe des Rückens braun, mit Augenflecken; am Bauch gelblich oder grau, ungefleckt. Gemein in Gebüschen.

Bei dem Chamäleon (Chamaeleon africanus) ist die Zunge ein langer, drehrunder, fleischiger, vorn kolbenförmiger Fortsatz, und kann nach Belieben des Thieres ausgeschnellt und zurückgezogen werden. Dies Thier hat große Augen, die von den Augenlidern so weit bedeckt sind, daß nur die Pupille frei bleibt und auf dem Scheitel einen dreiseitigen pyramidalen Fortsatz. Füße fünfzehig, zangenartig, vorn mit zwei, hinten mit drei Zehen nach außen. Schwanz lang, wickelt. Leib ohne Schuppen, warzig. Farbe wechselt willkürlich zwischen gelb, grünlich, bläulich und braun. Nord-Afrika.

Der fliegende Drache (Draco volans) hat eine kurze, dicke, runde Zunge; einen schmalen, von beiden Seiten zusammengedrückten Leib, an welchem jederseits ein breiter Fallschirm, der von den verlängeren hinteren Rippen gespannt wird. Zehen und Schwanz lang, dünn. Er lebt auf Bäumen und kann sich flatternd von oben herablassen. Größe der gemeinen Eidechse. Java.

Der Leguan (Iguana tuberculata), ebenfalls mit seitlich zusammengedrücktem Körper, einem Kamm spitzer Hornfortsätze auf dem Rücken und einer hängenden Wamme an der Kehle; Zunge kurz, dick, abgerundet. An den Seiten des Halses höckerartige Schuppen. Farbe bläulich grau; über 2' lang. Lebt in Guyana und wird von den Eingebornen gegessen.

Die Stachelschwanzeidechse oder Hardun (Stellio vulgaris) hat eine dicke kurze vorn abgerundete Zunge, einen von oben nach unten zusammengedrückten Leib, kürzeren Schwanz und kurze Zehen. Leib mit kleinen Schuppen auf dem Rücken, zwischen welchen größere pyramidale Schuppen stehen. Schwanz rund, von stachelspitzigen Wirtelschuppen bekleidet. Ueber 1' lang, braun. Nord-Afrika. Lebt auf der Erde unter Steinen.

Der dreizehige Gecko (Platydactylus fascicularis) hat große Augen mit kleinen Augenlidern, einen rundlichen Körper mit kleinen Schuppen, dieselbe Zunge, und ganz breit gedrückte, auf der Sohle mit Hautfalten versehene Zehen. Auf dem Rücken mehrere Reihen zu drei gestellter Schuppen, deren mittlere pyramidal gestaltet ist. Schwanz rund, ohne Franzen. Küstenländer des Mittelmeeres, klettert an Wänden in Häusern, um Fliegen zu fangen; soll eine laute Stimme haben. (?)

Der Scheltopusik (Pseudopus serpentinus) hat keine Füße, eine tiefe Furche an beiden Seiten des Bauches, an deren Ende ein Fortsatz, der die Hinterbeine andeutet. Zunge klein, flach, nach vorn verengt. 3' lang, braun, Schuppen breit, unten glatt, oben gekielt, schief rautenförmig. Süd-Rußland.

Der Skink (Scincus officinalis), mit flacher, etwas hervorstehender Schnauze und 4 Füßen mit breiten, gefranzten Zehen zum Graben. Zunge klein, am Ende ausgeschnitten. Schuppen klein, flach, glatt. Farbe gelblich braun; Größe der gemeinen Eidechse, aber dicker und der Schwanz kürzer. Aegypten; ward als Heilmittel gebraucht.

Die Blindschleiche (Anguis fragilis), mit gleicher Zunge und Schuppenbildung, ohne Bauchringe (welche den Schlangen eigen sind) und ohne Füße, mit langem, schlangenförmigem Körper, aber deutlichen Augenlidern und mit kleinem Maul. Kupferfarben mit dunklerem Rückenstreif. Gemein bei uns in Gebüschen, auf Wiesen, gebiert lebendige Junge.

C. Ringeleidechsen, S. annulata.

Sie haben schmale, ringelförmige Gürtel statt der Schuppen, die durch feine Rinnen in lauter viereckige Felder getheilt sind. —

Die Handeidechse (Chirotes canaliculatus) hat vierzehige Vorderfüße, keine hinteren, aber eine Seitenfurche am Bauch. Augen unter der

Körperhaut, Leib geringelt, jeder Ring durch Querlinien in viereckige Felder getheilt. Farbe braun, Bauch weiß. Mexiko.

Die rußbraune Doppelschleiche (Amphisbaena fuliginosa) hat keine Füße und keine Furche, sonst die Bildung der Vorigen. Farbe bräunlich, weiß gefleckt. Lebt in Ameisenhaufen. Süd-Amerika.

Dritte Familie. Schlangen, Ophidia.

§. 52. Sie haben keine Gliedmaßen, einen langen drehrunden Leib, der auf dem Kopf gewöhnlich mit Schildern, auf der übrigen Fläche mit Schuppen, am Bauch meistens mit Halbringen bedeckt ist. Die beiden Hälften des Unterkiefers sind vorn nicht verwachsen, sondern nur durch ein sehniges Band verbunden; daher entsteht bei geschlossenem Maule an der Kehle eine Furche, Kinnfurche, die in der Regel an jeder Seite von zwei großen Schildern (Rinnenschildern) begränzt ist. Durch die Anwesenheit dieser Furche oder deren Schilder, und durch den Mangel der Augenlider unterscheiden sich die Schlangen sicher von den fußlosen Eidechsen. Auch die vorn in zwei Fäden gespaltene und in eine Scheide zurückziehbare, mehr zum Tasten als zum Schmecken dienende Zunge bildet einen sicheren Unterschied von den Eidechsen. Die meisten Schlangen sind unschädlich, einige haben Giftzähne vorn im Oberkiefer, welche hohl und an der Spitze perforirt sind und den Ausführungsgang der hinten seitwärts am Kopfe gelegenen Giftdrüse aufnehmen.

A. Mit großer, weiter Mundöffnung (Eurystoma).

a) Ohne Giftzähne, mit schmalem Kopf.

Die Riesenschlange (Boa constrictor) hat keine Giftzähne, einen nicht mit Schildern, sondern mit Schuppen bedeckten Kopf, keine Rinnenschilder, aber einen Sporn neben dem After. Farbe röthlich grau, mit einem Streif über den Kopf und einer gezackten Rückenbinde, auf welcher gelbe Flecken. Bis 20′ lang. Brasilien.

Die Ringelnatter (Coluber natrix) hat Schilder auf dem Kopf und neben der Kinnfurche, und paarige Schilder unter dem Schwanz. Auf dem Rücken gekielte Schuppen. Farbe dunkel schwarzgrau, Bauchringe mit weißem Seitenfleck, auf dem Rücken schwarze Punkte, jederseits am Hinterhaupt ein heller Mondfleck, wodurch sie sich sogleich von der giftigen Kreuzotter unterscheibet. Gemein in Gebüschen, auf Wiesen. Frißt Frösche.

b) Mit Giftzähnen und einem nach hinten breiten, dreiseitigen Kopf.

Die Klapperschlange (Crotalus horridus), mit breitem Kopf und einer von kleinen Schildern eingefaßten Grube am Zügel, zwischen Nasenloch und Augen; unter dem Schwanz unpaarige Halbringe. Im Maule am Oberkiefer mehrere gebogene, starke, durchbohrte Zähne (Giftzähne), aus welchen beim Biß das Gift hervorquillt; an der Schwanzspitze die Klapper. Farbe braun, mit dunkleren, heller gesäumten Rückenflecken. Süd-Amerika.

Die gemeine Viper oder Kreuzotter (Vipera berus) hat Schuppen auf dem Kopf und vorn einige Schilder, eine längliche, senkrechte Pupille und paarige Schilder unter dem Schwanz. Farbe braun, auf dem Rücken mit doppelter schwarzer Zickzackbinde. In Gebüschen, besonders des mittleren Deutschlands. Gebiert lebendige Junge. 2′ lang.

Die Brillenschlange (Naja tripudians) hat einen kleinen mit Schildern bedeckten Kopf, eine runde Pupille, und eine breite, flache, runde Erweiterung des Halses, auf welcher die Zeichnung einer Brille steht. Farbe gelbbraun, 3—4′ lang. Ostindien.

Die Wasserschlange (Pelamys bicolor) hat Schilder auf dem Kopf, aber keine Halbringe am Bauch; Schwanz seitlich zusammengedrückt, abgerundet, wie eine Flosse. Farbe oben braun, am Bauch weiß. Lebt in der Südsee, ist $1^1/_2$′ lang, und wird z. B. auf Otaheite gegessen.

B. Mit kleiner Mundöffnung (Stenostoma) und kleinem Kopf, der nicht breiter ist, als der Hals. Immer ohne Giftzähne. Kinnfurche und Rinnenschilder kleiner, undeutlicher.

Das Blödauge (Typhlops lumbricalis) hat eine stumpfe Schnauze, schwache, durch die Haut scheinende Augen, keine Halbringe am Bauch, und einen kurzen abgestutzten Schwanz. Größe der Blindschleiche, bräunlich. Süd-Amerika.

Die Korallen-Natter (Ilysia scytale) hat vorn am Kopf breite Schilder und größere Schuppen am Bauch; Farbe korallroth mit schwarzen Binden. Größe wie Blindschleiche. Süd-Amerika.

Vierte Familie. Froschamphibien, Batrachia.

§. 53. Sie haben eine nackte von Schleim bedeckte Haut, deren Schleim von vielen Hautdrüsen abgesondert wird. Ihre Eier sind ohne Schaale und werden als Laich ins Wasser gelegt, wo auch die Jungen die erste Zeit ihres Lebens zubringen. So lange athmen sie durch Kiemen, hernach meistens durch Lungen; in der Jugend haben sie keine Füße, aber einen breiten Fischschwanz.

A. Ungeschwänzte Froschamphibien (B. anura). Sie haben im Alter keinen Schwanz, und vorn 4, hinten 5 Zehen.

Die Jungen sind die kurzen, dicken, mit einem breiten Schwanz versehenen Kaulquappen; sie bekommen die Hinterfüße zuerst. Fast alle haben eine laute Stimme.

Der Gartenfrosch (Rana temporaria) hat einen glatten Leib, sehr feine Zähne am Oberkiefer und Gaumen, keine Ohrdrüsen, sehr verlängerte Hinterbeine und nagellose Zehen mit Schwimmhäuten zwischen den hinteren. Farbe braun, am Bauch gelblich. Der Wasserfrosch (R. esculenta), grasgrün mit gelben Längsstreifen. Beide gemein.

Der Laubfrosch (Hyla arborea) hat die Bildung des Vorigen, aber scheibenförmig erweiterte Zehenspitzen. Farbe grasgrün, Bauch weiß und fein gekörnelt. In Gebüschen.

Die Kröte (Bufo cinereus) hat eine warzige Haut, gar keine Zähne, große Ohrdrüsen, und halbe Schwimmhäute zwischen den Hinterzehen. Farbe graubraun. Hat keine laute Stimme.

Die Pipakröte (Pipa verrucosa) hat einen flachen, dreiseitigen Kopf, keine Zunge, keine Zähne, und Vorderzehen, die in 4 Spitzen auslaufen; hintere mit ganzer Schwimmhaut. Das Weibchen trägt die Jungen in wabenartigen Zellen auf dem Rücken. Surinam.

B. Geschwänzte Froschamphibien (B. urodela). Sie haben auch im Alter einen langen Schwanz. Die Jungen bekommen zuerst die Vorderfüße. Manche leben beständig im Wasser und behalten die Kiemen zeitlebens.

Der Feuer-Salamander (Salamandra maculata) hat Ohrdrüsen und einen runden Schwanz. Farbe schwarz, gelb gefleckt. Größe der gemeinen Eidechse. In Gebirgsthälern häufig.

Der Kamm-Molch (Triton cristatus) hat keine Ohrdrüsen und einen zusammengedrückten Schwanz, Farbe schwarzgrau, am Bauch orange; Männchen mit hohem, gezähntem Kamm auf dem Rücken. In Teichen und auf feuchten Wiesen.

Der Olm (Proteus anguinus) hat verkümmerte, unter der Haut versteckte Augen, beständig bleibende Kiemen am Halse, und vorn 3, hinten 2 Zehen. Farbe hellröthlich. Lebt in unterirdischen Gewässern, besonders in der Adelsberger Grotte in Krain.

C. Die schlangenartigen Froschamphibien (C. anguinea) haben keine Füße.

Die Blindwühle (Caecilia lumbricoides) wird gegen 2' lang, fingersdick, hat ein unter der Haut verstecktes Auge, und nur in der Jugend Kiemen. Farbe schwarzgrau. Lebt im feuchten Gartenlande Süd-Amerika's.

Vierte Klasse.

Fische, Pisces.

§. 54. Sie athmen durch Kiemen, haben einen nackten oder von Schuppen und Schildern bedeckten Leib, und keine oder flossenförmige Gliedmaßen.

Der Leib der Fische hat eine bald von oben nach unten (Rochen), bald von beiden Seiten (Karpfen) zusammengedrückte, bald runde (Aal) Form. Der Kopf ist verhältnißmäßig groß und unmittelbar mit dem Rumpf verwachsen, so daß der Hals fehlt. Der Oberkiefer ist beweglich und meistens, wie der Unterkiefer und Gaumen, mit spitzen, selten mit stumpfen oder flachen Zähnen besetzt. Die Nasenlöcher sind bloße Gruben. Die Augen haben keine Augenlider. Die Kiemen liegen am hinteren Theile des Kopfes, bestehen bei den Einen aus kammförmig aneinander gereihten Blättchen, bei den Andern aus Bläschen oder Fäden, die an dem Kiemenbogen festsitzen; noch andere haben zugleich an der äußeren Haut festgewachsene Kiemen. Bei jenen werden die Kiemen von einem großen knöchernen, aus 4 Stücken bestehenden Kiemendeckel verdeckt; bei diesen bildet die äußere Haut die Decke, und zwischen den einzelnen Kiemen sind Spalten, die in die Kiemenhöhle führen. Die Fischen athmen nun auf die Art, daß sie das Wasser verschlucken, und bei geschlossenem Munde aus den zwischen den Kiemen befindlichen weiten Oeffnungen, wobei zugleich der Kiemendeckel geöffnet wird, hervortreiben. Das Herz liegt hinten und unten zwischen den Kiemen, fast an der Kehle, und besteht aus einer Kammer und einem Vorhof, in welchen alles Blut, das aus dem Körper zurückkommt, sich ergießt, dann in die Kammer fließt, von dieser in die Kiemen getrieben wird, aus welchen es in ein großes über den Kiemen gelegenes Gefäß, die Aorta, gelangt, welche das Blut in alle Theile des Körpers leitet. Die Fische haben also nur einen Kreislauf, die warmblütigen Rückgratthiere zwei, indem bei ihnen das Blut aus dem Respirationsorgan wieder ins Herz zurückkehrt und dann erst von diesem in den Körper getrieben wird.

Die Flossen der Fische bestehen aus vielen theils einfachen

stacheligen (Stachelflossen), theils am Ende gespaltenen und gegliederten (Weichflossen) Strahlen, zwischen welchen eine weiche Haut ausgespannt ist; die unteren Enden der Strahlen sind an im Körper versteckten Knochen befestigt, die durch Muskeln bewegt werden und dadurch die Flosse in Bewegung setzen. Die Rücken-, Schwanz- und Afterflosse sitzen in der Mittellinie des Körpers (unpaare Flossen) am Rücken, an der Schwanzspitze oder unten am Schwanz hinter dem After, die anderen doppelten Flossen (paarige Fl.) sitzen hinter dem Kopf (Brustflossen) und an der Bauchfläche (Bauchflossen), von der Kehle bis zum After. Sie entsprechen den vier Gliedmaßen der früher betrachteten Thiere. Die Schuppen ändern in Größe, Form und Stärke vielfach ab. Sie sind dünn und durchscheinend bis knochendick, kreisrund und ganzrandig oder am Hinterrande gezähnt, gekämmt, oder auch eckig, bis auf kleine in der Haut verborgene Körner reducirt oder zu großen Schildern und Platten erweitert. Mehrern Fischen endlich fehlen sie gänzlich.

Im Innern vieler, aber keineswegs aller Fische bemerkt man eine längliche, bisweilen zweitheilige, Blase voll Luft (Schwimmblase), welche gar keine Oeffnung nach außen hat oder in die Speiseröhre mündet; ihre Bedeutung für das Leben der Fische ist noch nicht ermittelt. Der Darm der Fische ist kurz, die Leber groß. Die Eiersäcke der Weibchen (Rogen) enthalten sehr viele Eier (bis mehrere Millionen, z. B. beim Kabeljau), und münden hinter dem After, der am Ende der Bauchhöhle befindlich ist.

Die Fische leben nur im Wasser, und sterben wenn sie längere Zeit außerhalb des Wassers gehalten werden. Sie fressen fast alle thierische Nahrung, die sie ungekauet verschlucken. Man theilt sie in folgende Familien:

I. Fische mit knorpeligem Skelet (Chondracanthi).
   A. Mit rundem Maul zum Saugen. 1. Fam. Rundmäuler.
   B. Mit querer Mundöffnung . . . 2. — Quermäuler.

II. Fische mit knöchernem Skelet (Osteacanthi)
   a) Oberkiefer mit dem Zwischenkiefer verwachsen. . . . . 3. — Haftkiefer.

b) Oberkiefer für sich beweglich.
* Kiemen bläschenförmig. . . . . . . 4. Fam. Quastenkiemer.
** Kiemen kammförmig.
Mit gegliederten zerschlissenen Strahlen aller Flossen . . . . 5. — Weichflosser.
Mit stacheligen Strahlen der Rücken- oder aller Flossen . . . . 6. — Stachelflosser.

Erste Familie. Rundmäuler, Cyclostomi.

§. 55. Sie haben ein rundes, zum Saugen eingerichtetes, von eigenen Knorpeln unterstütztes Maul, das an dem breiten, abgestutzten, meist trichterförmig vertieften Vorderende sich befindet, und darüber einen blinden oder in den Rachen mündenden Nasenkanal. Leib nackt, rund, ohne Schuppen; keine paarige, nur zarthäutige unpaare Flossen, keine Kiemenspalte, sondern Kiemenlöcher an der Seite des Körpers. Skelet knorpelig, sehr weich, noch ohne alle Gliederung, auch keine Rippen. Dahin:

Die Lampretengattung (Petromyzon), Mund trichterförmig erweitert, mit hakigen Zähnen in Kreisen besetzt. Augen vorhanden, aber unter der Haut, einfaches Nasenloch, viele (7) Kiemenlöcher an jeder Seite. Rückenflosse vorhanden Die eigentliche L. (P. marinus) wird gegen 3' lang und $1\frac{1}{2}$" dick; Farbe gelblich, Rücken graugrün mit braunen Flecken; 2 Rückenflossen. Nordsee, geht in die Elbe, selbst in die Saale und Havel. Der Neunauger (P. fluviatilis), kleiner, 1' lang, gelbbraun, auf dem Rücken dunkler. In Flüssen, der Oder, Elbe u. a. m.

Der Schleimaal (Myxine glutinosa s. Gastrobranchus coecus) hat keine Augen, Franzen um die Sauggrube am Kopf, an deren oberem Rande die Spritzöffnung; ein Kiemenloch jederseits am Bauch. Er sondert viel Schleim ab, daher der Name. Nordsee.

Zweite Familie. Quermäuler, Plagiostomi.

§. 56. Sie haben ein weiches, knorpeliges Skelet, und eine nackte, oder von kleineren oder größeren, einzeln stehenden Knochenschildern theilweis bedeckte Haut. Maulöffnung eine gebogene Querspalte auf der unteren Seite des Kopfes, hinter der hervorragenden Schnauze. Brust- und Bauchflossen fehlen nie. Hierher:

Die Haifischgattung (Squalus), ausgezeichnet durch einen rundlichen Leib; einen dicken, runden Schwanz; fünf Kiemenlöcher an beiden Seiten des Halses, und große dreieckige sehr scharfspitzige Zähne reihenweis dicht gedrängt in jedem Kiefer. Die Haifische legen hartschalige eckige Eier oder gebären lebendige Junge. Der Menschenfresser (Sq. carcharias) wird gegen 25′ lang, hat 2 Rückenflossen, 1 Afterflosse, eine rauhe nicht von Schildern bedeckte Haut und eine grauliche Farbe. Lebt in allen Meeren. Der Sägefisch (Sq. pristis) hat einen langen, schwerdtförmigen Fortsatz an der Schnauze, der jederseits mit starken Zähnen besetzt ist. 15′ lang. Mittelmeer. Der Hammerfisch (Sq. zygaena) hat einen nach beiden Seiten in einen Fortsatz, an welchem die Augen sitzen, ausgedehnten Kopf; er wird gegen 12′ lang und lebt im Mittelmeere.

Die Rochengattung (Raja) hat einen flachen, scheibenförmigen Leib, mit welchem die großen, flügelförmigen Brustflossen verwachsen sind; der Schwanz ist lang, dünn, zum Theil ohne Flossen. Fünf Kiemenlöcher an der untern Seite hinter und neben dem Maule, auf der oberen die Augen. Der gemeine Roche (R. batis), viereckig, rhombisch, mit langem, dünnem Schwanz ohne Flossen, 2′ breit, 1½′ lang. Nordsee, wird gegessen. Der Zitterroche (R. torpedo) hat einen runden, kreisförmigen Leib, einen dickeren, kürzeren Schwanz mit Flossen. Farbe rothbraun, oben mit Augenflecken. Mittermeer, äußert Elektrizität mittelst eines eigenen in der Gegend zwischen Kopf, Kiemen und Brustflossen gelegenen Apparates.

Die Störgattung (Accipenser) hat einen runden Leib, eine spitzere Schnauze, freie kleinere Flossen, keine Zähne im Maul, und einen großen Kiemendeckel über der einzigen Kiemenöffnung jederseits. — Der Stör (A. sturio) hat fünf Reihen großer, flacher Knochenschuppen, und kleinere dazwischen auf dem Rücken. 10—12′ lang. Nord- und Ostsee, geht von da in die großen Flüsse. Der Hausen (A. huso) hat auf dem Rücken viele kleine sternförmige Knochenschilder zwischen den großen. In der Wolga, Don, schwarzem Meere. Aus der Schwimmblase verfertigt man die Hausenblase, der Rogen ist Kaviar.

Dritte Familie. Haftkiefer, Pectognathi.

§. 57. Ihr Skelet ist knöchern, und der Oberkiefer unbeweglich mit dem Zwischenkiefer verwachsen; der von Schmelz bekleidete Rand bildet, wie am Unterkiefer, die Zähne, deren Zahl nicht bedeutend ist. Leib kurz, nackt, oder mit Stacheln oder Schildern bedeckt. Bauchflossen fehlen. Kiemendeckel zum Theil an der Körperhaut festgewachsen, daher nur eine kleine, längliche Kiemenöffnung vor der Brustflosse. Besonders in südlichen Gewässern.

Der Klump oder Mondfisch, schwimmende Kopf (Orthragoriscus mola), Kieferrand bildet in jedem Kiefer einen einzigen Zahn, der von den fleischigen Lippen nicht bedeckt wird. Leib schuppenlos, hoch, scheibenförmig, ohne Schwanz, mit hoher Rücken- und Afterflosse. Mittelmeer. Gegen

3' lang, 2' hoch. — Die Igelfische (Diodon) in den Meeren der warmen Zone sind kugelig und mit beweglichen harten Stacheln bekleidet.

Der Kofferfisch (Ostracion cornutus) hat mehrere kegelförmige, zahnartige Fortsätze am Rande jedes Kiefers, und einen von großen, sechseckigen Schildern dicht bedeckten, eckigen Leib, der an der Stirn und hinter dem After mit 2 Stacheln bewehrt ist; kaum $^3/_4$' lang, röthlichbraun. Indischer Ocean.

Vierte Familie. Quastenkiemer, Lophobranchiati.

§. 58. Skelet knöchern, Leib von Schildern dicht bedeckt, kantig. Kiemenöffnung groß, Kiemendeckel frei, Kiemen als Bläschen am Kiemenbogen; Kopf schnabelförmig verlängert. Leben nur im Meere.

Die Meernabel (Syngnathus acus) hat einen langen, dünnen, nach hinten verjüngten, fünfkantigen Leib, sehr kleine Brustflossen, aber keine Bauchflossen, und eine rundliche Schwanzflosse; bräunlich; $^1/_2$-$^3/_4$' lang. Ostsee.

Das Seepferdchen (Hippocampus brevirostris) hat einen kürzeren, dickeren, S-förmig gebogenen Leib, Brust- und Bauchflossen, aber keine Schwanzflosse. 3'' lang. Mittelmeer.

Der Drachenfisch (Pegasus draco) hat einen würfelförmigen Leib, große fächerförmige Brustflossen, keine Bauchflossen, und einen kurzen, kegelförmigen Schwanz mit einer Rücken- und Endflosse. Indischer Ocean.

Fünfte Familie. Weichflosser, Malacopterygii.

§. 59. Sie haben die vollkommenste Fischgestalt, ein knöchernes Skelet, einen großen, freien Kiemendeckel, kammförmige Kiemen, und weiche, gegliederte, am Ende zerschlissene Flossenstrahlen. Ihre Schuppen sind rundlich und ganzrandig (Rundschuppen). Nach der Stellung und dem Mangel der Bauchflossen lassen sie sich wieder eintheilen:

A. Bauchflossen am Ende des Bauches neben dem After. Bauchflosser, M. abdominales. Hierher gehören:

Die Welsgattung (Silurus), ausgezeichnet durch eine nackte oder von großen Schildern bedeckte Haut und Bartfäden am Munde. Leben meist in Flüssen. Der gemeine Wels (S. glanis) hat eine kleine Rücken- aber sehr große Afterflosse, nackte Haut, und 2 lange Bartfäden am Ober-, 4 kurze am Unterkiefer. Feine Bürstenzähne oben und unten. In Flüssen häufig, wird 10' lang. Der elektrische Wels (S. electricus) hat keine Rückenflosse, aber eine häutige Fettflosse auf der Kante des Schwanzes. 4 Bartfäden. Im Nil, gibt elektrische Schläge.

Die Karpfengattung (Cyprinus) hat eine Rückenflosse über dem After, ziemlich große Schuppen, z. Th. Bartfäden und keine Zähne in den Kiefern, nur wenige auf den Schlundknochen. Der gemeine Karpfen (C. carpio) hat 4 Bartfäden und eine große Rückenflosse, deren zweiter und dritter Strahl ein einfacher, gezähnter Stachel ist. Farbe braun. Bauch gelblich. In Teichen. In unsern Gewässern leben gegen 20 Arten dieser Gattung.

Die Hechtgattung (Esox) hat eine kleine Rückenflosse, die hinten auf der Schwanzkante über der Afterflosse steht, einen länglichen, mehr rundlichen Körper und viele spitze Zähne. Der gemeine Hecht (E. lucius) hat einen breitgedrückten, abgerundeten Kopf und einige große Zähne im Unterkiefer. Farbe grüngrau, gelb gefleckt, Bauch weißlich; bisweilen gegen 4' lang, in der Regel nur 2'; der gefräßigste Süßwasserfisch.

Die Heringsgattung (Clupea) hat ebenfalls nur eine kleine Rückenflosse, die über den Bauchflossen steht; große Schuppen, die sehr leicht abgehen, eine aus sägeförmigen Schuppen gebildete Bauchkante, und einen breiten stark nach unten gezogenen Oberkiefer, über welchen der Unterkiefer hinausragt, beide mit feinen Zähnen. Der gemeine Hering (Cl. harengus) hat einen schmalen, stark zusammengedrückten Leib, der am Bauch mit hervorragenden, großen Schuppen besetzt ist. Wird 1' lang, ist silberfarben mit blaugrünem Rücken. Lebt in nordischen Meeren in der Tiefe und kömmt nur zur Laichzeit an die Oberfläche und an die Küsten, wandert aber nicht, wie man früher glaubte.

Die Lachsgattung (Salmo) hat die Form und den Bau der Heringe, unterscheidet sich aber durch stärkere gebogene Zähne und durch eine kleine, strahlenlose Fettflosse auf der Firste des Schwanzes. Der Hakenlachs (S. salar) wird 3—4' lang, ist silberfarben mit bläulichem Rücken und einzelnen schwarzen Flecken. Er lebt im Meere, geht aber zur Laichzeit (Frühling) in die Flüsse, besonders in Rhein und Elbe. Hierher gehören auch die Forellen unserer Gebirgsgewässer.

B. Bauchflossen vor den Brustflossen, bei Manchen an der Kehle. Kehlflosser, M. jugulares. Dahin:

Die Dorschgattung (Gadus) hat kleine, längliche Brustflossen und noch kleinere Bauchflossen; 2 bis 3 gleiche, kleinere, oder eine große Rückenflosse und einen langgestreckten, mehr rundlichen Körper. Der gemeine Dorsch (G. callarias) hat 3 Rückenflossen, wovon die mittelste die größte, und zwei Afterflossen. Leib bräunlich, mit dunkleren Punkten. Kopf zugespitzt mit 1 Bartfaden am Unterkiefer. Der Schellfisch, getrocknet Stockfisch, gesalzen und getrocknet Klippfisch (G. aeglefinus), hat auch drei Rückenflossen, aber die erste kleinste steht der zweiten sehr nahe. Kopf stumpfer. Bartfaden kurz. Leib einfarbig gelbbraun. Nordsee. Die Aalquappe (G. lota) hat eine kleine und eine sehr große Rückenflosse, einen stumpfen Kopf und länglichen Leib, der braun marmorirt ist. In Flüssen und Landseen.

Die Schollengattung (Pleuronectes) zeichnet sich dadurch vor allen Rückgratthieren aus, daß ihr Leib unsymmetrisch ist. Es stehen nämlich beide Augen auf der einen Seite, und das Maul ist schief von oben nach unten gezogen. Die Schollen haben die Bauchflossen unmittelbar an der Kehle, dicht neben einander, kleine Brustflossen und eine den ganzen Rücken einnehmende Rückenflosse. Afterflosse an der ganzen Unterseite des Schwanzes. Sie leben nur im Meere, liegen meistens auf dem Grunde und schwimmen tief. Die eigentliche Sch. oder Steinbutte (P. platessa) hat die Augen an der rechten Seite, einen fast runden Leib mit harten Stachelschuppen und röthlichen Flecken. 1′ lang. Oberseite braun, Bauchseite weiß; so bei allen. Die Flunder (P. flesus), länglicher, kürzer, fast glatt, mit Stachelschuppen neben der Rumpfkante. Nord- und Ostsee.

Der Schiffshalter (Echeneis remora) hat einen länglichen, symmetrischen Leib, sehr kleine Schuppen in der dicken Haut und auf dem Kopf eine große, in Felder getheilte Saugscheibe, mit welcher er sich an Schiffen und großen Meeresthieren festsaugen kann. 1½′ lang, bräunlich. Im atlantischen Ocean.

C. Bauchflossen fehlen, Leib lang, dünn, rundlich. Kahlbäuche, M. apodes. Dahin:

Die Aalgattung (Muraena), mit einem spitzen Kopf, vielen kleinen Zähnen in jedem Kiefer, in der Haut versteckten Schuppen, und einer kleinen Kiemenspalte vor den Brustflossen. Der gemeine Aal (M. anguilla) hat eine große Rückenflosse, die mit der Schwanzflosse und durch diese mit der Afterflosse zusammenhängt; Bauch silberweiß, Rücken schwarzgrau. Der Zitteraal (Gymnotus electricus) hat einen rundlichen Kopf und keine Rückenflosse, das elektrische Organ im Schwanze. In Flüssen und Seen Süd-Amerika's. Bräunlich. 3′ lang.

Sechste Familie. Stachelflosser, Acanthopterygii.

§. 60. Sie haben ganz die Gestalt und Bildung der Vorigen, aber die Strahlen der Rücken-, Bauch- und Afterflosse, oft nur die vorderen, bestehen aus einfachen ungegliederten knöchernen Stacheln. Die Bauchflossen haben beständig einen solchen Stachel am Anfange und stehen meistens in der Nähe der Brustflossen, theils dicht dahinter, fast darunter (Brustflosser, A. thoracici), theils davor, mehr nach der Kehle zu (Kehlflosser, A. subbranchiales). Ihre Schuppen sind gewöhnlich am Hinterrande fein gezähnelt oder gekämmt (Kammschuppen). Diese Gruppe ist die zahlreichste von allen Fischfamilien, sie enthält:

Die Gruppe der Thunfische (Scomberoides), ausgezeichnet durch einen mit sehr kleinen Schuppen bedeckten, oft scheibenförmigen hohen, oder cylindrischen Leib. Eine große, oder 2 kleinere Rückenflossen, meistens vorn mit sehr langen Strahlen, die hinteren Strahlen oft frei, ohne Haut. Der eigentliche Th. (Scomber thynnus) hat zwei genäherte Rückenflossen, die hintere in viele freie Strahlen aufgelöst, und an den Seiten des Schwanzes Hornblättchen. Er wird gegen 12' lang, ist oben stahlgrau gefärbt und lebt im Mittelmeer. Die Makrele (Sc. scomber) wird kaum 2' lang, hat zwei fern stehende Rückenflossen und sonst die Kennzeichen des Vorigen. Nordsee. — Der Schwerdtfisch (Xiphias gladius) unterscheidet sich auffallend durch den schwerdtförmig verlängerten Oberkiefer und den Mangel der Bauchflossen. Er wird gegen 6' lang, hat nur eine, große, vorn hohe Rückenflosse, und einen runden Leib. Farbe weißgrau, Rücken dunkler. Ostsee, Nordsee, Mittelmeer.

Die Gattung der Klippfische (Chaetodon), mit rundlichem, dünnem Leib, dessen eine große und oft hohe Rückenflosse am Grunde mit Schuppen besetzt ist und mit borstenartigen Zähnen; z. B. Ch. faber wird 1' lang, ist silberglänzend bis bleigrau, mit blauen Querbinden. Atlantischer Ocean. Auch die übrigen Arten dieser Gruppe leben nur in der See, besonders zwischen den Wendekreisen.

Die Gruppe der Barsche (Percoidei) hat einen am Rande mit Zähnen und Stacheln versehenen Kiemendeckel, viele kleine Zähne im Munde und große Schuppen. Meistens 2 Rückenflossen, von denen nur die vordere stachelig ist. — Der gemeine B. oder Flußbarsch (Perca fluviatilis) wird bis 1' lang, ist grünlich auf dem Rücken mit schwärzlichen Querbinden, am Bauch weiß; Flossen roth, doch nicht die beiden des Rückens, welche sich nicht berühren. Der Sander (P. lucioperca) hat einzelne, größere Zähne, einen länglicheren Leib, und die beiden Rückenflossen stehen entfernter. Farbe grau, auf dem Rücken schwärzlich. Der Kaulbarsch (P. cernua) ist kaum ½' lang, gelbbraun, dunkel punktirt. Rückenflossen unten verwachsen. Alle drei in unseren Gewässern.

Das Petermännchen (Trachinus draco) hat eine kleine vordere Rückenflosse, einen starken Stachel am Kiemendeckel, und ein aufwärts gezogenes Maul; Leib länglich, röthlichgrau, schwarz gefleckt, kaum 1' lang. An europäischen Küsten. — Der Sternseher (Uranoscopus scaber) hat einen dicken Kopf, dessen Augen auf dem Scheitel stehen; Mundöffnung nach oben gerichtet. 1' lang, bräunlich. Mittelmeer.

Der Stichling (Gasterosteus pungitius) hat freie bewegliche Stacheln vor der Rückenflosse und eben solche statt der Bauchflossen. Leib klein, nackt, mit seitlichen großen Schildern. In Bächen, gemein, 1½" lang.

Die Aalmutter (Blennius viviparus) hat sehr kleine Bauchflossen an der Kehle, eine große Rücken- und Afterflosse, die mit der spitzen Schwanzflosse zusammenhängt. Schuppen klein, in der Haut. Farbe bräunlich, mit dunkleren Flecken. Nord- und Ostsee. Gebiert lebendige Junge.

Zweite Hauptgruppe.

Gliederthiere.

§. 61. Das charakteristische Merkmal der Gliederthiere liegt in der allgemeinen Gestalt ihres Körpers. Dieser ist nämlich in mehrere hinter einander liegende, gleiche oder ungleiche Ringe getheilt, und trägt in den allermeisten Fällen an einigen oder allen dieser Ringe deutliche, wiederum gegliederte Füße, oder anderweitige Bewegungsorgane.

Die Gestalt des Körpers wird dadurch eine sehr bestimmte, daß die äußere Haut in den meisten Fällen zu einer festen, eigenthümlich hornigen oder kalkigen Hülle erhärtet, welche Hülle zugleich das Gerüst bildet, an dem die übrigen Organe, besonders die Muskeln, sich befestigen. So haben alle diese Thiere ihr Skelet im eigentlichen Sinne äußerlich, und es ist das Verhältniß zwischen dem Skelet und den übrigen Körpertheilen, in Bezug auf die Bildung der Rückgratthiere, umgekehrt; nur im Bau des Schildkröten-Panzers findet sich eine annähernd ähnliche Anordnung. Es ist merkwürdig, daß in der Anzahl der Leibringe sowohl, als auch der Glieder der Füße, ein bestimmtes Gesetz befolgt zu sein scheint, indem sich diese Anzahl meistens durch die Zahlen 3 oder 5 ohne Rest dividiren läßt. Letztere Zahl findet sich bloß im Brustkasten, die Zahl 3 in den andern Körpertheilen. So besteht bei den Insekten der Leib aus 3 Abtheilungen, Kopf, Brust und Hinterleib, von welchen die zweite scheinbar aus 3, richtiger aus 5, die dritte meistens aus 6 oder 9 Ringen zusammengesetzt ist. Auch finden sich häufig 3 Fußpaare, und jeder Fuß hat 6 oder 9, niemals mehr, doch wohl weniger, Gelenke.

Unter den drei Abschnitten des Leibes ist der Kopf am wenigsten entwickelt. Freilich bemerkt man an ihm in der Regel Augen, und zwar zusammengesetzte, d. h. aus vielen kleinen Aeugelchen, deren Zahl sich bis auf 60,000 belaufen kann, gebildete; allein deutliche Ohren fehlen den Gliederthieren, mit Ausnahme der Krebse und Heuschrecken, immer. Dasselbe gilt von der Nase und der Zunge, als schmeckendem Organ.

Nichts desto weniger riechen viele Gliederthiere, besonders Insekten, sehr gut. Dazu dienen ihnen meist die Fühlhörner (antennae), bald lange, bald kurze gegliederte Organe des Kopfes, welche meistens auf der Stirn zwischen den Augen stehen, und die Stelle des Geruchsorganes vertreten mögen; zum Fühlen und Tasten dienen sie eigentlich nicht. Manchen, wie den Spinnen, fehlen sie. Der Mund der Gliederthiere hat in der Regel Kiefer, deren Anzahl aber sehr verschieden ist. Die Insekten haben nur zwei, welche aber, wie bei allen Gliederthieren, in der Mitte getrennt, also hakenförmig gebildet sind, und sich nicht, wie bei den Rückgratthieren, von oben nach unten, sondern von links nach rechts zangenartig gegen einander bewegen. An diesen hakigen Kiefern hängen an der Außenkante gegliederte Fortsätze, die zum Tasten dienen, und daher Taster oder Freßspitzen (palpi) genannt werden. Bei sehr vielen Gliederthieren sind aber auch die Kiefer zu einem Saugrüssel umgestaltet, so z. B. bei den Fliegen, Bienen, Schmetterlingen und Wanzen.

Der zweite Abschnitt des Leibes, der Brustkasten (thorax), ist häufig mit dem Kopfe verwachsen. Er trägt die Beine, deren Anzahl, Form und Gelenkung sehr verschieden ist. In der Regel jedoch kann man drei Hauptglieder, den Schenkel (femur), das Schienbein (tibia) und den Fuß (tarsus), unterscheiden; aber in den meisten Fällen ist jeder wieder gegliedert. — Einige Gliederthiere, wie die Insekten, haben, außer den Beinen, noch zwei oder vier häutige Flügel, die an der Rückenseite befestigt sind, während die Beine bei allen Gliederthieren an der Bauchseite sitzen.

Der dritte Abschnitt des Leibes, der Hinterleib oder Bauch (abdomen), ist bald mehr, bald weniger, bald gar nicht vom zweiten getrennt, aber von allen dreien gewöhnlich am deutlichsten geringelt. Dieser Hinterleib enthält die Ernährungs- und Fortpflanzungsorgane; auch sitzen an ihm nicht selten noch Füße oder fußartige Anhänge.

Von den Ernährungsorganen ist der Darm stets sehr deutlich, meistens nur so lang wie der Körper, bisweilen dreimal so lang und drüber. In den meisten Fällen hat er eine Afteröffnung, in anderen fehlt sie, und dann ist der gabelförmige Darm wohl mit vielen blinden Fortsätzen versehen.

Die Gefäße fehlen sehr oft, und das meistens weiße, selten rothe (bei den Rothwürmern oder Anneliden) Blut fließt dann frei im Körper umher, doch ist immer ein am Rücken gelegenes gewöhnlich röhrenförmiges Herz da, von welchem die Blutbewegung ausgeht. Die im Wasser lebenden Gliederthiere athmen meistens durch Kiemen, welche theils am ganzen Körper, theils bloß am Hinterleibe, theils am Brustkasten, oft an oder neben den Beinen, angebracht sind. Die in der Luft lebenden athmen theils durch Lungen (Spinnen), theils durch viele feine aus Spiralfäden gebildete Luftröhren oder Tracheen, welche sich im ganzen Körper mit baumartiger Verästelung verbreiten (Insekten).

Was die Fortpflanzung der Gliederthiere betrifft, so legen bei weitem die meisten Eier, und die auskriechenden Jungen sind den Aeltern in der Gestalt oft unähnlich. Durch mehrmaliges Abstreifen der Haut (häuten), dem alle Gliederthiere unterworfen sind, verändern sie ihre Gestalt, bis sie den Aeltern ähneln. Dies nennt man eine Verwandlung oder Metamorphose.

Von den übrigen inneren Organen liefern noch die Nerven ein gutes Kennzeichen. Sie entspringen nämlich von einem Strange, der dem Herzen gegenüber an der Bauchseite des Körpers liegt und in jedem Gliede zu einem Knoten anschwillt. Ein solches knotiges Nervensystem ist nur den Gliederthieren eigen. Die Nerven der Fühler, Augen, Taster und Beine entspringen von den ihnen nahegelegenen Knoten.

Die Eintheilung der Gliederthiere ist folgende:

A. Mit Luftröhren oder Luftsäcken.

a) Insekten. Der Leib ist in drei Hauptabschnitte getheilt, am mittleren 3 Fußpaare und meistens Flügel.

b) Arachniden. Der Leib ist in zwei ungleiche Abschnitte oder viele gleiche Ringe getheilt, und hat bloß Füße.

B. Mit Kiemen oder ohne Respirationsorgane.

a) Krustaceen. Der meistens gepanzerte Leib ist in ungleiche

Ringe getheilt, wovon nur eine gewisse Anzahl Füße tragen, die anderen Flossen.

b) Würmer. Der weiche, bloß von Haut bekleidete Leib besteht aus gleichen Ringen und trägt nie gegliederte Füße.

Fünfte Klasse.

Insekten oder Kerfe, Insecta.

§. 62. Die Eintheilung des Leibes in drei große Abschnitte, den Kopf, den Brustkasten und den Hinterleib, so wie die auf sechs beschränkte Anzahl der Beine, sind die wesentlichsten Kennzeichen der Insekten.

Am Kopfe sitzen nur zwei gegliederte Fühler, deren Gestalt sehr verschieden ist. Die Augen sind groß und zusammengesetzt, doch kommen außer diesen Hauptaugen noch zwei oder drei punktförmige, einfache, auf der Stirn oder dem Scheitel befindliche Nebenaugen (ocelli) vor. Am Munde bemerkt man eine Oberlippe (labrum) und zwei hakige Oberkiefer (mandibulae), beide ohne Taster, dann zwei mit Tastern versehene Unterkiefer (maxillae) und eine gleichfalls Taster tragende Unterlippe (labium). Bisweilen sind diese Organe zu einem saugenden Rüssel umgebildet.

Am Brustkasten, der aus drei bald mehr bald weniger verwachsenen Ringen besteht, sitzen unterseits die Beine. Von den drei Hauptgliedern besteht der Schenkel aus drei, das Schienbein aus einem und der Fuß aus einem bis fünf Gliedern. Außerdem kommen noch häutige Flügel vor, die seitlich oben am zweiten und dritten Ringe sitzen; in der Haut derselben verbreiten sich hornige Adern. Bisweilen sind die vorderen ganz hornig, und heißen dann Flügeldecken oder Deckschilder (elytra).

Der Hinterleib besteht aus sechs oder neun Ringen, deren jeder in ein oberes und ein unteres Segment getheilt ist. Er trägt keine Füße, wohl aber am Ende Borsten, oder einen

Stachel, welcher nur den Weibchen zukommt, und theils beim Legen der Eier, theils als Waffe gebraucht wird.

Die Insekten athmen alle durch Luftröhren, welche von den zwischen je zwei Ringen in der Verbindungshaut gelegenen Luftlöchern (stigmata) entspringen und alle innern Organe mit ihren feinsten Verzweigungen umspinnen. Sie haben keine Blutgefäße, aber ein langes, mehrkammeriges, am Rücken gelegenes Herz.

Die aus den Eiern gekrochenen Jungen haben entweder die Gestalt der Mutter, und unterscheiden sich nur durch geringere Größe und den Mangel der Flügel; oder sie sind den Aeltern ganz unähnlich, wie ein langer, runder, mit kurzen oder keinen Füßen versehener Wurm gestaltet, welcher den Namen Engerling, Raupe oder Made, auch Larve (larva) erhalten hat. Jene Jungen häuten sich bloß und bekommen nach und nach Flügel, diese dagegen häuten sich auch, ohne ihre Gestalt zu ändern, und liegen darauf eine Zeit lang unbeweglich da, ohne Nahrung einzunehmen; meistens von seidenartigen Geweben umschlossen; dann führen sie den Namen Puppe (pupa). Aus der Hülle dieser Puppe kriecht endlich das Insekt in seiner vollkommenen Form hervor. Diese Insekten wachsen also nur als Raupen. Man unterscheidet nach dieser Verschiedenheit die Insekten mit der ersteren Verwandlung als solche mit unvollkommener Metamorphose, die der zweiten als mit vollkommener Metamorphose begabte; die letzteren sind die zahlreicheren.

Die Gruppe der Insekten ist übrigens unter allen Thiergruppen die größte; man kennt gegenwärtig weit über 100,000 verschiedene Arten, die theils von pflanzlicher, theils von thierischer Nahrung leben. Folgendes ist die Eintheilung derselben:

A. Insekten mit vollkommener Metamorphose und zweigförmigen Flügeladern.

a) Mit beißenden Mundtheilen, Flügeldecken und beweglichem Prothorax . . . . 1. Fam. Käfer.

b) Mit saugenden Mundtheilen und für sich unbeweglichem Prothorax.

Vier ungleiche nackte Flügel . . . . . . 2. — Immen.

Vier ungleiche bestäubte Flügel . . . . . 3. — Falter.

Zwei Flügel . . . . 4. — Fliegen.

B. Insekten mit unvollkommener Metamorphose und netzförmigen Flügeladern.

a) Mit zum Theil freien, allermeist beißenden Mundtheilen . . . . 5. Fam. Netzflügler.

b) Mit in einen Schnabel vereinten saugenden Mundtheilen . . . . 6. — Halbdecker.

Erste Familie. Käfer, Coleoptera Linn. Eleutherata Fabr.

§. 63. Außer den aufgeführten Merkmalen der hornigen Vorderflügel (Flügeldecken) und der beißenden Mundtheile, haben sie noch andere eigenthümliche Eigenschaften. So finden sich fast niemals bei ihnen Nebenaugen; ihr erster Brustring (Prothorax) ist freier abgesondert, die beiden folgenden aber sind mit dem Bauche enger verwachsen und von den Flügeldecken verdeckt. Ein Stachel kommt ihnen nicht zu. Ihre Larven haben höchstens 6 Füße, oft gar keine, einen deutlichen Kopf und leben in der Erde; im Holze, wenige auf Blättern; die Puppe hat freie sichtbare Gliedmaßen. Dahin:

Der Puppenräuber (Calosoma sycophanta) mit fadenförmigen, eilfgliedrigen Fühlern, langen Beinen, fünfgliedrigen Füßen, und breiten, gold und grün glänzenden Flügeldecken. Häufig in Waldungen, frißt, wie seine schwarze Larve, Schmetterlingsraupen, besonders die der Liparis dispar.

Der breite Schwimmkäfer (Dyticus latissimus) wird $1\frac{1}{2}''$ lang, ist aber grünlich mit gelbem Rande, unten ganz gelb; Hinterbeine breit gedrückt, mit Haaren am Rande zum Schwimmen. Fühler fadenförmig. Männchen mit erweiterten Vorderfüßen, Weibchen mit gefurchten Flügeldecken, lebt, wie seine 3'' lange, grünlichgelbe Larve, in Fischteichen, und stellt dem Fischlaich nach. Selten.

Der Todtengräber (Necrophorus vespillo) hat knopfförmige gestielte Fühlhörner und hinten abgestutzte Flügeldecken; Farbe schwarz, Fühlerknopf und 2 Binden der Decken rothgelb; Brust gelbhaarig. Die breite, schwarze Larve lebt im Aas, das der Käfer mit seinen Kameraden eingescharrt hat.

Der Maikäfer (Melolontha vulgaris), Fühler fächerförmig, beim Männchen größer; Leib dick, fast rund, mit spitzer Afterdecke; Flügeldecken mit 3 schwachen Rippen. Farbe schwarz, Fühler, Beine und Flügeldecken braun, Bauchringe mit weißem, dreieckigem Seitenfleck. Die gelbe, weiche rothköpfige Larve (Engerling) hat sechs lange Beine und lebt drei bis vier Jahre bis zur Verwandlung in der Erde von Graswurzeln.

Der Roßkäfer (Scarabaeus stercorarius) ist kürzer, aber dicker, hat ähnliche, fächerförmige, aber kleinere, bei beiden Geschlechtern gleiche Fühler und eine stumpfe Afterdecke. Farbe schwarz, stahlblau angelaufen. Lebt im Pferdemist, die Larve in der Erde.

Die spanische Fliege (Lytta vesicatoria) hat gerade schnurförmige Fühlhörner, und an den vier Vorderbeinen fünfgliedrige, an den hinteren viergliedrige Füße. Farbe einfarbig metallisch grün. Lebt auf Eschen, Hartriegel (Ligustrum) und wird zu Blasenpflastern benutzt.

Der Schreiner oder Geiger (Lamia aedilis) hat lange, borstenförmige Fühler, viergliedrige Füße und einen ziemlich breiten, flachen Körper. Farbe grau, mit undeutlichen Wolkenflecken. Die gelbe, fußlose Larve lebt im Bauholz; der Käfer giebt bei der Berührung einen zirpenden Ton von sich, den er durch Reiben des ersten Brustringes am zweiten hervorbringt.

Das Sonnenkäferchen (Coccinella septem-punctata) hat einen halbkugelförmigen Leib, kleine in einen Knopf endende Fühler, und scheinbar dreigliedrige, eigentlich viergliedrige Füße. Farbe schwarz, Flügeldecken roth, mit 7 schwarzen Flecken. Die schwarze, rothgefleckte, rauhe, sechsfüßige Larve lebt auf Pflanzen, die von Blattläusen bewohnt werden, und nährt sich von diesen. Daher Blattauslöwe genannt.

Zweite Familie. Immen oder Hautflügler, Hymenoptera Linn. Piezata Fabr.

§. 64. Sie haben einfache Aeugelchen und Netzaugen, vier ungleiche, häutige Flügel, die von wenigen verzweigten Adern durchzogen werden. Bisweilen fehlen sie. Oberkiefer kräftig, beißend; Unterkiefer flach, lederartig, bilden eine Scheide, welche die in eine fleischige, oft lange, röhrenförmige, auch wohl behaarte, oder in mehrere Lappen getheilte, saugende Zunge der Unterlippe umgiebt. Weibchen mit einem Stachel. Larven theils mit Kopf und bis 22 Füßen, theils fußlose, nicht mit einem deutlichen Kopf versehene, also blinde, Maden.

Die Schlupfwespen (Ichneumones), mit langen, borstenförmigen Fühlern, dünngestieltem Hinterleibe und kurzer Unterlippe. Die Weibchen stechen die Schmetterlingsraupen an, legen ihre Eier in dieselben und tödten sie dadurch. Man kennt sehr viele (gegen 1000) einheimische Arten dieser Gruppe.

Die Wespe (Vespa vulgaris), mit geknickten Fühlern, der Länge nach gefalteten Oberflügeln, und kegelförmigem, gestieltem Hinterleibe. Farbe schwarz, gelb gefleckt, Hinterleib mit gelben Binden, deren jede 2 schwarze Punkte führt. Das Weibchen bauet ein Nest aus Holzstückchen, und gründet darin einen einjährigen großen Staat, der aus geschlechtslosen Arbeitern, Männchen und Weibchen besteht.

Die Honigbiene (Apis mellifica) hat geknickte Fühler, eine lange, runde Zunge, ungefaltete Oberflügel und breitgedrückte Hinterschienen und Füße. Farbe braun, röthlich behaart. Bauet eine ähnliche, mehrjährige Wohnung aus Wachs, welches von eigenen Organen am Hinterleibe abgesondert wird; sammelt Blumenhonig ein zur Ernährung des Staates, der aus vielen Tausenden geschlechtsloser Arbeiter, vielen Männchen (Drohnen) und nur einem Weibchen (Königin, Weisel) besteht.

Die Ameisen (Formicae) haben geknickte, kolbige Fühler, keine verlängerte Zunge, und einen runden, von einem knotenförmigen oder schuppenförmigen Stiel getragenen Hinterleib. Manche haben keinen Stachel, sondern vertheidigen sich durch Beißen. Auch sie leben in Kolonien, aber in der Erde. Jeder Staat besteht aus ungeflügelten Arbeitern, geflügelten, größeren Weibchen und kleineren Männchen. Die sogenannten Ameiseneier sind die Puppen.

Dritte Familie. Falter oder Schmetterlinge, Lepidoptera Linn. Glossata Fabr.

§. 65. Sie haben vier häutige, von mikroskopischen, dachziegelartig über einander liegenden Schuppen bedeckte Flügel, deren hinteres Paar kleiner ist, als das vordere. Oberkiefer verkümmert; die meist langen, fadenförmigen Unterkiefer bilden einen spiralig aufrollbaren Rüssel (Rollzunge genannt), der von den Tastern der Unterlippe verdeckt wird. Larven leben als Raupen frei auf Blättern und haben 10—18 Füße. Puppe mit versteckten Gliedern, oft in Gespinnsten eingeschlossen.

Die Tagfalter (Papiliones) haben lange, kolbige Fühler, einen kleinen Leib, große Flügel und eine lange Rollzunge. Raupen häufig mit Dornen, Puppe frei hängend. Der große (P. polychlorus) und kleine Fuchs (P. urticae), so wie die Kohlweißlinge (P. crategi, P. brassicae, P. napi) gehören hierher und sind uns Allen bekannt genug.

Die Schwärmer, Abend- oder Dämmerungsfalter (Sphinges) haben einen dicken, kegelförmigen Leib, kleinere, schmale Flügel, eine sehr lange Rollzunge und kürzere, cylindrische Fühler. Raupen nackt, auf dem letzten Ringe mit einem Horn. Puppe frei, in der Erde. Z. B. der Wolfsmilchschwärmer (Sph. euphorbiae), der Todtenkopf (Sph. atropos) und viele andere.

Die Nachtfalter oder Spinner (Bombyces) haben einen dicken Leib, breite Flügel und gekämmte Fühler. Ihre Raupen sind meistens stark behaart und spinnen ein dichtes Gewebe. Z. B. der Seidenspinner (B. mori), die Ringelmotte (B. neustria), die Kupferglocke (B. alnifolia) u. a. m.

Die Eulen (Noctuae) haben borstenförmige Fühler, kegelförmige Leiber, und kleinere Flügel, die den Leib wie ein Dach bedecken. Raupen leicht behaart oder nackt; verpuppen sich in einem leichten Gewebe. Z. B. das rothe Ordensband (N. elocata), die γ Eule (N. gamma) u. v. a.

Die Spanner (Geometrae) haben gekämmte Fühler, besonders die Männchen, und breitere, in der Ruhe flach ausgestreckte Flügel, welche den Leib zwar bedecken, aber nicht umhüllen. Ihren Raupen fehlen die vordern Bauchfüße; sie sind schlank, größtentheils haarlos und ähneln gewöhnlich vertrockneten feinen Baumzweigen. Eine der gemeinsten Arten, der Harlekin (G. grossulariata), ist weiß, schwarz gefleckt, mit gelber Binde über die Flügel; seine Raupe lebt auf Stachelbeeren, und hat dieselben Farben.

Die Blattwickler (Tortrices) haben borstige Fühler, breite, abgestutzte oder am Ende ausgeschweifte Flügel, die flach auf dem Leibe liegen, und einen meistens nur kleinen Körper. Ihre nackten Raupen wickeln Blätter zusammen, und wohnen in diesem Gehäuse, oder bohren Früchte an; z. B. die Obstmotte (T. pomana), deren fleischfarbige, oben braunröthliche Larve in Kern- und Steinobst Gänge bohrt.

Die Motten (Tineae) haben feine, borstenförmige, oft sehr lange Fühler, längere, weiter hervorstehende Taster, und schmale, flach neben einander liegende Flügel; z. B. die Kleidermotte (T. pellionella), grau, mit weißgelbem Halbringe. Die nackte Raupe lebt zerstörend in wollenen Kleidern, Pelzwerk, und spinnt sich eine Hülle, worin sie beständig steckt.

Vierte Familie. Fliegen oder Zweiflügler, Diptera Linn. Antliata Fabr.

§. 66. Sie haben saugende Mundtheile, d. h. einen meist knieförmig gebogenen, weichen Rüssel, in welchem harte Borsten statt der Kiefer liegen. Hinterflügel fehlen, statt deren zwei gestielte Knöpfchen (Schwingkolben, halteres); die vorderen hell und dünnhäutig, mit wenigen, verzweigten, meist parallelen Adern. Weibchen ohne Stachel, aber manche stechen mit dem Rüssel. Larven fuß- und kopflos (Maden), leben versteckt; Puppen meist in der alten Larvenhaut.

Die ächten Fliegen (Muscae) haben dreigliedrige Fühler und wenige (4) Hauptadern im Flügel. Maden leben in Mist, Aas und Pflanzentheilen; z. B. die Schmeißfliege (Musca vomitoria), blaugrau, mit stahlblauem Hinterleibe. Legt ihre Eier auf faules Fleisch. Die Maden sind in 7 Tagen erwachsen. Die Fleischfliege (M. carnaria) ist etwas größer, aber schlanker; Leib schwarz und weiß getäfelt, Augen roth. Die Stubenfliege (M. domestica), ein Drittel so groß, grauschwarz, Hinterleib am Grunde gelb. Die weiße Made lebt im Mist.

Die Stechfliege (Stomoxys calcitrans) hat das Ansehn einer Stubenfliege, ist jedoch etwas kleiner und hat einen dünnen, gerade nach vorn vorstehenden Rüssel. Sticht Menschen und Vieh, saugt also Blut.

Die Bremsengattung (Oestrus) hat sehr kleine, knopfförmige Fühler und eine scheinbare kaum sichtbare Mundöffnung. Leib meistens dicht behaart. Die Larven leben im Magen der Pferde und unter der Haut der Wiederkäuer, z. B. die von Oestrus ovis in dem Rachen und der Nasenhöhle der Schafe. Fliege bräunlich, mit weißlichem Kopf. Größe fast wie eine Schmeißfliege.

Die Stechmücke (Culex pipiens) hat vielgegliederte Fühler, behaarte Flügel und lange, dünne Beine. Saugt Blut. Die Larven und Puppen leben im Wasser, worin sie durch Schlängeln des Hinterleibes munter umherschwimmen.

Der Floh (Pulex irritans) steht den Mücken nahe, obgleich er keine Flügel hat, durch die Gestalt seiner Mundtheile; aber die Fühler sind kurz, dreigliedrig und hinter den Augen in einer Grube versteckt. Der Hinterleib ist hoch, scharfkantig, und die im Ganzen nicht sehr langen Beine zeichnen sich durch kräftige Schenkel aus. In diesen liegen die Springmuskeln. Die Larven leben in fauligen Thierstoffen, z. B. in Mistjauche und ähneln den Mückenmaden durch ihren freien Kopf.

Fünfte Familie. Netzflügler, Neuroptera Linn. Synistata Fabr.

§. 67. Sie haben größtentheils beißende Mundtheile, wie die Käfer, jeder Unterkiefer in der Regel von einer Art Kappe (Helm, galea) bedeckt. Fühler bald länger, faden- oder kolbenförmig, bald borstenförmig. Vier große, häutige, von gitterförmigen Adern durchzogene Flügel, von denen die meistens breiteren hinteren dann der Länge nach gefaltet sind. Larven ähneln mehr oder weniger dem vollkommenen Insekt, leben meistens im Freien und an denselben Stellen mit den vollkommenen Insekten, oder im Wasser; im letzteren Falle athmen sie durch Kiemen. Einige ruhen als Puppe, die Meisten bewegen sich und fressen.

I. Die Larven gleichen den vollkommenen Insekten wenig, die Puppen ruhen nahrungslos. Unterkiefer der vollkommenen Insekten bloß häutig.

A. Larven auf dem Lande. Flügel der vollkommenen Insekten gleich groß, die hinteren nicht gefaltet.

Der Ameisenlöwe (Myrmecoleon formicarius) hat kurze, kolbige Fühler, eine kleine Brust, aber einen langen, dünnen Hinterleib. Die kurze breite, eiförmige, etwas flache, mit 2 großen Kiefern versehene Larve gräbt Trichter im Sande, und nährt sich von den hineinfallenden Insekten, besonders Ameisen.

Die Florfliege (Hemerobius perla) hat lange, borstenförmige Fühler, sonst den Bau des Vorigen. Ihre Farbe ist ein blasses Grün, die Augen golden. In Gärten. Die dunkelfleischrothe, lanzettförmige Larve lebt zwischen den Blattläusen auf Pflanzen, und frißt sie mit ihren großen, weit vorstehenden Kiefern.

Die Skorpionsfliege (Panorpa communis) hat ein schnabelförmig verlängertes Maul und borstenförmige Fühler; der Hinterleib des Männchens läuft in eine dicke, an zweien Gliedern hängende Zange aus. Farbe gelblich, braun gefleckt; Flügel ebenso. Zange roth. Gemein in Gebüschen. Larve noch unbekannt.

B. Larven im Wasser; Flügel der vollkommenen Insekten ungleich, die hinteren gefaltet.

Die Frühlingsfliegen (Phryganeae) haben lange, borstenförmige Fühler, ein schwaches Gebiß und vier ungleiche, behaarte Flügel. Z. B. die große F. (Phr. grandis), gelbgrau, mit vielen dunkelen, grauen und weißen, verworrenen Zeichnungen auf den Oberflügeln. Die unter dem Namen Sprocken bekannten Larven leben im Wasser, athmen durch Kiemen, und bauen sich Röhren, in denen sie wohnen.

II. Die Larven gleichen den vollkommnen Insekten ganz oder ziemlich; die Puppen bewegen sich und fressen. Unterkiefer der vollkommenen Insekten hornig.

A. Larven leben im Wasser und athmen durch Kiemen. Hintere Flügel nicht größer als die vorderen und ungefaltet.

Die Wasserjungfern (Libellulae) haben kurze, borstenförmige Fühler, ein starkes Gebiß, und vier gleich große Flügel. Die gemeine W. (L. vulgata) ist gelb oder roth, mit glashellen Flügeln, die am Grunde nicht gelb sind. Gemein auf Wiesen. Die Larven leben im Wasser, und haben eine ausstreckbare Zange am Maul zum Ergreifen der Beute.

Die Hafte oder Eintagsfliegen (Ephemerae) haben dieselben Fühler, ein schwaches Gebiß und vier ungleiche oder nur zwei Flügel. Hinterleib mit 2 oder 3 Endborsten. Der gemeine H. (E. vulgata) ist gelblich, braun gefleckt, Flügel braun gesprenkelt. Leben nur kurze Zeit; häuten sich noch als vollkommenes Insekt. Die Larven leben einige Jahre bis zur Verwandlung im Wasser, gewöhnlich eingebohrt in den Schlamm und athmen vermittelst seitlicher Kiemen.

B. Die Larven leben auf dem Lande und gleichen den vollkommenen Insekten genau. Hinterflügel dieser größer als die vorderen und gefaltet. Orthoptera Latr. Ulonata Fabr.

Der Ohrwurm (Forficula auricularia) hat perlschnurförmige Fühler; kurze, abgestutzte Flügeldecken; umgeschlagene, von der Mitte des Vorderrandes aus gefaltete Flügel und eine Zange am Schwanzende. Kriecht gern in kleine Löcher; frißt saftige Früchte.

Die Gryllen (Grylli) haben lange, borstenförmige Fühler, dreigliedrige Füße und verlängerte, stärkere, hintere Springbeine. Die Feldgrylle (G. campestris) ist dunkelbraun, mit blutrothem Innenrande der Hinterschenkel. Gemein in Erdlöchern auf Feldern; das Männchen giebt, wie das der folgenden Art, einen lauten, zirpenden Ton von sich. Das Heimchen (G. domesticus), kleiner, einfarbig gelbgrau. In Häusern an warmen Stellen, besonders bei Bäckern.

Die Maulwurfsgrylle oder der Riedwurm, Wiere (Gryllotalpa vulgaris), hat keine hintern Springfüße, aber breite, vordere Maulwurfsfüße zum Graben. Auf Feldern in Erdlöchern.

Die Grashüpfer (Locustae) haben lange borstenförmige Fühler, viergliedrige Füße und verlängerte, hintere Springbeine mit dicken Schenkeln. Der grüne Gr. (Gr. viridissimus) ist ganz grasgrün mit gelbem Bauch. Auf Feldern, im Gesträuch und auf Bäumen. Das Männchen giebt einen lauten zirpenden Ton von sich. Die Ohröffnungen liegen am Knie der Vorderbeine.

Die Heuschrecken (Acridia) haben kurze, cylindrische Fühler, dreigliedrige Füße und zum Springen taugliche, längere Hinterbeine. Berüchtigt ist die Zugheuschrecke (A. migratorium) wegen ihrer verheerenden Züge. Sie wird 1½″ lang, ist schmutzig grün, mit braun gefleckten Decken. Ueberall in Deutschland, aber meistens nur einzeln.

Sechste Familie. Halbdecker, Hemiptera Linn. Rhynchota Fabr.

§. 68. Ihre Mundtheile sind in einen Schnabel umgewandelt, der aus einer gegliederten Scheide und vier darin liegenden Borsten besteht. Vorderbrustring freier abgesondert. Flügel ungleich, die vorderen häufig zur Hälfte hornig, die hinteren mit verzweigten Adern; diese oft der Länge nach gefaltet. Bisweilen fehlen beide. Verwandlung unvollkommen.

Die große Gruppe der Wanzen (Cimices) zeichnet sich aus durch 4—5-gliedrige, meistens lange Fühler, eine 3—4-gliedrige Schnabelscheide, die an der Brust zurückgeschlagen liegt, und allermeistens halb hornige Flügeldecken. Bei der **Bettwanze** (Cimex lectularius) fehlen die Flügel, die Schnabelscheide ist dreigliedrig, der Leib sehr flach und dünn; Farbe gelbbraun. In Häusern, Bettstellen, saugt Menschenblut.

Die **Zirpen** (Cicadae) haben kurze, borstenförmige Fühler und einen dickeren, kürzeren Leib. Vorderflügel nicht abweichend, oder nur lederartig. Die **Singzirpe** oder **Cicade** (C. orni) wird einen Zoll lang, ist braun, mit gelben Streifen am Bauch. Lebt im südlichen Europa auf Eschen; die Männchen geben einen lauten, zirpenden Ton von sich. Die **Schaumzirpe** (C. spumaria) hat einen spitzeren, dreiseitigen Kopf, lederartige Vorderflügel und hintere Springbeine. Farbe grau, mit 2 braunen Binden. 4''' lang. Die grüne Larve lebt auf Pflanzen, und verbreitet einen weißen Schaum um sich, den man **Kukuksspeichel** genannt hat.

Die **Blattläuse** (Aphides) haben ziemlich lange, 5—7-gliedrige Fühler, und vier ungleiche, dünnhäutige Flügel. Am Bauch haben sie hinten 2 Röhren, die einen honigartigen Saft auströpfeln lassen. Sie leben auf Pflanzen, saugen deren Saft, und verursachen daselbst oft fruchtförmige Auswüchse. Z. B. die grüne Rosenblattlaus (A rosae), an den jungen Trieben der Rose.

Die **eigentlichen Läuse** (Pediculi) haben kurze, 5-gliedrige Fühler, keine Flügel, und hakenförmige, eingliedrige, zum Festklammern eingerichtete Füße. Die Arten leben auf Säugethieren und saugen deren Blut. Z. B. die **Kopflaus** des Menschen (P. capitis), gelblich mit braun durchscheinendem Magen und schwärzlichen Randflecken, $1\frac{1}{2}$''' lang.

Sechste Klasse.

Spinnenartige Gliederthiere, Arachnodea.

§. 69. Die Uebereinstimmung im Bau der nur zum Gehen tauglichen gegliederten Füße und der inneren Luft aufnehmenden Athmungsorgane bildet den Charakter dieser Klasse. Ihre Mundtheile bestehen, wie bei den Insekten, aus zwei scheeren- oder hakenförmigen Oberkiefern, zweien kleineren zum Theil mit Tastern versehenen Unterkiefern und einer undeutlichen tasterlosen Unterlippe. Die **Fühlhörner** fehlen häufig und beständig die zusammengesetzten Augen; die Anzahl der einfachen wechselt von 2 bis 40. Die Taster der Unterkiefer sind oft groß und scheerenförmig, die Beine nie. Diese sind immer vollkommen gleichgebildet und ihre Anzahl ist entweder acht *) oder mehr als zwanzig. Im ersten Falle sitzen sie bloß am Brustkasten, welcher zugleich die Kiefer und Augen trägt, daher Kopfbrustkasten (cephalothorax) heißt, und der Hinterleib hat dann gar keine Füße. Er ist entweder ein einfacher ungegliederter Bauch (ächte Spinnen) oder er besteht aus mehreren, deutlichen oder undeutlichen Gliedern. Im zweiten Falle dagegen besteht der ganze Körper aus lauter gleichen Ringen, von denen jeder 1 oder 2 Fußpaare trägt.

Von inneren Organen zeigen die Athmungswerkzeuge Verschiedenheiten. Bei den einen (ächten Spinnen) sind es gefaltete Luftsäcke, Lungen; bei den andern einfache oder ästige Luftröhren, Tracheen; diese haben viele Luftlöcher, jene nur 1—4 an jeder Seite, welche in beiden Fällen am Hinterleibe liegen.

Die Thiere dieser Gruppe häuten sich, so lange sie an Größe zunehmen, und verwandeln ihre Gestalt nur darin, daß die Alten oft mehr Beine haben, als die Jungen. Sie fressen fast nur thierische Nahrung, besitzen zum Theil Giftdrüsen mit oft sehr empfindlich verletzenden Stacheln.

Man theilt sie in folgende Gruppen.

I. Mit Cephalothorax und ungleichen Ringen. Arachnidae.

A. Mit Luftsäcken.

a) Bauch deutlich getrennt, aber ungegliedert. 1. Fam. Aechte Spinnen.
b) Bauch undeutlich getrennt, gegliedert . . 2. — Skorpione.

B. Mit Luftröhren.

a) Bauch gegliedert, von der Brust schwach getrennt . . . . 3. — Phalangien.
b) Bauch und Brust gar nicht getrennt . . 4. — Milben.

II. Mit freiem Kopf und gleichen Körperringen. Myriopoda.

a) Jeder Ring mit 2 Fußpaaren . . . . 5. Fam. Rollvielfüßer.
b) Jeder Ring mit 1 Fußpaar . . . . . 6. — Plattvielfüßer.

Erste Familie. Aechte Spinnen, Araneae.

§. 70. Taster und Kiefer niemals scheerenförmig, die ersteren bei den Männchen mit eigenthümlich erweitertem Endgliede, bei

*) Die sechsbeinigen Milben sind nur Junge.

den Weibchen fußartig, die letzteren mit einer beweglichen durchbohrten Klaue, in welche der Ausgang der Giftdrüse mündet. Hinterleib ungegliedert, blasig; an seiner Spitze mit mehreren, seidenartige Fäden absondernden Drüsen (Spinnorgane); 6—8 Augen in regelmäßiger Stellung. Legen Eier in ein eigenes Gespinnst, welche überwintern und im Frühjahr die Brut liefern. Bekannt sind:

Die Buschspinne (Mygale avicularia), mit unterwärts gebogenem Kieferzahn und dicken, stark behaarten Beinen. Der Bauch allein hat die Größe eines Taubeneies, die Beine gegen 3″ lang, Farbe braun. Brasilien.

Die Kreuzspinne (Epeira diadema) hat einwärts gebogene Kieferhaken und acht in zwei bogenförmige Querlinien gestellte Augen. Bauch wie eine Haselnuß, gelb oder grau, mit weißen oder gelben ein Kreuz bildenden Flecken. Gemein in Gärten, spinnt ein großes, frei schwebendes Netz, und fängt darin Insekten, denen sie das Blut aussaugt. — Die Hausspinne (Tegenaria domestica) hat einen ovalen braunen Hinterleib mit zwei Reihen gelblicher Flecken und spinnt ein großes wattenartiges Gewebe mit röhriger Wohnzelle. — Beide sterben wie alle Spinnen bald nach dem Eierlegen.

Die Tarantel (Lycosa tarantula), fast dreimal so groß, bräunlich, Bruststück mit einem Rückenkiel; acht Augen, in der Form eines Rechteckes. Italien, lebt in Erdlöchern, macht kein Gewebe. Ihr Biß erregt Entzündung.

Zweite Familie. Skorpione, Arthrogastra.

§. 71. Es sind große Arachniden, mit kurzen scheerenförmigen Kiefern und langen scheerenförmigen Tastern an den Unterkiefern, die Unkundigen für Beine gelten, daher man sie für zehnfüßig halten könnte. Der Hinterleib ist ziemlich mit dem Bruststück verwachsen, aber in mehrere (meist 12) Glieder getheilt, von welchen die sechs vorderen breiten mit ganzer Breite am Vorderleibe ansitzen, die übrigen einen verdünnten knotigen Schwanz bilden.

Der europäische Sk. (Scorpio europaeus), 2″ lang und rothbraun, hat breite Scheeren am Taster, sechs Augen am Rande, und zwei auf der Mitte des Cephalothorax; die 6 letzten Glieder des Hinterleibes sind viel dünner und länger, das Endglied ist blasig erweitert und läuft in einen gebogenen Stachel aus, der als Waffe dient; in der Blase die Giftdrüse. Süd-Europa. Seine Stiche erregen Entzündungen. Man kennt noch viele Arten aus heißen Gegenden, deren Stiche tödtlich sind.

Dritte Familie. Phalangien, Phalangodea.

§. 72. Sie haben scheerenförmige Kiefer, aber keine scheerenförmigen, sondern fadenförmige fünfgliedrige Taster. Ihr Leib ist birnförmig oder oval und undeutlich gegliedert. Nur 2 Augen mitten auf dem Bruststück. Hierher:

Der Weberknecht oder Schneider (Phalangium opilio) hat gestielte Oberkiefer und etwas längere Taster, einen kurzen, dicken Hinterleib und ungemein lange dünne Beine, die ausgerissen noch lange zucken, und sich, wie bei allen Spinnen, wieder neu am Körper erzeugen. Sitzen an Wänden in Grübchen, auf Aeckern und jagen Nachts nach Fliegen.

Vierte Familie. Milben, Acarina.

§. 73. Leib klein, kugelförmig, oval oder plattgedrückt, ungegliedert, die Brust nicht vom Hinterleibe deutlich geschieden, meist runzelig. Kurze, meist dreigliedrige Taster. Kiefer theils borstenförmig, theils lanzettartig, theils scheerenförmig. 2—4 Augen oder keine. Sie leben im Wasser, auf Pflanzen, in fauligen Substanzen, z. B. Käse, als Schmarotzer auf Thieren, und sind oft ungeheuer häufig. Z. B.

Die rothe Gartenmilbe (Trombidium holosericeum), scharlachroth, sammetartig glänzend; die vier vorderen Beine von den hinteren entfernt. Kriecht in Gärten an schattigen Stellen unter Büschen umher.

Die Käsemilbe (Acarus siro) hat kurze Beine und einen glatten, glänzenden, mit langen Borsten besetzten Leib; Farbe weißlichgelb. Häufig im alten Käse, den sie in Pulver verwandelt. Viele andere Arten überziehen wie weißes Pulver trocknes Obst. — Die Krätzmilbe (A. scabiaei) mit vier langen Borsten am Hinterleibe lebt am Menschen in Gängen unter der Haut. Aehnliche Arten erzeugen bei Schafen, Hunden u. a. Thieren die Räude.

Die Wassermilben (Hydrarachnae) haben vier lange, mit Wimpern besetzte Füße und einen beweglichen Haken an der Spitze der dreigliedrigen Taster. Letztere sind zugleich die Scheide der borstenförmigen, einen Schnabel bildenden Kiefer. Viele, rothe und blaue, schwarz gefleckte Arten finden sich in unsern stehenden Gewässern.

Fünfte Familie. Rollvielfüßer, Chilognatha.

§. 74. Leib drehrund, wurmförmig, oder halbrund, kann sich zusammenkugeln. Kopf in den ersten Körperring hineingezogen mit 2 Gruppen einfacher Augen. Fühler kurz, siebengliedrig; im Munde große Oberkiefer, keine eigentlichen Unterkiefer und keine Taster. Jeder Körperring trägt zwei Paar kurzer Füße.

Die Rollassel (Glomeris pustulata) hat die Gestalt der Kellerasseln, aber ihr Leib besteht aus 12 gleichen harten Ringen, deren jeder einen weißlichen Rand und 2 helle Flecken auf dunklem Grunde zeigt. Unter Steinen.

Der Tausendfuß (Julus sabulosus) ist völlig drehrund, vielgliedrig, und rollt sich bei der Berührung spiralig auf. Sein Kopf hat viele Augen an jeder Seite und kolbige Fühler. Farbe braun mit rothgelbem doppeltem Rückenstreife. In sandigen Gegenden an feuchten Stellen.

Sechste Familie. Plattvielfüßer, Chilopoda.

§. 75. Leib flachrund, oben platt, kann sich nicht kugeln. Kopf frei, scheibenförmig, mit langen vielgliedrigen Fühlern, starken Oberkiefern und 3 Paar Unterkiefern mit Tastern, deren letztes Paar zangenförmig und sehr groß ist. Jeder Körperring mit einem Fußpaar.

Der gemeine Vielfuß (Scolopendra forficata) hat 15 Körperringe von abwechselnd gleicher Größe, ist kaffeebraun, wird 1 Zoll lang und findet sich unter Steinen und in Kellern an feuchten Stellen. Er läuft sehr schnell. In heißen Ländern sehr große und durch ihren Biß gefährliche Arten.

Siebente Klasse.

Krebsartige Gliederthiere, Krustaceen, Crustacea.

§. 76. Diese Gruppe ist, mit der folgenden, die vielgestaltigste unter den Gliederthieren; die Eintheilung des Leibes in viele, unter sich ungleiche Ringe, von welchen alle, oder die meisten, mit Gliedmaßen versehen sind, giebt noch den besten Charakter. Auch unterscheidet man bei den Meisten 3 Hauptgruppen der Körperringe, nämlich die vorderen, welche Sinnesorgane tragen und den Kopf bilden, die mittleren, welche die Hauptbewegungsorgane besitzen und den Brustkasten zusammensetzen, und die hinteren, deren Gliedmaßen immer Flossen sind oder ganz fehlen. Sie bilden den Hinterleib. Am Ende des Brustkastens liegen die Geschlechtsöffnungen, am Ende des Hinterleibes die Afteröffnung; beide Theile haben sehr selten gleichviel Ringe (z. B. bei Limulus), gewöhnlich hat der Brustkasten mehr (6, 10 oder 12) als der Hinterleib (1, 3, 6, 7, 9) *). Am Kopfe finden sich in der Regel vier, seltener zwei Fühler, zusammengesetzte Augen, ein Paar Oberkiefer, aber 2—5 Paare accessorischer Kiefer, Unterkiefer oder Kaufüße genannt, weil sie oft wie Füße gestaltet, und immer aus den Beinen entstanden sind; beide tragen in den meisten Fällen Taster. Die Gliedmaßen dienen theils zum Gehen, theils zum Schwimmen. Erstere, Beine genannt, nur am Brustkasten befestigt, bestehen aus einer einfachen Reihe von Gelenken und enden bisweilen scheerenförmig; letztere, Flossen genannt, bestehen dagegen aus 2 gleichen, seltener ungleichen parallelen Reihen sehr zahlreicher kleiner Gelenke, und sind immer mit langen Borsten am Rande besetzt. Von den inneren Organen enthält der Magen oft ein starkes Zahngerüst, das über demselben am Rücken gelegene Herz ist blasen- oder röhrenförmig und von ihm gehen häufig vielfach verästelte Blutgefäße aus. Das Blut ist meist farblos, seltener violet. Die Krebse leben meistens im Wasser und athmen daher durch Kiemen, welche oben an den Füßen oder Flossen angebracht sind, und eine blatt- oder büschelförmige Gestalt haben. — Man muß sie folgendermaßen eintheilen: **)

I. Sie bestehen keine rechte Verwandlung, da die Jungen den Alten schon sehr gleichen. Am Brustkasten haben sie allermeist Gang- oder Scheerenfüße, am Hinterleibe Flossen; ersterer 10-gliedrig, letzterer 1—7-gliedrig.

A. Mit gegliedertem Brustkasten und unbeweglichen Augen am freien Kopf.	I. Ringelkrebse.
14 gleiche Füße; Kiemen am Hinterleibe.	1. Isopoden.
14 ungleiche Füße; Kiemen am Brustkasten.	2. Amphipoden.
B. Mit einfachem Brustkastenpanzer (Cephalothorax), unbeweglichem Kopf, aber gestielten beweglichen Augen.	II. Panzerkrebse.
16 ungleiche Füße.	3. Stomatopoden.
10 meistens ungleiche Füße.	4. Dekapoden.

*) Die Gattung Apus ist die einzige Ausnahme, sie hat 12 Ringe im Brustkasten, und 18 im Hinterleibe.

**) Zu dieser Charakteristik vergl. man §. 14 meiner Schrift Die Organisation der Trilobiten, etc Berlin, 1843. 4 und die Zoonomischen Briefe Bd II. Leipzig, 1856. 8.

II. Sie bestehen eine wahre Verwandlung, indem die Jungen ganz anders gestaltet sind, als die Alten. Am Hinterleibe finden sich in der Regel keine Flossen, weil letztere bereits am Brustkasten sitzen.

A. Junge und Alte mit Augen, beide stets beweglich.	III. Schaalenkrebse.
10 Gangfüße, in deren Mitte das Maul.	5. Pöcilopoden.
22—34 blattartige Flossenfüße.	6. Phyllopoden.
8—11 gegliederte Flossenfüße.	7. Lophyropoden.
B. Junge mit Augen und beweglich, die Alten gewöhnlich augenlos und unbeweglich.	IV. Haftkrebse.
Maul mit drei Paar Kiefern, 12 gegliederte Rankenfüße, Hinterleib fehlt.	8. Cirripedien.
Maul ein Schnabel mit ein Paar Kiefern, 4—12 Füße, Hinterleib meist vorhanden, mit Endflossen oder Borsten.	9. Parasiten.

Erste Familie. Gleichfüßer, Isopoda.

§. 77. Ihr flacher Leib besteht, außer dem Kopf, aus sieben Hauptringen, auf welche 3—6 kleinere Ringe, die den Hinterleib (Schwanz) bilden, folgen; von den sieben Brustringen hat jeder ein Fußpaar, von welchen die vier ersten nach vorn, die drei letzten nach hinten gerichtet sind. Vier Fühler am Kopf, viele einfache Augen. Kiefer oft ohne Taster. Athmen durch Kiemen, die als Bläschen unter dem Hinterleibe liegen. Die meisten leben im Meer. Z. B.

Die Kellerassel (Oniscus murarius), mit achtgliedrigen äußeren, und zweigliedrigen inneren Fühlern; Leib eiförmig, unten flach, oben gewölbt, schwarzgrau, mit 2 Reihen gelber Flecken. Gemein an Mauern, unter Steinen, selbst in feuchten Kammern rc.

Die Wasserassel (Asellus aquaticus), mit längeren Fühlern und eingliedrigem, rundlichem Hinterleibe, worin zwei gegliederte, gabelige Anhänge. Weibchen mit einem Eiersack an der Brust. Gemein in süßen Gewässern.

Zweite Familie. Flohkrebse, Amphipoda.

§. 78. Ihr Leib ist häufig seitlich zusammengedrückt, hat einen freien Kopf, mit vier meist langen, vielgliedrigen Fühlern und großen zusammengesetzten Augen. Darauf folgen 6 oder 7 größere Ringe, mit eben so vielen Fußpaaren, von welchen die vorderen scheeren- oder hakenförmig gestaltet sind; an der Basis dieser Füße die Kiemenblasen. Hinterleib 3—6=ringelig, mit gegliederten Anhängen an allen oder den letzten Ringen. Alle leben im Wasser, die Meisten im Meere.

Die Flußgarnele (Gammarus pulex) hat lange, borstenförmige obere Fühler, die am dritten Gliede mit einem zweiten, ganz kleinen gegliederten Fortsatz versehen sind; die drei ersten Fußpaare hakig. Sechs Hinterleibsringe, die drei letzten mit Anhängen. Wird ³/₄ Zoll lang, hat eine grau-grünliche Farbe und findet sich häufig in Bächen, z. B. bei Berlin im Schaafgraben.

Dritte Familie. Maulfüßer, Stomatopoda.

§. 79. Ihr Kopf ist mit dem Brustkasten verbunden, unbeweglich, aber die Augen sind gestielt und zusammengesetzt; vielgliedrige Fühler; 8 Paar Füße am vorn von einem gemeinsamen Panzer bedeckten, hinten noch gegliederten Bruststück; die Kiemen unter dem theils großen, theils sehr kleinen Hinterleibe, am Ende desselben breite Flossen. Leben nur im Meere.

Der Heuschreckenkrebs (Squilla mantis) hat kurzgestielte Augen und acht Fußpaare, von welchen die fünf ersten am vorderen, vom Panzer bedeckten Theile des Brustkastens in der Nähe des Mundes sitzen und hakenförmig enden, die drei hinteren kürzeren einen gegliederten Anhang haben, und an den freien Ringen des Brustkastens befestigt sind. Der sehr lange breite Hinterleib hat oben fünf erhabene Leisten. Der Krebs wird 8—10″ lang und findet sich im Mittelmeer.

Vierte Familie. Zehnfüßer, Decapoda.

§. 80. Der Kopf ist mit dem großen Rückenschilde des Brustkastens verwachsen; an ihm 2 gestielte, zusammengesetzte Augen und vier (2 lange, 2 kurze) Fühler. Am Munde sind sechs Paare von Kauwerkzeugen, nämlich ein Paar Oberkiefer und 5 Paare accessorischer Kiefer, die letzten mit Tastern. Am Bruststück sitzen fünf Paar Füße, von welchen das vorderste in der Regel wie eine Scheere endet. Die Kiemen sitzen an den Schenkeln, unter dem Brustschilde. Der siebenringelige Hinterleib hat kleine oder ganz verkümmerte Flossen, an welchen die Weibchen die Eier tragen.

A. Mit großem, im Leben meistens gerade ausgestrecktem Hinterleibe (gemeiniglich Schwanz genannt), an dessen Ende eine große 5lappige Flosse. Langschwänze.

Der Flußkrebs (Astacus fluviatilis) hat 3 Paare scheerenförmig gebildeter Vorderfüße, deren erstes Paar sehr groß ist, und einen von kalkigen Halbringen bedeckten Hinterleib, dessen Seitenendflossen aus zwei Stücken bestehen. Er wird gegen 6'' lang, ist im Leben braun, im Tode roth, findet sich in unseren süßen Gewässern und nährt sich von thierischen Substanzen, besonders Aas. — Der Hummer (A. marinus) wird $1\frac{1}{2}$ Fuß lang und lebt an den europäischen Küsten.

Der Einsiedlerkrebs (Pagurus Bernhardus) hat nur am ersten Fußpaare Scheeren und einen nicht von kalkigen Halbringen bedeckten, sondern nackten Hinterleib. Er findet sich im Meere und sucht sich Schneckenschaalen, in welchen er den weichen Leib versteckt, um ihn gegen Angriffe zu schützen.

B. Mit kleinem Hinterleibe, der keine Flossen am Ende hat, und im Leben gegen die Brust nach vorn umgeschlagen ist. Kurzschwänze, Taschenkrebse.

Der gemeine Taschenkrebs (Cancer pagurus), gelblich mit großen schwarzen Scheeren, hat, wie alle Kurzschwänze, nur am ersten größern Fußpaare Scheeren, die übrigen Füße laufen in ein kegelförmiges Glied aus. Bruststück breit, fast halbkreisförmig, am Vorderrande jederseits mit 9 Zähnen. Gemein in den Meeren an deutschen Küsten.

Fünfte Familie. Stachelfüßer, Poecilopoda.

§. 81. Kopf mit dem großen, fast kreisförmigen Bruststück verwachsen, dieses hinten tief ausgeschnitten zur Aufnahme des Hinterleibes. Auf der Oberseite des Schildes zwei große zusammengesetzte Augen. Sechs Fußpaare, alle scheerenförmig, in ihrer Mitte das Maul; denn die mit Stacheln besetzten Hüften vertreten die Stelle der Kiefer. Kiemen an den Flossen des Hinterleibes, dieser läuft in einen Stachel aus.

Hierher die einzige Gattung des moluckischen Krebses (Limulus), große Thiere von 1' Durchmesser und brauner Farbe enthaltend, die an ostindischen und amerikanischen Küsten gefunden werden.

Sechste Familie. Blattfüßer, Phyllopoda.

§. 82. Leib von einem Schilde bedeckt, oder nackt. Kopf frei, mit 2 Augen; Maul mit 2 großen, starken Kiefern; dahinter am 11-gliedrigen Bruststück viele blattförmige gewimperte Flossenfüße mit Kiemen. Hinterleib mit oder ohne Füße, am Ende mit Borsten oder Flossen. Z. B.

Der Blattfuß (Apus cancriformis), mit ungestielten Augen und einem großen ovalen Schilde am Kopf, das über das ganze Bruststück und den halben Hinterleib reicht. Hinterleib 18-gliedrig, die vorderen 12 Glieder mit je 2 Flossenfußpaaren, am letzten zwei lange Borsten. Bisweilen in großer Menge in Pfützen, Gräben 2c.

Der Kiemenfuß (Branchipus stagnalis) hat einen freien Kopf mit gestielten Augen; kein Rückenschild, sondern ein unbedecktes Bruststück und einen 6-gliedrigen Hinterleib ohne Füße, aber mit 2 Endflossen. Ebenda. Beide 1″ lang.

Siebente Familie. Büschelfüßer, Lophyropoda.

§. 83. Kopf mit dem Bruststück verwachsen; an ihm 2 oder 4 Fühler und ein einziges mittleres Auge. Leib bald deutlich gegliedert, bald von großen, klappenförmigen Schaalen zum Theil oder vollkommen bedeckt. Beine in geringer Anzahl, höchstens sechs Paare, gegliedert und flossenförmig mit Borsten und Wimpern besetzt. Z. B.

Das Einauge (Cyclops quadricornis) hat einen gestreckten, deutlich gegliederten Leib, 4 vielgliedrige ungleich lange Fühler und 6 Fußpaare, wovon die 2 ersten einfache Greif-, die 4 folgenden gespaltene Ruderfüße sind. Das Weibchen führt 2 große Eiersäcke mit sich herum In Gräben, Pfützen und stehenden Gewässern.

Der Wasserfloh (Daphnia pulex); Leib von einer sattelförmigen Schaale bedeckt, unter deren vorderer Kappe der Kopf mit dem Auge steckt; Fühler sehr klein, dicht vor dem Munde; dahinter das erste, weit hervorragende, gabelig getheilte Ruderfußpaar; die 5 anderen Fußpaare viel kürzer, sitzen am Bauch, tragen Kiemen und stecken unter der Schaale. Farbe fleischlich, Darm grünlich; die Eier in einer Höhle am Rücken. So groß wie ein Stecknadelknopf, bisweilen zu Millionen in Pfützen.

Achte Familie. Rankenfüßer, Cirripedia*).

§. 84. Kopf im Alter undeutlich, mit dem Bruststück verwachsen, augenlos, in der Jugend mit einfachem Auge und zwei Fühlern. 2 Paar tasterloser Kiefer, 6 Fußpaare, jeder Fuß eine aus 2 gegliederten Ranken gebildete Flosse. Stecken im Alter in großen kalkigen aus mehreren Stücken zusammengesetzten Schaalen, die mit einem häutigen oft stielförmigen Grunde festsitzen.

---

*) Vergl. meine Abhandlung Beiträge zur Naturgeschichte der Rankenfüßer. Berlin, 1834. 4,

Die Entenmuschel (Lepas anatifera) hat eine fünfschaalige Kalkhülle, die von einem langen lederartigen Stiel getragen wird. Thier mit fünf Paar zipfelförmigen Kiemen und langem schwanzförmigem Anhange zwischen den Füßen. In allen Meeren.

Die Seepocke (Balanus tintinnabulum) hat eine aus mehreren Stücken zusammengewachsene, kegelförmige, oben offene Schaale, deren Eingang durch 2 Deckenschaalen verschlossen wird. Die Schaale sitzt ohne Stiel auf Austerschaalen, Steinen 2c. Das Thier mit 2 großen gefalteten Kiemen.

Neunte Familie. Schmarotzerkrebse, Parasita.

§. 85. Kopf mit dem Bruststück verwachsen, augenlos oder mit 1—2 ungestielten Augen und 2 oder 4 Fühlern. Maul mehr oder weniger schnabelförmig, mit borstenförmigen Kiefern, oder eine bloße Oeffnung, ohne alle Kiefer (?). Vorderbeine hakig zum Anklammern, die hinteren flossenförmig; höchstens 6 Fußpaare, bisweilen gar keine, sondern bloße fleischige Lappen an deren Stelle. Die Thiere leben als Schmarotzer auf Fischen und sind von unbedeutender Größe. Z. B.

Caligus piscinus, mit 2gliedrigen Fühlern, 2 Augen am Vorderrande eines jederseits vorn vom Brustschilde entspringenden Fortsatzes, rüsselförmigem Maul und 6 Fußpaaren, die zwei ersten hakenförmig. Auf mehreren Seefischen, Dorschen, Lachsen u. s. w.

Achte Klasse.

Würmer, Vermes*).

§. 86. Der nackte Leib der Würmer besteht aus vielen unter sich gleichen Ringen, die oft sehr deutlich, häufig aber auch

*) Die Vereinigung der bisher unter dem Namen von Rothwürmern oder Anneliden, Strudelwürmern und Eingeweidewürmern als getrennte Klassen aufgestellten Gruppen in eine einzige Klasse bedarf vor dem sachkundigen Publikum eines näheren Beweises, der nicht hierher gehört, es genügt zu bemerken, daß es kein einziges ausschließendes Merkmal giebt zur Trennung in 2 natürliche Klassen, Ringel- und Eingeweidewürmer, die man gewöhnlich anzunehmen pflegt, sondern daß sich außer diesen mehrere gleichwerthige Gruppen finden, zu welchen aus beiden Klassen sich entsprechende und ergänzende Glieder gehören. Diese Gruppen habe ich vorläufig als Familien bezeichnet, die umständliche Beweisführung behalte ich mir für die Zukunft bei besserer Gelegenheit vor. Die Räderthiere,

nur schwach, abgesetzt sind Gliedmaßen finden sich noch an diesen Ringen, doch eigentlich nur dann mit Bestimmtheit, wenn zugleich der Kopf mit Fühlern und Augen deutlicher hervortritt. Es sind in diesem Fall kurze, fleischige, ungegliederte, mit Häkchen und Borsten besetzte Fußstummel. Sonst trifft man statt ihrer bloße Borsten oder große, muskulöse Gruben, Saugnäpfe genannt. Sie sitzen dann, wie die Füße, am Bauch, meistens am Vorder- und Hinterende; auch liegt wohl die Mundöffnung in einer solchen Sauggrube. Auf der Oberfläche stehen bei Manchen lange, feine oder dickere Borsten, die den Thieren ein haariges Ansehn geben, daher man sie, weil sie im Meere leben, Meerraupen zu nennen pflegt. Oft wird die Rauhigkeit durch zwischen den Borsten befindliche Kiemenbüschel verstärkt. Die im Wasser lebenden haben zum Theil Kiemen und rothes Blut in deutlichen Gefäßen; die Uebrigen leben im Inneren anderer Thiere, haben keine Athmungswerkzeuge und kein rothes Blut. Diesen ist dagegen ein gabelförmig getheilter, mit vielen Nebenästen versehener Darm eigen, der blind endet, also keine Afteröffnung hat; die ersteren haben einen einfachen, geraden oder mit weiten Taschen versehenen Darm mit Afteröffnung am Hinterleibe.

Man kann diese Klasse folgendermaßen eintheilen:

A. Mit rundem Leibe, woran oft Borsten oder wahre Füße. Darm grade, mit After	Erste Ordnung. Arthrodes.
a) Mit rothem Blut, Kiemen und Füßen .	1. Fam. Rothwürmer.
b) Keine Kiemen, Blut roth, steife Borsten statt der Füße	2. — Borstenwürmer.
c) Ohne Kiemen und äußere Organe, ohne Blutgefäße. Leib rund und glatt . . .	3. — Fadenwürmer.
d) Keine Kiemen und keine Blutgefäße; der Leib flachrund, mit Wimpern versehen .	4. — Strudelwürmer.

welche ich früher den Würmern verwandt glaubte, ergeben sich nach Hrn. Ehrenberg's späteren Mittheilungen als Krebse, und nahe Verwandte der Lophyropoda, sie sind, als unbedeutende Uebergangsglieder, jetzt ganz ausgelassen. Vergleiche mein Handbuch der Naturgeschichte. Berlin 1836. 8. und meine Zoonomischen Briefe (Leipzig 1856. 8.).

B. Mit flachem, schwach oder nicht gegliedertem Leibe, woran Sauggruben.	Zweite Ordnung Trematodes.
a) Leib länglich, mit Asteröffnung. Blut roth.	5. Fam. Blutigelwürmer.
b) Leib veränderlich, Darm gabelig, ohne After. Eine mittlere Sauggrube, worin der Mund	6. — Plattwürmer.
c) Leib elliptisch, Darm gabelig, ohne After. Mehrere Sauggruben	7. — Saugwürmer.
C. Mit rundem oder flachem, deutlich gegliedertem Leibe; Kopf mit Sauggruben oder Haken, oder beiden zugleich. Kein Darm.	Dritte Ordnung. Helminthes.
a) Kopf ein einziehbarer, hakiger Rüssel; Leib rund	8. — Stachelkopfwurm.
b) Kopf eckig; Leib flach, bandförmig . . .	9. — Bandwürmer.

Erste Familie. Rothwürmer, Annulati

§. 87. Sie haben einen runden Leib mit deutlich abgesetzten, gleichen Gliedern, deren jedes an der Bauchseite mit fußartigen Höckern, die Borsten tragen, versehen ist. Der vorderste Ring hat bisweilen einen abweichenden Bau, trägt dann gegliederte Fühler und 2—4 einfache Augen. Kiemen äußerlich büschelförmig, theils am ganzen Leibe neben den Füßen, theils am Vorderende. Blut roth, in deutlichen Gefäßen. Dahin:

Nereis pelagica, mit deutlichem Kopf, woran 4 Fühler und ein rüsselartig vorstreckbares Maul mit 2 gezähnten Kiefern; vier Augen; drei kleine Kiemenblättchen jederseits an jedem Ringe; zwei Schwanzfäden Gegen 4″ lang. Gemein in der Nordsee.

Serpula vermicularis (Wurmröhre); kein deutlicher Kopf; also auch keine Augen und Fühler; 2—3 Kiemenbüschel am Vorderende des Körpers; Fußhöcker mit kurzen Borsten, längere auf dem Rücken Die Thiere stecken in gewundenen Kalkröhren, welche von der Oberfläche ihres Körpers abgesondert werden, und die sie mit einem kolbenförmigen Anhang des ersten Gliedes verschließen. Nordsee.

Zweite Familie. Borstenwürmer, Chaetopodes.

§. 88. Ihr Leib ist drehrund, deutlich geringelt, mit steifen Borsten an der Bauchseite, theils an allen, theils an mehreren Ringen, aber ohne äußere Kiemen. Leib von verschiedener Länge;

Kopf, Augen, Fühler nicht bei allen bemerkbar; bisweilen Fäden neben dem Munde, in welchem niemals Zähne oder Kiefer stecken. Leben im Schlamm des Ufers oder in feuchter Erde. Z. B.

Der Regenwurm (Lumbricus terrestris) hat keinen deutlichen Kopf, also auch keine Augen und Fühler, keine äußeren Kiemen, aber rothes Blut führende Gefäße, und kurze Warzen mit steifen Hakenborsten in 4 Doppelreihen am Bauch und an der Seite. Der Mund ist unter der kappenförmigen Oberlippe versteckt. Auf ein Drittel des Leibes, der aus 180 Ringen besteht, ein dickerer Ring (Sattel, Gürtel). Lebt in feuchter Gartenerde und wühlt dort Gänge. Er nährt sich vom Erdsaft (humus) und allerhand organischen Stoffen (Wurzeln, Halmen, Haaren rc.).

Die Naiden haben einen zarten, feinen, durchsichtigen, mit einzelnen oder mehreren Borsten jederseits an jedem Ringe besetzten Leib; bei manchen finden sich Augen, bei keiner äußere Kiemen. Nais proboscidea hat einen langen Fühlfaden (Rüssel) an der Oberlippe, 2 Augen und 2 Borsten auf dem Rücken, 4 am Bauch an jeder Seite jedes Ringes. Pflanzt sich auch durch Knospenbildung am Hinterende fort. In stehenden Gewässern. Die meisten Arten stecken in Röhren im Schlamm.

Dritte Familie. Fadenwürmer, Nematodes.

§. 89. Sie haben einen langen, drehrunden, meist dünnen und glatten Leib, ohne alle äußeren Organe, als Fußwarzen, Borsten u. dergl. Die Ringe des Leibes sind kurz und nur schwach angedeutet, meistens in großer Anzahl vorhanden; Maul eine bloße Oeffnung am vordersten Körperende, ohne Haken und Kiefer. Keine Kiemen und Blutgefäße; der Körper farblos. Sie leben meistens im Innern anderer Thiere, besonders im Darmkanal. Z. B.

Der Spulwurm (Ascaris lumbricoides), ein langer, federkielsdicker, gelblichweißer Wurm, der an beiden Enden zugespitzt ist. Maul von drei Knötchen umgeben. Lebt im Dünndarm der Menschen, besonders der Kinder. — In diese Familie gehört die im Muskelfleisch und Darm lebende Trichine (Trichina spiralis).

Vierte Familie. Strudelwürmer, Turbellarii.

§. 90. Der Leib ist länglich, flachrund, selbst etwas bandförmig, nicht geringelt, bisweilen geschwänzt, auf der ganzen Oberfläche fein gewimpert und zum Schwimmen geschickt. Ueber der Mundöffnung nicht selten mehrere Augenpunkte. Darm weit, nicht gewunden, mit oder ohne Afteröffnung. Blutgefäße und

Athmungsorgane fehlen. Leben im Wasser, zwischen Pflanzen und Steinen, auch an feuchten Orten unter Laub.

Der Schnurwurm (Nermetes [Borlasia] gigas) hat einen flachrunden Leib, eine vordere Mundöffnung, hintere Afteröffnung, und eine große saugnapfförmige Geschlechtsöffnung am Vorderleibe. Wird bis 6' lang, lebt zwischen Steinen an den Küsten von England, liegt zusammengeknauelt. Farbe braun, ins Grünliche, mit 5 helleren Längsstreifen.

Fünfte Familie. Blutigelwürmer, Hirudinei.

§. 91. Ihr Leib ist ebenfalls nackt, aber nicht sehr lang, meistens nur 3—4", dabei flachrund, ziemlich breit, nach beiden Enden zugespitzt und schwach geringelt. Mundöffnung in einer Sauggrube, eine zweite am Hinterende unter dem After; Darm weit, mit Nebentaschen und After; Blut roth; keine äußeren Kiemen, aber innere Schlingen an der Bauchseite statt ihrer. Leben im Wasser und saugen Blut an Rückgratthieren und Krebsen. Z. B.

Der medicinische Blutigel (Hirudo medicinalis). Vorderer Saugnapf nicht abgesetzt, bloß der erweiterte Mundrand; im Munde drei halbkreisförmige Kiefer mit gezähnter Schneide. 10 Augen. Farbe oben braungrün, mit Augenflecken in 6 Reihen, unten grau, schwarz gefleckt. In Teichen, Bächen, wird zum Blutsaugen benutzt.

Sechste Familie. Plattwürmer, Planariei.

§. 92. Sie haben einen noch flacheren, fast blattförmigen Leib, welcher keine deutliche Ringelung mehr zeigt, aber, besonders bei den Jungen, mit Wimpern besetzt ist; mittelst dieser schwimmen sie. An der Bauchseite ein Saugnapf, worin der Mund; am Vorderende Augen, die bisweilen fehlen. Darm breitheilig, gabelförmig, einfach oder verzweigt, stets ohne After. Sie leben im Wasser. Z. B.

Der milchweiße Plattwurm (Planaria lactea). Maul an der Bauchseite, mit vorstreckbarem, trompetenförmigem Rüssel; Darm zerästelt, dreischenkelig, 1 Schenkel nach vorn, 2 nach hinten gerichtet. 2 Augen. Farbe milchweiß, Darm scheint bräunlich durch. In Gräben, an Steinen, Holzstückchen u. s. w.

Andere Arten und Gattungen leben im Meere, zwischen Tangen und Korallen.

Siebente Familie. Saugwürmer, Trematodes.

§. 93. Sie haben ganz die Gestalt und Bildung der Vorigen, einen zweischenkelig gabeligen Darm mit vorderem Munde und ohne After; aber ihr Leib ist glatt, ohne Wimpern. Saugnäpfe ziemlich groß, in verschiedener Anzahl an der Bauchseite. Keine Augen, auch kein Athmungsorgan und keine Blutgefäße, aber ein sehr ausgebildetes Wassergefäßsystem mit pulsirender Blase und Oeffnung am hinteren Körperende. Sie leben schmarotzend an anderen Thieren, besonders im Darmkanal und an den Kiemen der Fische und an andern Wasserthieren. Z. B.

Der Leberegel oder die Egelschnecke (Distomum hepaticum), mit großer Sauggrube am Bauch, einer kleineren am Vorderende, worin der Mund, und einem dritten kleineren Grübchen dazwischen, worin der Eierstock mündet. Darm stark zerästelt. Form und Größe eines kleinen Rosenblatts; Farbe gelblich. In den Gallengängen der Schaafe und Menschen; bisweilen sehr gemein. Andere Gattungen finden sich sogar im Auge der Fische, manche auch äußerlich an den Kiemen und auf der Haut der Fische. Ihre Jugend pflegen diese Würmer in andern Thieren zu verleben als ihren geschlechtsreifen Zustand, und wandern sie nicht willkürlich, sondern zufällig, indem der erste Wirth von dem spätern gefressen wird.

Achte Familie. Stachelkopfwürmer, Acanthocephali.

§. 94. In dieser Familie findet sich ein ziemlich langer, immer drehrunder, glatter Leib wieder, welcher nach vorn gemeiniglich dicker wird; ganz am Vorderende sitzt ein kleiner Kopf, welcher auf der Oberfläche mit Haken besetzt ist, und in den Leib zurückgezogen werden kann. Blutgefäße, Darm und After fehlen, die Nahrungsaufnahme geschieht durch die ganze Körperoberfläche. Hierher die Gattung:

Echinorhynchus (Kratzer), deren viele Arten im Darmkanal der Rückgratthiere vorkommen, z. B. der Riesenkratzer (Ech. gigas) beim Schwein. Er wird 1′ lang, ist federkielsdick und schwach geringelt; Männchen nur 3″, hinten mit einem glockenartigen Anhange.

Neunte Familie. Bandwürmer, Cestodes.

§. 95. Leib lang, flach, deutlich gegliedert, von hinten nach vorn verschmälert; am spitzen Vorderende ein eckiger, mit 2, 4 oder 8 Sauggruben und oft mit Hakenkränzen um den Mittelpunkt besetzter Kopf ohne Mund; im Innern nur 2 große Seitenkanäle, aber kein Darm. Jedes hintere Glied hat eigene Geschlechtsorgane, deren Ausführungsgang bald auf der Fläche, bald am Rande liegt Sie leben im Darm und in der Bauchhöhle der Rückgratthiere. In der Jugend sind sie völlig ungegliedert und ohne Fortpflanzungsorgane, leben im Zellgewebe der verschiedensten Organe anderer Thiere, und erst wenn diese gefressen und verdauet werden, werden sie selbst frei und entwickeln nun im Darmkanal des neuen Wirthes ihre zahlreichen Glieder und in diesen die Fortpflanzungsorgane. Solche geschlechtslosen jugendlichen Bandwürmer, wie sie in der erbsengroßen Finne im Schweinefleisch, in dem im Gehirne der Schafe lebenden Drehwurm längst und allbekannt sind, wurden bis in die neueste Zeit, wo durch Fütterungsversuche die Umwandlung der Finnen in Bandwürmer direkt nachgewiesen worden ist, als eigene Familie der Blasenwürmer aufgeführt.

Der schmale Bandwurm (Taenia solium), Kopf viereckig, mit 4 Sauggruben und doppeltem Hakenkranz. Glieder längs-oblong. Geschlechtsöffnung abwechselnd am Rande. Im Darm des Menschen, besonders in Deutschland, Frankreich, England, Schweden.

Der breite Bandwurm (Bothriocephalus latus) hat einen länglichen Kopf mit 2 Sauggruben ohne Hakenkranz; breite, quer rechteckige Glieder, deren Geschlechtsöffnung am Bauch. Auch im Darm des Menschen, besonders bei Polen, Russen, Böhmen und Schweizern.

Dritte Hauptgruppe.

Bauchthiere.

§. 97. Das sicherste Kennzeichen dieser dritten Hauptgruppe des Thierreiches liefert nicht sowohl die allgemeine Form des Körpers, als vielmehr der gleichzeitige Mangel symmetrischer Bewegungsorgane bei Allen, und des Kopfes mit den Sinnesorganen bei den Meisten. Ihr Leib ist nämlich ein bloßer, bald mehr rundlicher, bald flacher, scheibenförmiger, bald auch länglicher, aber stets ungegliederter Sack, in welchem die oft sehr vollkommen entwickelten Verdauungs- und Fortpflanzungsorgane stecken An diesem Leibe finden sich wohl einige oder viele, häufig durch die Zahl **vier** oder **fünf** ohne Rest theilbare, regelmäßige Ausstrahlungen, welche in einigen Fällen sogar aus hintereinander liegenden von Haut bekleideten, gleichen Knochengliedern bestehen, aber nie erkennt man an diesen Strahlen jene Hauptabschnitte, welche den Charakter der Gliedmaßen bilden, wieder; immer nehmen sie vom Anfange gegen das Ende hin an Umfang ab, und bestehen aus gar keinen oder unzähligen Gliedern. Bei den sack- und röhrenförmigen liegt der Mund vorn, bei den scheibenförmigen in der Mitte an der Unterseite; um ihn stehen meistens einziehbare Fühlfäden, oder lange, hohle, nicht einziehbare Fangarme. Bei manchen bedecken den Leib eine, zwei oder mehrere Kalkschaalen; bei anderen ist er nackt, aber mit vielem Schleim überzogen; bei noch anderen setzt sich die Kalkmasse im Inneren ab und bildet das Gerüst des Körpers.

Unter den inneren Organen fehlt der Darm oder eine verdauende Höhle nie; oft ist ersterer ein gewundener Kanal mit Schlund, Magen, Dünndarm und Dickdarm, zu welchem die große **Leber** hinzukommt; bei Anderen ist er ein bloßer einfacher geschlängelter Kanal; bei noch Anderen ein bloßer blinder Sack ohne Ausgang; wieder bei Anderen sendet er Kanäle und Aeste aus, oder es treten viele kolbige kurze Saugröhren statt des dann fehlenden Darmkanals auf. Die Fortpflanzungsorgane bestehen aus großen Eiersäcken und Hoden, die sich bald am Bauch, bald in der Nähe des Mundes öffnen.

Von Sinnesorganen finden sich bei Vielen nur Augen, bei mehreren noch Gehörswerkzeuge, aber nur bei wenigen ist der Kopf deutlich vom übrigen Leibe getrennt, den meisten fehlen Kopf und vollkommen ausgebildete Sinneswerkzeuge vollkommen.

Die allermeisten dieser Thiere leben im Wasser, besonders im Meere, und fressen thierische Nahrungsmittel; die sehr wenigen auf dem Lande an feuchten, schattigen Stellen vorkommenden nähren sich von Vegetabilien.

Man theilt die Bauchthiere am besten folgendermaßen ein:

I. Symmetrische. (§. 7.)

a) **Weichthiere.** Ihr weicher, oft von 1 oder 2, selten mehr Kalkschaalen umgebener Leib hat einen weichen, vielen

Sch eim absondernden Hautlappen (**Mantel**), welcher den Körper umhüllt und die Kalkschaale absondert. Maul vorn.

II. Reguläre (ebenda).

b) **Strahlthiere.** Ihr flacher oder kugeliger, selten cylindrischer Leib ist von kalkigen oder lederartigen Gerüsten unterstützt und läuft in 4, 5 oder mehrere Strahlen aus, in deren Mitte das Maul liegt.

c) **Quallen.** Ihr meistens flacher, selten blasiger, gallertartiger Leib hat keine Schaale oder Kalkgerüste, aber 4 oder 8, auch viele Fangarme um den mittleren Mund, der jedoch einigen fehlt; statt seiner dann viele Saugröhren *).

d) **Polypen.** Leib gallertartig, rundlich, mit vorderer, von Fangarmen umgebener Mundöffnung. Viele Thierchen durch gemeinsame Haut zu einem ästigen oder strahligen Stamm, der innen oder außen Kalkmasse abzusetzen pflegt, verwachsen.

III. Irreguläre (ebenda).

a) **Urthiere.** Leib gallertartig, frei oder festgewachsen, mit oder ohne festes Gerüst von ebenfalls irregulärer Gestalt, ohne Nerven, Muskeln, Blutgefäße und Darm, nur mit Wimpern oder ausstreckbaren Fäden.

Neunte Klasse.

Weichthiere, Mollusca.

§. 97. Hierher die symmetrischen Bauchthiere mit z. Th. deutlichem Kopf und Sinnesorganen, welcher jedoch nicht einmal Allen zukommt. Ihr Leib ist eine ziemlich große, fleischige Höhle mit vorderer Mundöffnung. Von den Seiten des Rückens ent-

*) Wenn gleich die **Strahlthiere** und **Quallen** genau genommen nur eine Klasse bilden, so sollen sie hier doch, der leichteren Darstellung wegen, für zwei besondere Klassen noch ferner gelten. Vergl. mein Handbuch der Naturgeschichte. Berlin 1836.

springt der weiche, häutige Mantel, welcher theils den ganzen Leib, theils nur die Eingeweide einhüllt. Er sondert die kalkigen Schaalen (Conchylien) ab, von welchen die meisten Weichthiere umgeben werden. Unter dem Mantel liegen zugleich die Athmungsorgane, bei den Meisten lamellen-, kamm- oder büschelförmige Kiemen, bei sehr wenigen ein großer faltiger Lungensack. Alle haben einen wahren Darm, mit Afteröffnung und einer großen braunen Leber, oft auch mit Speicheldrüsen. Eben so wenig fehlt das Gefäßsystem, auch ist immer ein Herz da, von welchem die Bewegung des bläulich weißen oder anders gefärbten Blutes herrührt. Das Nervensystem bildet einen Ring um den Schlund und noch zwei im Leibe gelegene Knoten, woraus die paarigen Nerven für die übrigen Organe entspringen. Bei den meisten stellt die untere Kante des Bauches eine fleischige Schwiele dar, auf welcher sie fortkriechen, und die daher den Namen Fuß erhalten hat. Die kalkige Schaale ist theils eine gewundene Röhre, theils besteht sie aus zwei Klappen, selten aus mehreren gleichen oder ungleichen Stücken; Manchen fehlt sie.

Man theilt die Weichthiere folgendermaßen ein:

A. Mit deutlichem Kopf, woran Fühlfäden und Augen.

Kopf stets unbedeckt, mit großen, langen Fangarmen; Mantel sackförmig, vorn offen	1. Fam. Kopffüßer.
Kopf mit 2 oder 4 Fühlern; Mantel meist groß, die Eingeweide einschließend, aber den Rumpf mit umhüllend; Fuß eine schmale Sohle	2. — Bauchfüßer.
Kopf mit kleinen, einziehbaren Fühlern; Mantel klein, den Rumpf nicht umhüllend; Fuß flossenförmig	3. — Kielfüßer.
Kopf nicht besonders ausgebildet, unter ihm 2 flügelartige Ausbreitungen des Mantels	4. — Flossenfüßer.

B. Kein Kopf.

Neben dem Munde 2 fleischige, gefranzte, einrollbare Arme, zwei Schaalen	5. — Armfüßer.
Bauch kielförmig, daneben 2 Paar blättrige, inwendig gefaltete Kiemen. Mantel weit. 2 Schaalen.	6. — Muscheln.
Bauch ganz von dem nur vorn und hinten offenen Mantel umschlossen, Kiemen in einer besondern Höhle. Keine Schaale	7. — Mantelthiere.

Erste Familie. Kopffüßer, Cephalopoda.

§. 98. Kopf beständig außerhalb des Mantels, groß, rundlich, mit 2 großen Augen; darüber die Mundöffnung, von den langen, fleischigen Fangarmen umgeben, im Innern mit einem schädelartigen Knorpelgerüst. Im Maul 2 Kiefer und eine gezähnte Zunge. Leib beständig wie in einen Sack, in den großen, vorn offenen Mantel eingehüllt, unter dem auch außerhalb der übrigen Eingeweide die Kiemen liegen. Die Schaale ist eine äußere oder innere oder fehlt gänzlich. Alle leben im Meere und fressen Fleisch. Geschlechter getrennt. Hierher:

Der Dintenfisch (Sepia officinalis), hat 10 mit runden Saugnäpfen besetzte Arme, wovon 2 länger; Leib länglich, jederseits mit einer flügelförmigen Ausbreitung des Mantels; im Mantel am Rücken ein kalkiges Schaalenstück. Vorn zwischen Kopf und Rumpf ein fleischiger in die Mantelhöhle führender Trichter, durch welchen das Athemwasser, die Exkremente und die Eier ausgestoßen werden. Mittelmeer, kriecht auf dem Grunde mit dem Maule nach unten, hat eine mit brauner Flüssigkeit gefüllte Blase, aus welcher die braune Farbe Sepia bereitet wird. Diesen Saft läßt er bei Gefahr ins Wasser, trübt dasselbe und entgeht dadurch seinen Feinden.

Der Papiernautilus (Argonauta argo) hat 8 Arme mit ebensolchen Saugnäpfen, wovon 2 an ihrem Ende flossenartig erweitert sind, und die Schaale festhalten. Das Thier steckt nämlich in einer weißen, gerippten, kahnförmigen Schaale, ohne irgend mit derselben fest verwachsen zu sein. Mittelmeer. — Der eigentliche Nautilus oder Schiffskuttel bewohnt die letzte größte Kammer einer durch Querwände getheilten Schaale und hat zahlreiche ganz einziehbare Arme am Kopfe. Die Luftkammern der Schaale durchzieht ein häutiges Rohr (Sipho).

Zweite Familie. Bauchfüßer, Schnecken, Gastropoda.

§. 99. Leib langgestreckt, mit deutlichem Kopf, woran 2 oder 4 Fühler, die hinteren mit Augen am Grunde oder an der Spitze. Im Munde eine häufig mit feinen Zähnchen bewaffnete Zunge. Am Bauch eine flachausgebreitete, fleischige Sohle; der Mantel dünn, die Eingeweide einschließend, und gewöhnlich eine spiralig aufgerollte Schaale absondernd, in welche, wie in den Mantel, das gereizte Thier auch den ganzen Rumpf mit dem Kopfe zurückziehen kann. Einige verschließen das Gehäuse mit einem Deckel, den sie bleibend auf dem hintern Körperende tragen, andere nur während des Winterschlafes mit einem erst im

Herbst gebildeten, den sie im Frühjahr wieder abstoßen. Sie athmen meistens durch Kiemen, einige auch durch Lungen; diese sind alle Zwitter, die Uebrigen meistens getrennten Geschlechtes. Z. B.

Die schwarze Waldschnecke (Limax ater), ohne Schaale, mit ovalem, flachem, schildförmigem Mantel auf dem Rücken, unter welchem sich der Leib verbirgt. Lunge ein faltiger Sack im Mantel, am rechten Rande desselben die Oeffnung An feuchten Stellen im Walde, rothbraun oder schwarz; frißt Vegetabilien.

Die große Gartenschnecke (Helix pomatia), ebenfalls mit Lungen, und jener im Bau ähnlich, aber der Mantel steckt mit den Eingeweiden in einer gewundenen, glatten Schaale, deren letzte Windung die faltige Lunge einnimmt. Athemloch in der Außenecke, daneben der After. Erreicht über 1'' im Durchmesser. Farbe braungrau. In feuchten Gebüschen; wird gegessen.

Die Posthornschnecke (Planorbis corneus) hat eine flache Schaale, deren Windungen alle in einer Ebene liegen. Das Thier hat nur 2, aber sehr lange, zugespitzte Fühler. Gehäuse über 1'' im Durchmesser, braunschwarz, Thier schwarzgrau. In süßen Gewässern, kommen an die Oberfläche, um frische Luft in die Lungen aufzunehmen.

Die mit Kiemen versehenen Schnecken tragen dieselben an sehr verschiedenen Stellen; bei den meisten liegen sie im Nacken des Thieres in einer besonderen Höhle, und haben, wie die Fischkiemen, ein kammförmiges Ansehen (daher Kammkiemer); sie sind getrennten Geschlechtes. Bei anderen liegen sie an der rechten Seite und werden vom Mantel bedeckt (Dachkiemer); wieder andere haben auf dem Rücken freie büschelförmige Kiemen (Nacktkiemer); noch andere haben sie an einer oder beiden Seiten des Körpers in einer tiefen Falte zwischen Mantel und Leib (Seitenkiemer). Die zahlreichen Gattungen dieser Gruppen leben mit wenigen Ausnahmen im Meere, besonders der Tropengegenden und liefern die in Gestalt, Färbung und Zeichnung überaus mannichfaltigen Conchylien *).

Dritte Familie. Kielfüßer, Heteropoda.

§. 100. Kopf deutlich, mit Augen und Fühlern, Maul rüsselförmig verlängert; Leib gestreckt, an der Bauchseite eine zu-

*) Diese unendliche Mannichfaltigkeit in den todten Schaalen und Gehäusen der Schnekken hier auseinander zu setzen, würde den Schüler ermüden, besonders da er in den Naturgegenständen seiner Umgebung umsonst nach Repräsentanten sucht, solche Erörterungen müssen einem spezielleren Vortrage vorbehalten bleiben.

sammengedrückte Flosse, die am Hinterrande einen Saugnapf hat. Mantel und Schaale klein, mützenförmig, zart, nehmen nur die Leber und Kiemen auf. Schwimmen im Meere, den Bauch nach oben, wo die Flosse als Segel dient. Z. B.

Carinaria cymbium, mit spitzem, breitem, flossenförmigem Schwanz, kleiner, quergestreifter Schaale, rüsselförmigem, ausstreckbarem Maule, zwei langen, vorderen Fühlern und zwei kleinen, hinteren mit Augen. Farbe bläulich. Mittelmeer.

Vierte Familie. Flossenfüßer, Pteropoda.

§. 10. Kopf oft undeutlich, uud der ganze Leib vom Mantel umhüllt, an ihm zwei flügelförmige Fortsätze oder Flossen und kein Fuß oder Sohle. Leib bald nackt, bald in einer sehr zarten glasartigen Schaale. Leben in der hohen See. Z. B.

Das Walfischaas (Clio borealis), mit deutlichem Kopf, woran 2 kleine Fühler, die sich in ein Paar Gruben zurückziehen. Leib länglich, flach, vom Mantel enge eingehüllt, ohne Schaale; 1'' lang. Im Nordmeer sehr häufig; die gewöhnlichste Speise der Walfische.

Fünfte Familie. Armfüßer, Brachiopoda.

§. 102. Kein Kopf, der Leib steckt in einer dem Mantel gleichen, zweiklappigen Schaale, welche von einem fleischigen Fortsatz des Thieres (Fuß) getragen wird. Mit diesem Fuß setzen sie sich unbeweglich fest. Mund unterhalb, neben ihm zwei fleischige, gefranzte Arme, die das Thier spiralig einrollt, und die ihm zugleich als Kiemen zu dienen scheinen, da andere Athemorgane nicht vorhanden sind. Alle im Meere. Z. B.

Lingula anatina. Schaale länglich, etwas keilförmig, dünn, gleich groß. Der Fuß dringt hinten zwischen beiden Schaalen hervor und ist sehr lang. Schaale hornfarben Indischer Ocean.

Bei Terebratula durchbohrt der Fuß den Buckel der größeren Schaale. Ebenda.

Sechste Familie. Muscheln, Conchifera.

§. 103. Ebenfalls ohne Kopf. Der Leib vom häutigen, zweilappigen, links und rechts herabhängenden Mantel, dessen Lappen an der Bauchseite bald getrennt, bald verwachsen sind, ganz eingehüllt; darunter neben dem Rücken die blattförmigen, hohlen, inwendig gefalteten Kiemen. Die Bauchkante läuft in einen fleischigen Kiel oder Fortsatz aus, den das Thier nach Gutdünken vorn aus dem Mantel hervorsteckt und darauf fortkriecht (daher Fuß). Der Mantel sondert stets eine nach ihm geformte Schaale ab, welche aus zwei meistens gleichen, runden, nach außen gewölbten Hälften mit blättriger Struktur besteht, die an der Rückseite zusammenstoßen, mit Zähnen in einander greifen (Schloß) und hier äußerlich oder innerlich durch ein sehniges Band verbunden sind. Mit beiden Hälften steht das Thier durch einen oder zwei Muskeln in Verbindung, welche die Klappen schließen, während sie durch die Elasticität des sehnigen Bandes geöffnet werden. Die Thiere leben nur im Wasser, meistens im Meere. Sie bilden, nächst den Schnecken, die zahlreichste Gruppe der Mollusken. Z. B.

Die Auster (Ostrea edulis). Schaalen flach, ungleich, durch einen dicken Muskel, welcher mitten in der Schaale von der einen Klappe zur anderen hinüberläuft, und an jeder Schaale einen tiefen Eindruck macht, verbunden. Mantel ganz offen, am Rande gefranzt. Schloß ohne Zähne. Band klein und dick. Im Meere an europäischen Küsten, auf Sandbänken. Wird gegessen.

Die Perlmuschel (Meleagrina margaritifera). Hat 2 Muskeleindrücke in jeder Schaale, also auch 2 Verbindungsmuskeln. Schaalen flach, scheibenförmig, gleich groß. Schloß ohne Zähne. Mantel ganz offen. Im indischen Ocean. Die Schaale wird als Perlmutter zu Kunstsachen verarbeitet; kleine, runde, kugelförmige Absonderungen des Mantels, ganz von der Beschaffenheit der innern Schaalenschicht, sind die so geschätzten ächten Perlen.

Die Teichmuscheln (Anodontae) finden sich bei uns in süßen Gewässern, haben 2 Muskeln, gleiche Schaalen, keinen Zahn am Schloß, und einen überall offenen Mantel. Man kennt mehrere Arten, die sich nach der Größe und Form der dünnen, inwendig perlmutterfarbenen, außen grünbraunen Schaalen unterscheiden.

Die Malermuschel (Unio pictorum) hat einen starken Zahn am Schloß und eine dickere Schaale, die vorn abgerundet, nach hinten zugespitzt ist. Sie findet sich ebenda, ist aber kleiner, besonders schmäler.

Siebente Familie. Mantelthiere, Tunicata.

§. 104. Sie haben Aehnlichkeit mit den Vorigen, aber die Schaale fehlt; dagegen bildet der häutige oder lederartige am Bauch geschlossene Mantel die äußere Hülle. In ihm nur zwei Oeffnungen, eine dem Maule, die andere der Afteröffnung des Körpers gegenüber; beide bisweilen dicht neben einander. Kiemen in einer eigenen Höhle. Leben nur im Meere; manche verbreiten ein schimmerndes Licht.

Salpa. Kiemenhöhle vorn und hinten offen, in ihr die Darmmündungen, und zwar neben der hinteren Oeffnung der Mund, neben der vorderen der After. Die Kieme als Diameter durch die Höhle gezogen. Die Arten sind frei beweglich, die Individuen nicht verwachsen; sie lieben das hohe Meer.

Pyrosoma. Wie Salpa, aber die Wand der Kiemenhöhle ist zugleich Kieme. Die Individuen verwachsen zu einer cylindrischen Thiergruppe, welche beweglich ist und stark leuchtet.

Ascidiae. Kiemenhöhle mit einer Mündung, aus ihrem Grunde entspringt der Mund; der After mündet frei nach außen. Einige sind einzeln, andere verwachsen; alle unbeweglich angeheftet.

Zehnte Klasse.

Strahlthiere, Radiata.

§. 105. Der kugelige, strahlenförmige oder cylindrische Leib wird von einer aus zahlreichen Kalkstücken zusammengesetzten Schaale gebildet, worüber eine weiche empfindliche Haut gezogen ist. Der Mund liegt an der unteren Fläche, oder dem vorderen Ende, und ist von Tentakeln umgeben. Im Innern des Körpers findet sich entweder ein langer, gewundener Darm, der sich stets in einen After mündet, oder ein bloßer Magensack, ohne After. Respirationsorgane sind theils Bläschen, die im Inneren liegen, und das Wasser von außen her in sich aufnehmen; oder sie fehlen, und das Wasser umgiebt die inneren Organe unmittelbar. Viele deutliche Gefäße; weißes Blut; ein sehr ausgebildetes Wassergefäßsystem; ein Nervenring um den Schlund, von welchem fünf Hauptstränge in den Körper auslaufen; große Eierstöcke oder Hoden. Alle leben im Meere. Vier Familien sind bekannt.

A. Mit lederartiger, weicher, wenig kalkiger Hülle . . . . 1. Fam. Holothurien.
B. Mit festen Kalkplatten und Kalkstücken.
- a) Leib kugel- oder scheibenförmig, ohne Hauptstrahlen . . . . 2. — Seeigel.
- b) Leib in mehrere Hauptstrahlen getheilt.
  - α) Maul unten, Stacheln . . . . 3. — Seesterne.
  - β) Maul oben, Ranken . . . . 4. — Haarsterne.

Erste Familie. Holothurien, Holothurioidea.

§. 106. Leib mehr oder weniger lang gestreckt, bisweilen wurmförmig, von einer fleischigen, viele unregelmäßige Kalkpunkte enthaltenden Wand umschlossen, aus welcher an der Bauchseite, oder überall, kurze Saugscheiben hervortreten, die dem Thier zur Bewegung dienen. Um die vordere Mundöffnung weiche, einziehbare, gefranzte Arme. After am Hinterende, dient zugleich als Eingang in das ästige, mit vielen Blasen besetzte, Respirationsorgan, wenn es vorhanden ist.

Holothuria tubulosa, wird gegen 1' lang, ist braun, hat am Bauch viele hundert einziehbare Füße und findet sich im Mittelmeere.

Zweite Familie. Seeigel, Echinoidea.

§. 107. Die aus vielen bestimmt geformten Kalkplatten zusammengesetzte hohle Schaale bildet ein einziges, meistens halbkugelförmiges Gerüst, worin 2 große Löcher, eins in der Mitte der Unterseite für den Mund, das zweite mehr obere für den After, in dessen unmittelbarer Umgebung meist fünf Augen und abwechselnd mit diesen fünf Geschlechtsöffnungen liegen. Eine weiche empfindsame Haut bekleidet die mit vielen Höckern, woran bewegliche Stacheln sitzen, bedeckte Schaale; außerdem fünf Doppelreihen von Löchern, aus welchen weiche, mit einem Saugnapf endende Füßchen hervorragen. Außer den Blutgefäßen noch ein eigenes verzweigtes Wassergefäßsystem, dessen Hauptstämme unter den Reihen der Füßchen entlang laufen. Kiemen in der Umgebung des Mundes.

Der gemeine Seeigel (Echinus esculentus) hat eine pomeranzenförmige Schaale, mit schwachen Höckern, worauf die kurzen, feinen Stacheln sitzen. Zwei weite Oeffnungen in den beiden Polen der Hauptachse enthalten den Mund und den After; in jenem steckt ein aus 5 Zähnen und einem sehr complicirten Kalkgerüst gebildetes kräftiges Kauorgan. An europäischen Küsten, die 10 reifen Eierstöcke werden gegessen.

Dritte Familie. Seesterne, Asteroidea.

§. 108. Die Schaale ist ebenfalls aus vielen Kalkstücken zusammengesetzt, allein diese gränzen nicht allseitig aneinander, sondern bilden ein inneres, lückenhaftes Gerüst, welches von 5 größeren Platten (Basen) neben dem Munde ausgeht, die weichen Theile in sich aufnimmt, und außen mit Stacheln in der Haut besetzt ist. Leib flach, scheibenförmig, in 4—40 Hauptarme getheilt, die theils einfach sind, theils sich spalten oder gabelförmig zerästeln und die zusammengesetzten Augen, wo solche überhaupt vorhanden, auf ihrer Spitze tragen. Mund in der Mitte der Unterseite, After oben oder fehlend; Genitalien im Inneren der Arme oder Scheibe. Das Wassersystem sendet seine Hauptstämme in den Armen entlang, an denen Reihen kleiner Saugfüßchen stehen. Der Magen ist mit fünf großen Seitentaschen versehen.

Beim gemeinen Seestern (Asterias rubens) ist der flache Leib in fünf ungetheilte, breite Strahlen ausgedehnt, auf deren unterer Seite in der Mitte die Kalkschilder fehlen, dagegen hier in einer Rinne 2 Reihen einziehbarer gestielter Saugscheiben sitzen, welche als Bewegungsorgane zum Kriechen dienen. Respirationsorgane vorhanden, münden neben dem Munde. Farbe röthlich. Nordsee.

Das Medusenhaupt (Gorgonocephalus verrucosus) ist in 5 Hauptarme getheilt, deren jeder sich wiederholt spaltet, so daß dadurch eine wohl zehnfache Verästelung entsteht. An den Armen fehlt die Rinne für die gestielten Saugscheibchen, und am Rumpfe fehlt der After.

Vierte Familie. Haarsterne, Crinoidea.

§. 109. Sie haben die Gestalt der letztgenannten Gattung, aber nirgends Stacheln, sondern gegliederte Ranken, und stets einen peripherischen After. Die Basen ihres Kalksgerüstes liegen nicht neben dem Munde, sondern ihm gegenüber, in der Mitte des Rückens; hier tragen sie entweder Ranken, oder ruhen auf einem einfachen gegliederten Stiel, der unten festsitzt, daher die Mundöffnung nach oben steht. Ihre Eierstöcke und Hoden befinden sich außen an den Armen, nicht darin oder im Rumpfe.

Der gemeine Haarstern (Comatula mediterranea) hat zehn Hauptstrahlen um den Mund, keinen Stiel, aber zahlreiche gegliederte Ranken am Rücken zum Festhalten. Mittelmeer.

Das gestielte Medusenhaupt (Pentacrinus caput Medusae) ruhet auf einem langen, gegliederten, vom Rücken entspringenden Stiel, der von Absatz zu Absatz mit 5 einfachen Ranken quirlförmig besetzt ist. 5 Hauptarme, deren jeder gabelig sich mehrmals spaltet, umgeben den Mund. Westindische Küsten, sitzt in der Tiefe an untermeerischen Felsen.

Elfte Klasse.

Quallen oder Medusen, Acalephae.

§. 110. Der gallertartige, weiche Leib dieser Thiere bildet theils eine Scheibe, theils eine große Blase, theils einen gestreckten, bandförmigen Körper, und ist mit Fangarmen oder langen, feineren, gleichfalls gallertartigen Fangfäden versehen. Die Mundöffnung liegt bei den scheibenförmigen an der Unterseite, und im Umfange derselben sitzen die Fangarme, 4 oder 8 an Zahl; bei sehr wenigen fehlt eine Mundöffnung ganz, und statt ihrer sind viele hohle Saugröhren da, welche die Nahrung einnehmen und durch ästige Kanäle im Rumpfe verbreiten. Diesen fehlt wohl der centrale Magen, die Anderen haben eine große, blasenförmige, mit Nebentaschen versehene Verdauungshöhle, aus welcher die ästigen Gefäße entspringen und strahlenförmig im Gallertkörper verlaufen. Keine Respirationsorgane, aber bei Vielen Blasen, welche entweder Luft enthalten (Schwimmblasen) oder durch weite Mündungen Wasser (Schwimmhöhlen) einnehmen zum Schwimmen. Die Quallen leben nämlich alle im Meere, meistens zwischen den Tropen, und haben eine hellbläuliche, halb durchsichtige, bisweilen röthliche Farbe, welche an den um den Magen liegenden Genitalien (Eierstöcken und Hoden) am deutlichsten ist. Viele gleichen in Gestalt und Lebensweise in der Jugend ganz den Polypen und gehen durch einen eigenthümlichen Generationswechsel in den geschlechtsreifen Zustand über. Sie fressen thierische Nahrung; einige leuchten. Man hat 3 Hauptgruppen unterschieden.

Erste Familie. Rippenquallen, Ctenophorae.

§. 111. Leib eiförmig oder bandartig, Mundöffnung nach unten, führt in eine Höhle, die eine zweite gegenüberstehende obere Oeffnung hat. Letztere ist jedoch nicht After, sondern Eingang zu dem besondern Wassergefäßsystem. Bei den eiförmigen laufen von einer Oeffnung zur andern 8 Rippen kleiner Blättchen, welche bei den bandförmigen am Rande sich erstrecken. Keine Fangarme, aber oft 2 Fangfäden.

Der Venusgürtel (Cestum Veneris) hat einen langen, schmalen, bandförmigen Leib, in dessen Mitte der längliche Magen; neben dem Munde 2 Fangfäden. Gefäße durchlaufen den Leib. Indischer Ocean.

Die Hutqualle (Cydippe pileus) hat einen eiförmigen Leib, ein weites Maul mit wulstigem Rande, 8 Rippen und 8 Gefäße, die von einem Ringe um den Mund ausgehen. Zwei lange Fangfäden. Atlantisches Meer.

Zweite Familie. Scheibenquallen, Discophorae.

§. 112. Der scheibenförmige, rundliche Leib ist entweder, wie ein Pilz, nach unten in einen kurzen Stiel verlängert, oder es fehlt dieser Stiel. In beiden Fällen bewegt er sich durch gleichförmiges Zusammenziehen und darauf folgende flache Ausbreitung, wobei die Oberseite nach vorn gerichtet ist. An der untern Seite ist der Mund, von 4 oder 8 Armen umgeben. In der Mitte der Magenhöhle, rings um ihn die 4 Genitalien.

An deutschen Küsten ist nur eine Art dieser Gruppe häufig, nämlich die Ohrenqualle (Medusa aurita); sie hat keinen Stiel, vier gefranzte Arme um den Mund, dazwischen 4 Höhlen, worin die 4 halbmondförmigen Genitalien, und 4—5'' im Durchmesser. Ost- und Nordsee.

Dritte Familie. Röhrenquallen, Siphonophorae.

§. 113. Sie haben keinen einfachen Mund, sondern viele kurze Röhren, welche die Nahrungsmittel sogleich aussaugen. Der Leib ist bald eine Scheibe, bald eine große Blase, bald aus mehreren kleinen Stücken zusammengesetzt. Keine oder viele Schwimmhöhlen. Lange z. Th. mit Saugnäpfen besetzte Fang- oder Fühlfäden, aber keine kurzen Fangarme.

Die Seeblase (Physalia arethusa) besteht aus einer großen Blase, die fast wie eine schwimmende Ente gestaltet ist; auf dem Rücken ein Hautkamm, vorn an dem aufrichtbaren Vorderende ein Grübchen, vielleicht eine Oeffnung; viele kurze Saugröhren an der Bauchseite, dazwischen lange, knotige Fangfäden und die Fortpflanzungsorgane. Ueber 1' lang. Atlantischer Ocean.

Zwölfte Klasse.

Polypen, Polypina.

§. 114. Thiere von gallertartiger, weicher, oft nur schleimiger Beschaffenheit, mit kegelförmigem oder cylindrischem Körper, an dessen oberem Ende eine Mundöffnung, von vielen oder wenigen (6, 8 oder 12), einfachen oder gefranzten, fein gewimperten Tentakeln oder Fangarmen umgeben, die eine große Empfindlichkeit an den Tag legen. Der Mund führt in einen einfachen Magen. Keine Respirations- und keine Circulationsorgane, aber ziemlich deutliche Muskeln. Sie haben innere Geschlechtsorgane, die in den Magen münden; andere pflanzen sich durch Keimbildung fort, indem sie Knospen an ihrem Körper entwickeln. Diese Knospen bleiben bei vielen mit dem Mutterkörper in Verbindung, treiben wieder Knospen, und so entsteht ein verästelter, pflanzenförmiger Thierstamm. Auch Fortpflanzung durch Theilung kommt vor. Bei den meisten verkalkt eine oder mehrere Schichten der weichen Leibeshülle zum Korallenstock, der je nach seiner Entstehung ein äußerer oder ein innerer, vom weichen Thiere bewohnter oder überzogener sein kann. Die meisten leben im Meere heißer Gegenden und nähren sich von thierischen Substanzen.

Erste Familie. Polyactinia.

Die Polypen haben sehr viele Fangarme rings um den Mund. Dahin:

Die Seeanemonen (Actiniae), mit weichem, aber doch ziemlich festem, kegelförmigem Körper, der unten sich in eine breite Scheibe erweitert, mit welcher sich das Thier festsetzt. Maul oben, wie die Fangarme einziehbar. Kein Kalkstamm. Viele Eierstöcke im Umfange des Magens öffnen sich in diesen, und die Eier werden durch den Mund geboren. Keine Knospen und hälftige Theilung.

Der Nelkenkorall (Caryophyllia cristata) hat einen aufrechten gabelig getheilten Stamm, dessen letzte Enden sich trompetenförmig zur Polypenzelle erweitern; diese mit zackigem Rande und sehr vielen radialen Lamellen. In jeder Zelle ein Polyp, dessen Haut sich über die Zelle ausdehnt und das obere Ende des kalkigen Stammes bekleidet, er wird bis 2′ hoch, und die Zellen an 3″ weit. Sie halbiren sich, bilden aber keine Knospen. Im rothen Meer.

Zweite Familie. Dodecactinia.

Die Polypen haben 12 kurze, einfache oder gar keine Fangarme, und bilden unter der allgemeinen Haut einen kalkigen Korallenstock, welcher auf seiner ganzen Oberfläche mit vielen kleinen meistens 6strahligen Grübchen bedeckt ist, in denen die einzelnen Thiere sitzen.

Bei **Madrepora** hat der Stamm einen centralen, 6strahligen Achsenkanal; er ist aufrecht, verästelt, und zeigt völlig sternförmige Zellen.

Bei **Millepora** fehlt der Kanal in der Achse und die Zellen sind bloß rund wie eingestochene Nadelpunkte. Die Polypen haben keine Tentakeln.

Dritte Familie. Octactinia.

Die Polypen haben acht gefiederte, nicht zurückziehbare Arme und eben so viele dünne Eiersäcke, welche sich in den Grund des Magens senken. Dahin:

Der rothe Korall (Corallium rubrum). Der rothe, ästig verzweigte, auf der Oberfläche fein gestreifte Korallstock wird von einer weichen Haut überkleidet, in welcher Zellen für die einzelnen Polypen. Mittelmeer; liefert die zu vielen Kunstsachen verarbeiteten rothen Korallmassen.

Der Doldenpolyp (Umbellularia groenlandica). Am Ende eines langen, innen kalkigen Stiels, der im Boden des Meeres steckt, stehen viele, weiche, nicht zurückziehbare Polypen, die sich gereizt alle gerade ausstrecken und dicht neben einander drängen, sonst aber nach allen Seiten hin im Meere umherspielen. An Irland, Grönland, Norwegen.

Das Orgelwerk (Tubipora musica). Viele mit einer gemeinschaftlichen Basis festsitzende Polypen stecken jeder in einer kalkigen Röhre. Diese Röhren stehen wie Orgelpfeifen dicht neben einander, und sind durch kalkige Querschichten verbunden. Farbe blutroth.

Vierte Familie. Oligactinia.

Die Polypen haben wenige (5—20, selten mehr) einfache, mehr weniger zurückziehbare Fangarme; sie haben keine Eiersäcke, sondern treiben am Stamm Knospen oder Kapseln, worin sich Eier oder Same bilden. Dahin:

Der grüne Armpolyp (Hydra viridis); ohne Schaale, ein kurzer, kolbiger Leib sitzt mit seinem unteren Ende an Wasserpflanzen fest, und hat um die obere Mundöffnung 5—8 einfache, weit ausstreckbare Arme; meistens sitzen auch Junge am Stamm. In süßen Gewässern, besonders zwischen Wasserlinsen.

Fünfte Familie. Bryozoa.

Die Polypen haben viele fadenförmige, nicht einziehbare Arme, und stecken gewöhnlich in sehr dünnen durchsichtigen Gehäusen, welche wie florartige Ausbreitungen auf fremden Körpern festsitzen oder wie zierliche Moos- und Flechtengebilde sich frei erheben. Jeder hat außer dem Magen noch einen Darm, dessen After neben dem Munde sich öffnet, und einen Eierstock hinter dem Magen. Dahin:

Der Federbuschpolyp (Alcyonella reptans) findet sich in unseren süßen Gewässern und erscheint als ein kleines, verzweigtes, horniges Rohr, das an allerlei Gegenständen, besonders alten Pfählen, sich hinwindet, und aus den offenen Enden der Röhren die halbmondförmig gestellten, vielen, fein gewimperten Arme hervorstreckt, allein bei jeder Berührung schnell in das Rohr zurückzieht.

Dreizehnte Klasse.

Urthiere, Protozoa.

§. 115. Die Urthiere haben als die einfachsten und unvollkommensten aller Thiere gar keine besonderen Organe zur Ernährung, Fortpflanzung, Empfindung und Bewegung. Ihr Leib von irregulärer, veränderlicher Gestalt, besteht aus gallertartiger Substanz (Sarkode), welche contraktil ist, empfindet, in sich aufgenommene Stoffe verdauet und durch Theilung, Knospen- und Keimbildung die Vermehrung vollzieht. Sie sondert häufig auch ein festes kalkiges, kieseliges oder horniges Gerüst nach außen oder nach innen ab und trägt entweder an besondern Stellen bleibende haarähnliche Wimpern oder streckt willkürlich aus ihrer Oberfläche lange Fäden aus zum Tasten, Festhalten der Beute, zum Kriechen und zieht dieselben wieder spurlos ein. Alle Urthiere sind Wasserbewohner, sowohl der süßen Gewässer wie des Meeres.

Erste Familie. Infusoria.

Kleine, mit bloßen Augen nicht sichtbare Thiere, von rundlicher, kugel- oder scheibenförmiger, ovaler, beständig veränderlicher Gestalt (die Fälle ausgenommen, wo der Leib eine harte Schaale besitzt), mit einfacher, von beweglichen Wimpern umgebener Mundöffnung, welche in das Innere des Leibes führt. Sie pflanzen sich durch hälftige Theilung, die entweder der Länge oder der Quere nach geht, fort; entstehen aber auch aus Keimzellen und in Aufgüssen auf organische Materien scheinbar von selbst, daher ihr Name. Einige stehen, wie die Polypen, auf einem gemeinschaftlichen Stamm, lösen sich aber hernach ab; die Meisten sind immer frei. Man findet sie zu Millionen in allen, besonders stehenden, Gewässern, worin thierische und pflanzliche Stoffe in Fäulniß übergehen, daher auch in Cisternen, Brunnentrögen, Regentonnen u. s. w., aber nicht in reinem klarem Quellwasser.

a) Mit Mund und Wimpern um denselben, im Innern mit einer hellen pulsirenden Blase und mit einem dunkeln Kern, der zur Fortpflanzung dient.

Der Blumenpolyp (Vorticella convallaria); er besteht aus einem kriechenden Stamm, woran viele, von langen Stielen getragene, becherförmige Körper, die am freien Rande rings um den mit einem Deckel verschließbaren Mund mit Wimpern (Cilien) besetzt sind. $\frac{1}{24}$''' lang. An Wasserpflanzen sehr gemein.

Das Walzenthierchen (Enchelys pupa) hat eine kolbige Gestalt, Mund am dünnen Ende mit gezacktem Rande; $\frac{1}{12}$''' lang; gemein. Eins der größten Infusorien.

b) Ohne Mund und ohne Wimpern, mit einem oder einigen Fäden an bestimmten Stellen; grün, gelb, roth.

Die Monade (Monas termo) hat einen sehr kleinen, rundlichen Leib, mit abgestutztem Vorderende, an dessen Umfange feine Härchen stehen, die sich beständig bewegen. Das kleinste Thier, von $\frac{1}{2000}$''' Durchmesser. Viele Millionen derselben haben in einem Wassertropfen Raum.

Zweite Familie. Spongiae.

Die Schwämme haben eine unregelmäßige Kugel-, Knollen-, Kegel-, Walzen-, Becher- oder Blattform und bestehen aus sehr schnell vergänglicher Gallertsubstanz, welche innerlich unterstützt und getragen wird von einem auf fremde Körper festgewachsenen faserigen Gerüste, häufig auch noch von mikroskopischen Kiesel- oder Kalknadeln. Durch zahlreiche enge Poren an der Oberfläche tritt das die ernährenden Stoffe enthaltende Wasser in das Innere, durchzieht in Kanälen den ganzen Schwammkörper und wird durch größere Oeffnungen wieder entfernt. Feine Wimpern an den Oeffnungen und in den Kanälen unterhalten den Wasserstrom. Alle sind Wasser-, die meisten Meeresbewohner.

Der Badeschwamm (Spongia officinalis) hat ein weich elastisches Horngerüst, dessen einzelne Fasern cylindrisch und nicht hohl sind. Dieselben bilden ein regelmäßiges Netzwerk. Keine Kiesel- oder Kalknadeln. Wird zu Millionen jährlich in den Handel gebracht. Im Mittelmeer und Rothen Meere.

Zweiter Abschnitt.

Botanik.

§. 116. Die Botanik handelt von den in die zweite Hauptgruppe der organischen Naturkörper (§. 2.) gestellten Wesen, von den Pflanzen. Sie ist mithin die Naturgeschichte des Pflanzenreiches.

§. 117. Pflanzen (plantae) sind alle organische Naturkörper, denen die willkürliche Bewegung (§. 6.) und Empfindung mangelt.

§. 118. Die Pflanzen bestehen so gut wie die Thiere aus mehreren Organen, welche die Erhaltung jeder einzelnen Pflanze, sowie des ganzen Pflanzenreichs, veranstalten.

§. 119. Zweierlei Organe haben die Pflanzen mit den Thieren gemein, nämlich alle diejenigen, welche sich im Rumpfe befinden (§. 15.); also die Ernährungs- und Fortpflanzungsorgane. Die übrigen, d. h. die Bewegungs- und Empfindungsorgane, fehlen den Pflanzen, und daher kommt es, daß sie ihre Stelle nicht verlassen, so wie Eindrücke von außen nicht wahrnehmen, oder sich derselben bewußt werden können.

§. 120. I. Die Ernährungsorgane der Pflanzen sind: die Wurzel, der Stengel mit den Zweigen und die Blätter.

a) Wurzel (radix) heißt derjenige Theil der Pflanze, welcher nach unten in den Boden hinabsteigt, und die tropfbar flüssige Nahrung der Pflanzen einsaugt. Sie hat dazu keine Oeffnung, wie die Thiere den Mund, sondern auf der Oberfläche der Wurzel sitzen viele kleine Fasern, die Wurzelfasern (fibrillae), welche mit ihren kolbigen, schwammigen, bloß aus mikroskopischen Zellen gebildeten Spitzen den Nahrungssaft aufnehmen. Dieser besteht vorzugsweise in Wasser, welches aber zugleich Kohlensäure, verschiedene Salze, Erden und die Reste vermoderter Pflanzen oder Thierstoffe zu enthalten pflegt; wenigstens ist solches Wasser um vieles nahrhafter für die Pflanzen, als reines.

Man unterscheidet nach der Form mehrere Arten von Wurzeln; folgende sind die wichtigsten:

Aestig (ramosa) heißt die Wurzel, welche sich in mehrere große Zweige spaltet; faserig (fibrosa), wenn sie aus einem Büschel dünner Fäden besteht; spindelförmig (fusiformis), wenn sie wie ein dicker, kegelförmiger Fortsatz gerade in die Erde hinabsteigt, z. B. bei der Mohrrübe; bisweilen ist sie mehr birnförmig, wie bei der Rübe, dem Radischen u. a. m.; knollig (tuberosa) heißt jede Wurzel, die aus einer dichten, fleischigen, saftigen Masse besteht, an deren Oberfläche sich Grübchen mit Keimen befinden. Ist die Wurzel in mehrere solcher Massen getheilt, so heißt jede eine Knolle (tuber). Die Zwiebel (bulbus) unterscheidet sich von der Knolle dadurch, daß sie aus mehreren Schichten besteht, und nur einen Keim, bald in der Mitte, bald am Rande entwickelt; sie ist eigentlich nicht Wurzel, sondern eine Wurzelfasern treibende Knospe.

Der Richtung nach sind die meisten Wurzeln senkrecht (perpendiculares), einige aber auch wagerecht (horizontales), d. h. mit der Oberfläche der Erde gleichlaufend. Rückt mit dieser Wurzel die ganze Pflanze fort, so daß sie in jedem Jahre an einer anderen Stelle der Erde vorkommt, so heißt die Wurzel kriechend (repens), z. B. bei den Farrenkräutern.

Nach dem Alter der Wurzeln hat man folgende Verschiedenheiten:

einjährige (annuae ☉), die alle Jahr absterben;

zweijährige (biennes ♂), die im zweiten Jahre absterben, z. B. Petersilie, Kümmel; und

ausdauernde (perennes ♃), die viele Jahre alt werden.

§. 121. b) Der Stamm (truncus) ist derjenige Theil der Pflanze, welcher sich über die Erdoberfläche erhebt und die äußeren

Organe der Pflanze, als Blätter, Blumen und Früchte trägt. Die Zweige (rami) sind bloße Fortsetzungen desselben, und stimmen mit ihm im Bau und der Verrichtung überein. Diese besteht darin, sowohl die von der Wurzel wie die von den Blättern aufgenommenen Säfte in alle Theile der Pflanze zu führen.

Der Stamm besteht, wie die ganze Pflanze, aus vielen kleinen runden oder zwölfflächigen Zellen, welche in der innigsten Verbindung stehen und das Zellgewebe bilden. Zwischen diesen Zellen verbreiten sich auch langgestreckt röhrenförmige Gefäße, theils zerstreut, theils in Kreisen um einander. In ihnen steigt der Saft (succus) auf, dringt von da in die Zellen und so durch die ganze Pflanze. Weder die Zellen noch die Gefäße haben Oeffnungen, sondern die Stoffaufnahme geschieht stets durch Einsaugen und Ausschwitzen ihrer Wände (Endosmose und Exosmose), daher keine Pflanze feste, sondern nur aufgelöste Stoffe aufnehmen kann. Bei den mehrjährigen Pflanzen wird das Zellgewebe mit den Gefäßen zu Holz (lignum) dadurch, daß die Zellen ihre Wände nach innen durch Ablagerungen fester Substanz verdicken und dann die Säfte aufhören, in ihnen sich fortzubewegen. Um das Holz liegt außen am Stamm die Rinde (cortex), welche eine bloß aus Zellgewebe bestehende Schicht ist, die alljährig mehr zunimmt. Zwischen Rinde und Holz steigt allein der Saft auf, und geht theils in die Rinde, theils ins Holz über; auf demselben Wege kehrt er auch wieder zurück. Das Einsaugen und Aufsteigen des Saftes erfolgt bei unsern Bäumen 2mal des Jahres, nämlich im April und Juli; ersteres veranlaßt das Aufbrechen des Laubes und der Blüthen; dieses die Reife der Frucht. Auch bildet sich bei den mehrjährigen Pflanzen aus dem übriggebliebenen Saft neues Holz (Splint), welches sich in den Pflanzen mit kreisförmig gestellten Gefäßen an der äußeren Oberfläche, zunächst unter der Rinde absetzt. Eine solche Holzschicht heißt Jahresring, und nach deren Menge kann man das Alter des Baumes oder Zweiges bestimmen.

Man unterscheidet folgende Arten des Stammes:

Der holzige Stamm (truncus lignosus, oder bloß truncus) findet sich bei den Bäumen (arbor); strauchartig (fruticosus) heißt ein holziger Stamm, der sich gleich von der Wurzel in viele Aeste spaltet. Eine Pflanze mit solchem Stamm heißt Strauch (frutex).

Der weiche, saftige Stamm der einjährigen Pflanzen heißt Stengel (caulis), und die ganze Pflanze Kraut (herba); ist dieser Stengel hohl, und von Zeit zu Zeit mit Anschwellungen, Knoten (nodi), versehen, an welchen die Blätter sitzen, so nennt man ihn Halm (calmus); trägt ein Stengel bloß Blüthen, so heißt er Schaft (scapus). Fehlt bei einer krautartigen Pflanze der Stengel, so heißt sie stengellos (acaulis); kriecht ein unmittelbar über der Wurzel entspringender Stengel am Boden fort und schlägt dann wieder Wurzel, so heißt er Schößling (stolo).

Was die Ausbreitungen und Fortsetzungen des Stammes betrifft, so nennt man die größeren Aeste (rami), die kleineren Zweige (ramuli). Beide entspringen nur an solchen Stellen, wo früher Blätter am Stamm gesessen haben. Bleibt ein Zweig ohne Blätter, ein bloßer spitzer Fortsatz, so heißt er Dorn (spina); der meistens kleinere Stachel (aculeus) ist nur eine Fortsetzung der Rinde und nicht des Holzes.

Nach der Stellung und Lage unterscheidet man den Stamm wie folgt: aufrecht (erectus), wenn er ziemlich, und gerade (strictus), wenn er ganz senkrecht steht; aufsteigend (ascendens), wenn er erst liegt und dann gerade ist; liegend (procumbens, prostratus, decumbens), wenn er immer liegt; kriechend (repens), wenn er liegt und Wurzeln treibt; wurzelnd (radicans), wenn er an anderen Körpern in die Höhe kriecht und in diese Wurzeln treibt; kletternd (scandens), wenn er sich, ohne Wurzeln zu treiben, an anderen Pflanzen aufrichtet; windend (volubilis), wenn er sich um andere Pflanzen dreht; schmarotzend (parasiticus), wenn er auf andern Pflanzen festsitzt. — Nach der Form ist der Stamm: rund (teres), oder halbrund (semi-teres), oder eckig (angulatus), wobei die Anzahl der Kanten noch näher durch Zahlen bestimmt wird; oder geflügelt (alatus), wenn die Ecken in breite, hautartige Lappen hervortreten; knotig (nodosus), wenn er Anschwellungen hat, aber enodis, wo diese fehlen; gegliedert (articulatus), wenn er deutlich getrennte Abschnitte zeigt; hohl (fistulosus) wenn er inwendig leer; fächerig (loculosus), wenn der hohle Stamm durch Scheidewände getheilt ist.

Da die Zweige in den Blattachseln hervorwachsen, so stimmt deren Stellung mit der der Blätter überein; es gelten auch von beiden gleiche Ausdrücke, weshalb ich auf die Stellung der Blätter nur hinweise. Die ersten Hervorragungen am Stengel, aus welchen die Zweige sich entwickeln, heißen Knospen oder Augen (gemmae).

§. 122. c. Das Blatt (folium) ist ein seitlicher Auswuchs des Stammes, neben welchem später Zweige hervorbrechen; gewöhnlich breitet es sich in die Fläche aus. Es besteht, wie der Stamm, aus Gefäßen und Zellgewebe; jene bilden die Rippen (costae) oder Blattnerven (nervi, venae), dieses die dazwischen liegende Blattsubstanz. Die Farbe der Blätter ist vorzugsweise grün; ihre Verrichtung aber besteht darin, gasförmige Stoffe, zumal Kohlensäure, durch äußerst feine Spaltöffnungen auf ihrer Oberfläche aus der Luft einzunehmen, und diese mit dem Safte zu verbinden. Ein Theil derselben, der Sauerstoff, wird nicht verbraucht, sondern an die Luft zurückgegeben; daher bestehen die Pflanzen großentheils aus Kohlenstoff, welchen sie auch beim Verbrennen als Kohle zurücklassen. Die Zersetzung der Kohlensäure erfolgt aber nur am Tage im Sonnenschein, und ist dem Athmen der Thiere zu vergleichen, weshalb die Blätter mit einigem Recht für die Athmungswerkzeuge der Pflanzen gelten.

Man unterscheidet am Blatte den Stiel (petiolus), oder den Theil, mit welchem das Blatt am Stengel sitzt, und die Blattfläche (lamina), welche bisweilen auch fehlt.

§. 123. Der Stiel bildet mit dem Stamm einen Winkel, welchen man die Blattachsel nennt. Er ist theils rund (teres); theils eckig (angulatus); theils rinnenförmig (canaliculatus); theils mit seitlichen Hautlappen versehen, geflügelt (alatus); theils fehlt er ganz, und dann nennt man das Blatt sitzend (sessile); reitend (equitans) heißt ein sitzendes Blatt, welches mit zweien Fortsätzen den Stengel umspannt; umfassend (amplexicaule), wenn sich diese Fortsätze um den Stamm vereinen und mit einander verwachsen; herablaufend (decurrens), wenn die Blattfläche an den Rändern des Stiels und selbst an den Seiten des Stengels sich fortsetzt.

§. 124. An der Blattfläche unterscheidet man die Gegend, woran sich der Blattstiel setzt, als Grund (basis), das gegenüberstehende Ende als Spitze (apex), die Mittelfläche als Scheibe (discus), die Gegend am Umfange als Saum (limbus), und die Gränze des Umfanges als Rand (margo).

Hinsichtlich ihrer Stellung heißen die Blätter Wurzelblätter (folia radicalia), wenn sie aus der Wurzel entspringen; Stengelblätter (folia caulina), wenn sie am Stengel, und blüthenständige Blätter (f. floralia), wenn sie in der Nähe der Blume sitzen.

§. 125. Die Stellung der Blätter am Stengel folgt eigentlich immer einer spiralig um den Stamm gewundenen Linie, erscheint jedoch unter sehr verschiedenen Formen. Gegenüberstehend (f. opposita) heißen sie, wenn sie in einerlei Höhe an entgegengesetzten Seiten des Stengels sitzen; falschpaarige (disparia), wenn solche gegenüberstehende Blätter ungleich sind; verwachsen (connata), wenn gegenüberstehende Blätter keinen Stiel haben, sondern mit der Blattsubstanz zusammenhängen, sie heißen auch wohl durchwachsen (f. perforata); abwechselnd (alterna), wenn in verschiedener Höhe an entgegengesetzten Seiten des Stengels; quirlförmig (verticillata), wenn in einerlei Höhe rings um den Stamm; zerstreut (sparsa), wenn keine bestimmte Ordnung in ihnen sogleich erkannt wird; gedrängt (conferta), wenn sie dicht beisammen stehen; schuppenförmig (imbricata), wenn sie einander zum Theil bedecken; dreifach, vierfach ꝛc. (terna, quaterna etc.), wenn drei oder vier Blätter rings um den Zweig sitzen; zweizeilig (disticha), wenn sie in zwei gegenüberstehenden Reihen sitzen; zweireihig, dreireihig ꝛc. (bifaria, trifaria etc.), wenn die schuppenförmigen Blätter in Reihen stehen; angedrückt (appressa), wenn sie sich dicht an den Stamm legen; aufrecht (erecta), wenn sie fast senkrecht stehen; abstehend (patentia), wenn sie unter einem spitzen Winkel vom Stengel ausgehen; niedergebogen (reflexa), wenn sie mehr nach unten gerichtet sind; eingerollt (revoluta), wenn sie nach unten; aufgerollt (involuta), wenn sie nach oben zurückgerollt sind.

§. 126. Der Form nach werden die Blätter eingetheilt in einfache (f. simplicia) und zusammengesetzte (f. composita).

Einfache Blätter sind diejenigen, deren Mittelrippe, als Fortsetzung des Blattstieles, ganz von Blattsubstanz umgeben ist. Solche einfache Blätter zerfallen wieder in die ungetheilten (f. indivisa), d. h. solche, wo auch der Saum ganz und nicht durch Einschnitte getrennt ist, und in die getheilten (f. divisa), wo der Saum tiefe Ausschnitte hat.

§. 127. Einfache ungetheilte Blätter sind: das runde Bl. (f. orbiculatum), dessen Durchmesser alle gleich sind; man nennt es schildförmig (peltatum), wenn sich der Blattstiel an die untere Fläche, nicht an den Grund des Blattes, ansetzt. Eiförmig (ovatum) heißt ein Blatt, dessen Basis breiter ist als die Spitze, wie der Durchschnitt eines Eies; elliptisch (ellipticum), dessen Basis und Spitze gleiche Breite haben und wo der Längsdurchmesser größer ist als der Querdurchmesser; lanzettförmig (lanceolatum), ein längliches Blatt, dessen Basis und Spitze zugespitzt sind; linienförmig (lineare), ein schmales längliches Blatt mit parallelen Rändern; schwerdtförmig (ensiforme), ein langes, schmales Blatt, dessen Ränder gegen die Spitze hin sich mehr und mehr nähern; schaufelförmig (spatulatum), ein Blatt, das gegen die Spitze breiter wird; herzförmig (cordatum), ein dreieckiges Blatt, dessen Seitenränder geschweift und dessen Grund ausgebuchtet ist; geigenförmig (panduraeforme), ein Blatt, dessen Seitenränder tief ausgebuchtet sind; pfeilförmig (sagittatum), ein gleichschenklig dreiseitiges Blatt, dessen Grund einen einspringenden Winkel hat; pfriemenförmig (subulatum), ein etwas dickes schmales Blatt, das allmählig in eine Spitze ausläuft; winkelige Blätter (f. angulata), d. h. solche, deren Rand winkelförmig gebogen ist, unterscheidet man nach der Anzahl der Winkel, als dreiseitig (triangulare), vierseitig (quadrangulare), sowohl quadratisch (quadratum), als rechteckig (oblongum s. rectangulare), fünfeckig (quinquangulare) u. s. w. Ein dreiseitiges Blatt, an dessen eine Ecke (eigentlich Basis) sich der Blattstiel ansetzt, heißt keilförmig (cuneatum).

§. 128. Die einfachen getheilten Blätter (folia simplicia divisa) lassen sich wieder nach der Richtung der Einschnitte in zwei Gruppen bringen, insofern die Einschnitte theils gegen die Basis, theils senkrecht gegen den Mittelnerven gerichtet sind.

Zur ersteren Form gehören: das lappige Blatt (f. lobatum), mit Einschnitten, die bloß den Saum theilen; man zählt dabei die Lappen und bestimmt das Blatt näher, als zwei-, drei-, vier- ꝛc. lappig (f. bi-, tri-, quadri- etc. lobatum); das handförmige Bl. (f. palmatum), mit 5, 7 oder 9 tief getheilten Lappen; das doppelt handförmige Bl. (f. duplicato-palmatum), wenn diese Lappen wieder durch Einschnitte getheilt sind; fächerförmig (flabelliforme), wenn das Blatt keilförmig ist, und die Einschnitte nur den abgestutzten Endrand theilen, aber tief sind; das zweitheilige (f. partitum), ein Blatt, das der Länge nach gespalten ist; gabelförmig (f. dichotomum), wenn die Lappen wieder der Länge nach gespalten sind u. s. f.

Zur zweiten Form gehören: das buchtige Bl. (f. sinuatum), wenn ein Blatt am Rande rundliche Ausschnitte hat; das eingerissene (f. laciniatum), wenn unregelmäßige Einschnitte da sind; das leierförmige (f. lyratum), wenn ein gegen die Spitze hin breiteres Blatt durch solche Einschnitte getheilt ist; fiederspaltig (f. pinnatifidum), wenn das Blatt parallelrandig ist, und die von den Einschnitten gebildeten Lappen alle gleich sind. Diese Theilung wiederholt sich wohl an den Lappen, dann heißen die Blätter, nach der Zahl der Wiederholungen, doppelt, dreifach ꝛc. fiederspaltig (bi-, tri-, etc. pinnatifidum).

§. 129. Die zusammengesetzten Blätter (folia composita), d. h. diejenigen, bei welchen der Mittelnerv keine Blattsubstanz neben sich hat, vielmehr den gemeinschaftlichen Stiel (petiolus communis) des ganzen Blattes bildet, zeigen dieselben Grundformen, wie die getheilten Blätter; denn entweder sitzen die einzelnen Blätter, Blättchen (foliola) genannt, alle am Ende des gemeinsamen Blattstieles, oder der Reihe nach an beiden Seiten.

Unter die erstere Form gehören: das gezweite Blatt (f. binatum s. conjugatum), wo 2 gleiche Blätter am Ende des Stieles sitzen, das doppelt gezweite (bigeminatum), wo zwei Blätterpaare am Ende des Blattstieles stehen, und das dreifach gezweite (trigeminatum), wo drei solcher Paare vom Ende des Blattstiels getragen werden. Auf dieselbe Weise giebt es ein einfach gedreites oder Drillingsblatt (f. ternatum), ein doppeltes Drillingsblatt (f. bi-ternatum) und ein dreifaches Drillingsblatt (f. tri-ternatum). Auch das fünffache (f. quinatum) und siebenfache oder gefingerte (f. digitatum), so wie das gefußte Bl. (f. pedatum) gehören hierher, bei welchem letzteren der am Ende gabelig getheilte Stiel am Innenrande der Gabel 5—9 Blättchen trägt.

Unter die zweite Form kommen alle gefiederten Blätter (f. pinnata). Schlechtweg gefiedert heißt jedes Blatt, das gegenüberstehende Blättchen am Hauptstiel trägt; jedes dieser Blattpaare heißt Joch (jugum), und nach der Anzahl der Joche das Blatt zweijochig (bi-jugum), dreijochig (tri-jugum) u. s. w. Steht ein unpaares Blatt am Ende, so heißt es unpaarig gefiedert (impari-pinnatum), wo nicht paarig gefiedert (abrupte-pinnatum s. pari-pinnatum). Ist statt des unpaaren Endes ein spiralig gewundener Faden, eine Ranke (cirrus) da, so heißt das Blatt rankend gefiedert (cirroso-pinnatum). Theilt sich ein Blattstiel gabelförmig, und bildet jede Zinke der Gabel ein gefiedert Blatt, so heißt das ganze Blatt verbunden gefiedert (conjugato-pinnatum). Gefingert-gefiedert (digitato-pinnatum) ist dieselbe Form, aber das Ende des Stieles läuft in mehr als 2, meistens 5—7, Nebenstiele aus. Sind die Blättchen eines gefiederten Blattes wieder gefiedert, so heißt das ganze Blatt doppelt-gefiedert (bi-pinnatum), auch dreifach und vierfach (tri-pinnatum, quadri-pinnatum) gefiederte Blätter kommen vor. Noch mehr gefiederte Blätter, deren Blättchen gewöhnlich schon ungleiche Größe und Zusammensetzung haben, nennt man überzusammengesetzt (supra-decompositum).

§. 130. Außer der Form des ganzen Blattes sind noch die verschiedenen Abänderungen des Grundes, Randes, der Spitze und Blattfläche von Wichtigkeit.

Der Grund heißt abgestutzt (f. truncatum), wenn er durch eine gerade Linie begränzt ist; ausgerandet (emarginatum), wenn er an der Anheftungsstelle des Blattstieles einen Ausschnitt hat; geohrt (auriculatum), wenn er neben dem Blattstiele in 2 kleine, runde Lappen erweitert ist.

Der Rand ist ohne Auszeichnung, ganzrandig (integerrimus), wenn er eine in gleicher Richtung fortlaufende Linie beschreibt; gezähnt (dentatus), wenn er Einschnitte hat, die stumpf sind, die Zähne dazwischen aber spitz; gekerbt (crenatus), wenn die Einschnitte spitz, die Zähne stumpf sind; gesägt (serratus), wo beide spitz sind; wimperig (ciliatus), wenn feine Haare am ganzen Rande sitzen.

Der Spitze nach heißt ein Blatt schlechtweg spitz (acutum), wenn die Ränder in einen spitzen Winkel zusammenstoßen; zugespitzt (acuminatum), wenn die Spitze noch besonders hervorgezogen ist; feinzugespitzt (cuspidatum), wenn die verlängerte Spitze sehr lang ist; dolchspitzig (mucronatum), wenn ein abgerundetes Blatt noch eine feine Spitze hat; stumpf (obtusum), wenn die Spitze abgerundet ist; abgebissen (praemorsum), wenn es einen tiefen Ausschnitt hat.

Die Verschiedenheiten der Fläche rühren theils von der Blattsubstanz selbst, theils von fremden darauf ruhenden Körpern her. Formen der ersten Art sind: das krause Bl. (f. crispum), wenn der wellenförmige Rand weiter ist als die Fläche; das runzelige (rugosum), wenn die Blattsubstanz zwischen den Rippen sich erhebt; gefaltet (plicatum), wenn es der Länge nach in Falten gelegt ist; kielförmig (carinatum), wenn das Blatt der Länge nach zusammengeschlagen ist und nach unten also einen Kiel bildet; glatt (laeve), wenn solche Verschiedenheiten fehlen; glänzend (nitidum), wenn die Blattfläche spiegelt.

Ein Blatt, auf welchem keine Haare stehen, heißt haarlos (glabrum); rauh (scabrum), wenn es mit sehr kleinen, aber steifen bloß fühlbaren Haaren besetzt ist; haarig (pilosum), wenn auf der Oberfläche einzelne lange Haare stehen; zottig (villosum), wenn es sehr lange, büschelweis gedrängte, weiche Haare hat; weichhaarig (pubescens), wenn die Haare klein, weich und fein sind; seidenartig (sericeum), wenn die kleinen Haare dicht anliegen und seidenartig glänzen; wollig (lanatum), wenn die Haare lang und gleichförmig dicht, auch wohl gekräuselt sind; filzig (tomentosum), wenn die Haare sehr dicht stehen und fest in einander verwebt sind; bestäubt (farinosum), wenn ein mehlartiger Staub auf der Oberfläche liegt; pollinosum, wenn dieser Staub gelb ist; bereift (pruinosum), wenn ein weißer Hauch die Oberfläche bekleidet; beschuppt (lepidosum), wenn kleine Schuppen auf der Oberfläche liegen; warzig (papillosum), wenn das Blatt kleine fleischige Warzen hat; drüsig (glandulosum), wenn helle, etwas erhabene Punkte mit einem schwarzen Mittelpunkte auf dem Blatte stehen; klebrig (glutinosum), wenn ein im Wasser löslicher Leim das Blatt überzieht; harzig (viscosum), wenn dieser klebrige Ueberzug im Wasser unlöslich ist.

Nach der Substanz des Blattes endlich unterscheidet man: das häutige Bl. (f. membranaceum), wenn es dünn und fein ist; das lederartige (coriaceum), wenn es steifer und dicker ist; das fleischige (carnosum), wenn es aus einem dicken, saftigen Zellgewebe besteht; das hohle (fistulosum), wenn es eine Röhre bildet; das trockene (scariosum), wenn es ganz oder zum Theil vertrocknet ist.

§. 131. II. Die Fortpflanzungsorgane der Gewächse haben den Zweck, für die Erhaltung einer ganzen Pflanzengruppe Sorge zu tragen, und Keime zu bilden, aus welchen, wenn die alten Pflanzen absterben, junge Pflanzen entstehen können. Sie finden sich in der Blume, deren Bau wir also zunächst untersuchen müssen.

Eine vollkommene Blume (flos) besteht aus mehreren Kreisen von Blättern, die an einer Achse über einander befestigt sind. Diese Achse, also auch die ganze Blume, wird vom Blumenstiel (pedunculus) getragen. Meistens erweitert er sich kolbenförmig und bildet eine Endfläche, auf welcher die Blume und später die Frucht ruht; man nennt diese Fläche deshalb Fruchtboden (receptaculum).

Der äußerste Kreis der Blätter bekommt den Namen Kelch (calyx); er ist, wie die Stengelblätter, in der Regel grün gefärbt und stimmt mit ihnen auch in der Art des Ueberzugs überein.

Der zweite Kreis, die Blumenkrone (corolla), unterscheidet sich durch zarteren Bau und durch die bunte Farbe vom Kelch; die Blätter stehen in der Regel so, daß sie die Zwischenräume zwischen den Kelchblättern ausfüllen.

Der dritte Kreis ist weniger blattförmig. Er besteht aus den Staubgefäßen (stamina), deren jedes ein dünner Faden (filamentum) ist, der am Ende einen Beutel (anthera) trägt, in welchem feine Bläschen oder Zellen, die Blumenstaub (pollen) heißen, eingeschlossen sind. In vielen Fällen bilden die Staubgefäße mehrere Kreise übereinander.

Der vierte Kreis der Blätter, oder der Stempel (pistillum), ist ein ein- oder mehrfacher stielförmiger Fortsatz, der unten einen Knopf bildet, welchen man Fruchtknoten (germen) nennt, weil aus ihm die Frucht entsteht. Dieser Fruchtknoten ruhet allemal auf dem Fruchtboden, und entsteht dadurch aus dem vierten Blätterkreise, daß die Blätter desselben am Rande mit einander innig verwachsen, und so eine Höhle bilden. Von der Spitze des Fruchtknotens entspringt ein dünner Fortsatz, der Griffel oder Staubweg (stylus), welcher nach oben in einen kleineren Knopf, oder in einen oder mehrere Fäden ausläuft, die man Narben (stigmata) genannt hat.

Dies sind die Theile einer vollkommenen Blume. Häufig fehlt die Blumenkrone (fl. apetalus) und dann ist der Kelch allein vorhanden. In diesem Zustande heißt er schlechtweg Blumenhülle (perigonium) oder corollinischer Kelch (calix corollinus), wenn er bunt gefärbt ist. Fehlen beide Blätterkreise, so heißt die Blume nackt (fl. nudus); fehlen bloß die Staubgefäße, so heißt sie weiblich (fl. femineus), fehlen bloß die Stempel, so nennt man sie männlich (fl. masculus); fehlen endlich beide inneren Theile, die Staubgefäße mit den Stempeln, so heißt die Blume unfruchtbar (sterilis); sind sie vorhanden, so wird sie in Bezug auf die Anwesenheit dieser Theile Zwitterblume (fl. hermaphroditicus) genannt. Alle oder einzelne Theile der Blüthe findet man bisweilen in gewöhnliche Blätter verwandelt. Bei den durch künstliche Zucht erzeugten gefüllten Blumen pflegen einige oder alle Kreise der Staubgefäße in Blumenkronenblätter verwandelt zu sein.

§. 132. Die Stellung der Blumen, welche man mit dem Namen des Blüthenstandes (inflorescentia) bezeichnet, zeigt manche Verschiedenheiten. Ursprünglich steht eigentlich jede Blume in der Achsel eines Blattes, d. h. da, wo das Blatt am Stengel sitzt, achselständig (axillaris); doch kann dieses Blatt auch das letzte am Stengel sein, und dann steht die Blume auch am Ende des Stengels, gipfelständig (terminalis). Das Blatt, welches unter der Blume steht, verändert gemeiniglich seine Form und Größe, bisweilen sogar seine Farbe, und heißt dann Stütz-, Hüll- oder Deckblatt (bractea), auch, wie früher bemerkt, blumenständiges Blatt (folium florale).

Trägt ein Blumenstiel nur eine Blume, so heißt er einblumig (p. uniflorus); mehrere Blumen zählt man und benennt den Stiel danach zwei-, drei-, vier- 2c. und vielblumig (bi-, tri-, quadri- etc. multiflorus). Sitzen an einem viele Blumen tragenden Stengel die einzelnen Blüthen auf besonderen Stielen in Reihen und frei, so heißt der Blüthenstand eine Traube (racemus); stehen die Blumen dicht gedrängt und ungestielt in Reihen am Ende des gemeinsamen Stieles, so heißt der Blüthenstand eine Aehre (spica); die Reihen nennt man Zeilen (stichi), und darnach die Aehre ein-, zwei- 2c. zeilig (mono-, di- etc. sticha); stehen an jeder Stelle nicht einzelne Blumen, sondern wieder viele, auf einem kurzen Nebenblumenstiel ährenförmig gestellte, Blüthen, so nennt man diese Aehrchen (spiculae) und die ganze Aehre zusammengesetzt (sp. composita): der gemeinschaftliche Stiel heißt die Achse (axis s. rachis). Ist der gemeinschaftliche Blumenstengel regelmäßig verästelt und tragen die Nebenstiele mehrere Blumen oder Aehrchen, so nennt man den Blüthenstand eine Rispe (panicula). Ist die Achse einer Aehre dick und fleischig, so heißt der Blüthenstand Kolben (spadix), und das große Hüllblatt am Grunde des Kolbens Blumenscheide (spatha). Ist die Achse dünn, ungestielt, am Grunde artikulirt, und stehen die Blumen gedrängt, unter Schuppen so dicht nebeneinander, daß man die einzelnen kaum unterscheiden kann, so giebt dies das Kätzchen (amentum); ist die allgemeine Form desselben kugelig, so nennt man's Knopf (capitulum); ist sie länglicher unregelmäßiger, Büschel (fasciculus). Hat ein Kätzchen holzige, dicht anliegende Schuppen über den Hüllblättchen jeder einzelnen Blume, so heißt die Form Zapfen (strobilus).

Eine Traube, deren Blüthen ziemlich eine Ebene bilden, heißt Doldentraube (corymbus) oder Schirm. Eine Rispe dagegen, deren Blüthen in einerlei Höhe stehen, heißt Afterdolde (cyma). Stehen aber die einzelnen Blüthenstiele an der Spitze des gemeinschaftlichen strahlenförmig, und haben sie dabei ungleiche Länge, so daß die mittleren die kürzesten, die äußersten die längsten sind, und alle Blumen in einer Ebene liegen, so heißt der Blüthenstand eine Dolde (umbella), oder zusammengesetzte Dolde (umb. composita), wenn die Nebenblüthenstiele an ihrer Spitze viele Blumen auf ungleichen Stielen in gleicher Höhe tragen, so daß alle in derselben Ebene liegen. Die Dolden haben häufig sowohl am Grunde der ersten, als auch der zweiten Nebenstiele einen Kranz von Stützblättern, der den Namen der Hülle (involucrum) vorzugsweise erhält; jener heißt allgemeine Hülle (involucrum universale), dieser besondere Hülle (i. partiale) oder Hüllchen (involucellum).

§. 133. Nicht geringere Verschiedenheiten, als die so eben dargelegten der Blüthenstellung, gewahren wir bei Betrachtung der einzelnen Blumentheile.

Was zuerst den Kelch betrifft, so besteht er bald aus einem, bald aus mehreren Blättern (sepala s. phylla). Er ruht bald unmittelbar auf dem Fruchtboden, den Fruchtknoten mit einschließend, und heißt dann unterständig (calyx inferus), oder er sitzt auf dem Fruchtknoten, oberständig (c. superus). Seiner Form nach ist er röhrig (tubulosus), glockenförmig (campanulatus), becherförmig (urceolatus), trichterförmig (infundibuliformis), eckig (angulatus), blasig (inflatus s. tumidus) u. s. w. Der einblättrige Kelch ist am Rande meistens eingeschnitten, nach der Anzahl der Einschnitte heißt er ein-, zwei- &c. zähnig (uni-, bi- etc. dentatus); sind diese Zähne ungleich, so heißt er unregelmäßig (irregularis), und bilden die ungleichen Zähne zwei gegenüberstehende Hautlappen, so wird er zweilippig (bilabiatus) genannt.

Die Blumenkrone betreffend, so wiederholen sich bei ihr fast alle Formen des Kelches. Sie ist, wie jener, bald einblättrig (corolla monopetala), bald mehrblättrig (c. polypetala); jedes Blatt heißt Blumenblatt (petalum), und sein Stiel, wenn es einen hat, Nagel (unguis). Steht die Krone frei unter dem Fruchtknoten, so heißt sie c. hypogyna, verwächst sie mit dem Kelch, c. perigyna, steht sie mit diesem auf dem Fruchtknoten, c. epigyna.

Die einblättrige Blumenkrone zeigt alle genannten Formen des Kelches. Bei diesen Formen unterscheidet man den unteren verengten Theil als Rohr (tubus), und die obere, meistens in Lappen getheilte, Ausbreitung als Saum (limbus); wo beide an einander gränzen, ist der Eingang, Rachen (faux) genannt, welcher bisweilen von kleinen Schüppchen, Gewölbe (fornix), geschlossen (clausa) ist, oder offen steht (pervia), und dann einen vorspringenden aufrechten Rand, Kranz (corona), haben kann. Radförmig (rotata) heißt eine einblättrige Blumenkrone, bei welcher Rohr und Saum allmälig in einander übergehen und ziemlich flach ausgebreitet liegen; präsentirtellerförmig (hypocrateriformis), wo das Rohr sehr lang und eng, der Saum aber breit und plötzlich flach ausgebreitet ist. Rachenförmig (c. ringens) nennt man die Blumenkrone, wenn sie 2 Hauptlippen (labia) hat, und maskirt (personata), wenn der Eingang einer solchen durch die gewölbte Unterlippe geschlossen ist; gespornt (calcarata), wenn sie am Grunde einen längeren oder kürzeren hohlen Fortsatz, Sporn (calcar), hat; zungenförmig (linguata), wenn sie nach einer Seite hin in einen flachen, blattförmigen Fortsatz ausgedehnt ist.

Die Staubgefäße zeigen wenige Verschiedenheiten. Bisweilen fehlt der Faden, dann heißt der Beutel sitzend (anthera sessilis), häufiger fehlt der Beutel, dann nennt man den Faden unfruchtbar (st. sterile). Der Faden ist meistens rund (teres), bisweilen flach, blattartig, oder eckig und lanzettförmig, meistens ist er einfach, mitunter verzweigt; in den meisten Fällen sitzt an ihm der Beutel mit einem Ende fest (a. erecta), seltener mit der Seite, hängend (a. pendula). Der Beutel besteht aus 2 Fächern (loculi), die in der Regel wieder durch eine Scheidewand getheilt sind. Diese Fächer öffnen sich bald mit Klappen (valvulae), bald zerreißen sie (dehiscentes).

Der Stempel ist unter allen Organen der Blume dasjenige, welches die größten Verschiedenheiten zeigt. So ist die Narbe bald knopfförmig (capitatum), bald fadenförmig (filiforme), bald einfach (simplex), bald in mehrere gleiche Fortsätze gespalten (fissum), deren Zahl näher angegeben wird. Auf ihrer gegen die Mitte vertieften und durchbohrten Oberfläche hat sie einen drüsenartigen Ueberzug, an welchem die Blumenstaubbläschen (Pollen) festkleben, ihren Inhalt, eine schleimartige Flüssigkeit, in der Gestalt eines langen dünnen Schlauches hier ergießen und ihn durch die Oeffnung der Narbe und den Kanal des Griffels in die Höhle des Fruchtknotens senden, woselbst er in das Eierchen durch dessen Oeffnung, die micropyle, hineintritt und dadurch die Entwickelung des Fruchtknotens zur Frucht bedingt; ohne diese Vermischung des Pollenschlauches mit den Eierchen entsteht kein Same, und die mangelnde Entwickelung so vieler Blumen zu Früchten hat hierin ihre Ursache.

Der Staubweg fehlt vielen Blumen, und dann sitzt die Narbe unmittelbar auf dem Fruchtknoten; in anderen Fällen ist derselbe außerordentlich lang. Ist er einfach, so hat er in der Mitte einen Kanal, der in die Höhle des Fruchtknotens führt; ist er gespalten, so liegt der Eingang in den Fruchtknoten am Grunde der einzelnen Fäden. Oft nämlich nimmt er an der Zerspaltung der Narbe Antheil, und ist dann in eben so viele Fäden, als sie in Lappen, getheilt.

Der Fruchtkoten besteht aus 4 Theilen: 1) einer äußeren, grünen, blattartigen Hülle, der späteren Fruchthülle (pericarpium), unter welcher 2) die Keime der Samen, die Eierchen (ovula), enthalten sind. Vermittelst eines Fädchens, 3) des Nabelstranges (funiculus umbilicalis), sitzen sie an einer verdickten Stelle der inneren Höhle des Fruchtknotens fest. Diese Verdickung heißt 4) Mutterkuchen (placenta), und befindet sich da, wo die Blätter der Fruchthülle mit ihren Rändern verwachsen sind und äußerlich eine Falte, eine Art von Naht (sutura) bilden.

§. 134. In vielen Blumen bemerkt man, außer den genannten Theilen, noch eigene drüsenartige Körper, welche, weil sie Honig absondern, Honiggefäße (nectaria) genannt werden. Sie sitzen oft an anderen Theilen, z. B. am Kelch, oder an der Blumenkrone, besonders im Sporn; in anderen Fällen stehen sie frei, innerhalb der Blumenkrone, zwischen ihr und den Staubfäden. Linné bezeichnete übrigens mit dem Namen Honiggefäße alle eigenthümlich gestalteten Theile der Blume, welche weder Kelch, noch Blumenkrone, noch Staubfäden, noch Stempel sind, selbst dann, wenn sie gar keinen Honig absondern, und viele Botaniker sind ihm darin gefolgt. So zeigen denn die Honiggefäße, in dieser Ausdehnung genommen, sehr viele Verschiedenheiten in Gestalt, Lage und Verrichtung, welche zum Theil bei Beschreibung von Blumen, die solche Organe besitzen, hervorgehoben werden sollen.

§. 135. Hat die Thätigkeit der Blüthe, welche, wie wir gesehen haben, mit dem Eintritt des Pollenschlauches in das Eierchen ihr Ziel findet, dieses erreicht, so ist die Blume nun nutzlos, ihre Theile fallen daher ab, und nur der Fruchtknoten bleibt übrig. Aus diesem entwickelt sich die Frucht (fructus). Man findet an ihr die vier Theile des Fruchtknotens wieder, doch alle mehr ausgebildet und zum Theil verändert. Die Fruchthülle oder das Perikarpium ist theils blattartig, theils holzig, theils fleischig, theils aus einer fleischigen und einer holzigen Schicht gebildet, und umschließt bald eine, bald mehrere Höhlen, Fächer (locula) genannt. Sind mehrere Höhlen da, so werden dieselben durch Scheidewände (dissepimenta s. parietes) getrennt, und man erkennt gewöhnlich schon auf der Oberfläche der Frucht die Anzahl derselben an den Nähten, in welchen die Blätter der Fruchthülle mit einander verwachsen sind. Fehlen die Scheidewände, was bisweilen der Fall ist, so sitzen die Mutterkuchen an den Nähten (placenta peripherica); sind sie vorhanden, so befinden sich die Mutterkuchen theils an der Scheidewand (pl. parietalis, wandständig), theils im Mittelpunkt, wo sich die Scheidewände treffen (pl. centralis, mittelständig).

Was die Formen der Früchte betrifft, so hat man folgende zu unterscheiden:

I. Einfache Früchte (fructus simplices). Die Fruchthülle besteht nur aus einem Blatt.

1. Weichfrucht (caryopsis), eine einsamige Frucht, bei welcher das häutige Perikarpium mit der Oberhaut des Samens verwachsen ist. — 2. Nüßchen (achenium), eine einsamige Frucht, deren pergamentartige Hülle eng um den Samen liegt, aber noch nicht mit seiner Oberhaut verwachsen ist. — 3. Nuß (nux), eine einsamige Frucht mit holzigem Perikarpium, die unten in einer Hülle, dem Näpfchen (cupula), steckt. — 4. Steinfrucht (drupa), eine einsamige Frucht, deren Perikarpium inwendig holzig und außerhalb fleischig ist. — 5. Balg (folliculus), eine mehrsamige Frucht, deren trockenes Perikarpium eine Naht hat, an welcher die Samen sitzen. — 6. Hülse (legumen) unterscheidet sich nur durch die Anwesenheit einer zweiten Naht, aber die Samen sitzen alle an einer.

II. Zusammengesetzte Früchte (fructus multiplices). Die Fruchthülle besteht aus mehreren Blättern und enthält in der Regel mehrere Fächer.

7. Schoote (siliqua), eine langgestreckte trockene Frucht mit 2 Nähten und einer Scheidewand von einer Naht zur andern; an den beiden Nähten sitzen die Samen. — 8. Kapsel (capsula), jede rundliche zusammengesetzte Frucht mit trockner Hücke; bisweilen fehlen die Scheidewände, und die Kapsel ist dann einfächerig (unilocularis), gewöhnlich mehrfächerig (multilocularis). — 9. Orange (aurantium), hat eine lederartige Hülle, und ein saftiges Zellgewebe in den Fächern, das die am mittleren Mutterkuchen sitzenden Samen umschließt. — 10. Kürbis (pepo), eine fleischige Frucht mit saftigem Zellgewebe in den Fächern, deren Mutterkuchen an der ganzen Innenfläche der Perikarpiumblätter liegen. — 11. Apfel (pomum), eine fleischige Frucht mit mehreren hohlen Fächern im Innern, worin die Samen. — 12. Steinbeere (nucularium), eine

mehrsamige Steinfrucht, die theils freie, theils zusammengewachsene Nüßchen enthält.

13. Beere (bacca) nennt man jede ganz fleischige Frucht, deren Samen ohne besondere Hülle im Fleische selbst liegen. Sie ist theils eine einfache (b. simplex) und dann entweder einsamig (b. monosperma) oder mehrsamig (b. polysperma), in welchem Falle sie bald einen centralen (Vaccinium), bald zwei oder mehrere peripherische Placenten (Ribes) haben kann; theils eine zusammengesetzte (b. composita), d. h. aus vielen einfachen verwachsenen Beeren entstandene Frucht (Rubus). Im letzteren Falle sind die einzelnen Beeren in der Regel bloß einsamige.

§. 136. Unter allen Theilen der Frucht ist der Same (semen) der vorzüglichste und wichtigste. Er entsteht aus dem Eichen durch eine mannigfache Reihe von Entwickelungen, deren einzelne Stufen, wegen der Kleinheit des Gegenstandes, schwer begriffen werden, daher wir diesen so interessanten Theil hier unberücksichtigt lassen müssen. Bisweilen steckt der Same innerhalb der Fruchthülle noch in einer feinen, netzartigen Haut, die vom Nabelstrange ausgeht, dem Mantel (arillus). Am reifen Samen unterscheidet man die Stelle, wo sich der Nabelstrang ansetzt, als Nabel (umbilicus s. hilum). Theile des Samens bemerkt man vier: 1) die äußere Bedeckung des Samens, sie bildet eine dicke, meistens gefärbte Haut, Schale (testa) genannt. Unter dieser liegt bei sehr vielen Samen 2) ein fleischiger, mehliger oder hornartiger Körper, das Eiweiß (albumen), welches den Hauptnahrungsstoff der Samen enthält, und immer, selbst bei den giftigsten Gewächsen, unschädlich ist. Vielen Samen, z. B. unseren Hülsenfrüchten und Obstsamen, fehlt es; in anderen, z. B. den Getreidekörnern, ist es sehr groß. An, in oder neben dem Eiweißkörper, oder wo dieser fehlt, unmittelbar unter der Schaale, liegt 3) der meist große, fleischige Samenlappen (cotyledon), mit welchem 4) der Keim (embryo), welcher aus dem Federchen (plumula) und dem Würzelchen (radicula) besteht, zusammenhängt.

Der Samenlappen ist bald einfach (Monocotyledones), bald doppelt (Dicotyledones), und erscheint im ersteren Falle als eine, im letzteren als zwei meistens halbkugelförmige oder flache, rundliche oder gestreckte Schuppen, unter der, oder zwischen welchen, die Theile des Keimes liegen. Sie bilden zusammen einen oben flachen, nach unten zugespitzten Theil, der sowohl mit dem einfachen, als auch mit dem doppelten Samenlappen in Verbindung steht. Der obere, flachere, bisweilen am Rande gekerbte Theil ist das Federchen, der untere zugespitzte bildet das Würzelchen. Beide werden immer von dem Samenlappen verdeckt, und dieser liegt entweder unmittelbar unter der Samenhaut, oder neben dem Eiweißkörper, von ihm zum Theil umgeben. —

§. 137. Gelangt nun ein solches Samenkorn in den für ihn bestimmten Boden, so zieht es bei hinlänglicher Wärme aus seiner Umgebung Feuchtigkeit an sich, und dehnt sich vermittelst derselben aus, quillt. In Folge dieser Ausdehnung platzt die Samenhülle, dann dringt die Spitze des Würzelchens zuerst aus dem Samen hervor, und steigt nun, der Same mag aufrecht oder verkehrt in der Erde liegen, jedesmal senkrecht nach unten hinab. Sein entgegengesetztes Ende, das Federchen, sucht den entgegengesetzten Weg, und erhebt sich theils allein, theils mit den Samenlappen zugleich, über die Oberfläche. Hier im Lichte entfalten sich dann die Samenlappen, das Federchen wächst zwischen ihnen hervor, entfaltet sich ebenfalls, bildet Blätter, und demnächst einen aufwärts strebenden Schößling. Sobald die ersten Blätter gebildet sind, vertrocknen die nach und nach blattartig gewordenen Samenlappen, weil ihr Inhalt hauptsächlich zur Ernährung jener verbraucht worden ist. Dieser ganze Hergang heißt Keimung (germinatio).

Da alle Pflanzen Samen oder samenartige Körper hervorbringen, so können sich natürlich alle durch Samen fortpflanzen. Es ist dies aber noch auf eine andere Weise möglich, nämlich durch Stecklinge. Schneidet man einen jungen Trieb einer mehrjährigen Pflanze ab, steckt ihn in die Erde, und sucht ihn gegen äußere Schädlichkeiten zu schützen, so schlägt er in der Regel Wurzeln, und bildet sich zu einer Pflanze derselben Art aus. Bei einjährigen Pflanzen findet diese Methode jedoch keine Anwendung. Viele mehrjährige Gewächse pflanzen sich freiwillig auf diese Art fort, indem sie aus der Wurzel, oder aus dem Stamm Fortsätze, Schößlinge (stolones), treiben, die eigene Wurzeln entwickeln, und sich nach und nach zu selbstständigen Individuen ausbilden. Hierdurch erhält man eine leichte Methode, die Bäume und anderen Gewächse zu vervielfältigen.

§. 138. Wie die Thiere, werden auch die Pflanzen nach der Verschiedenheit gewisser Organe in Gruppen eingetheilt, welche zusammen das System der Pflanzen bilden. Unter allen Eintheilungen hat keine andere so allgemeine Anerkennung gefunden, als die des schwedischen Naturforschers Linné, welcher das Pflanzenreich nach den Verschiedenheiten der Staubgefäße in 24 Klassen, und jede nach der Bildung der Stempel und einiger anderen Organe in mehrere Ordnungen eintheilte. Sein System ist folgendes:

I. Pflanzen mit deutlich sichtbaren Blumen. Phanerogamia.

A. Staubgefäße und Stempel in einer Blume. Monoclinia (Einhäusige).

a) Staubgefäße mit keinem anderen Theile verwachsen.

† Alle von gleicher Länge.

Ein Staubgefäß	1. Klasse	Monandria.
Zwei Staubgefäße	2. —	Diandria.
Drei —	3. —	Triandria.
Vier —	4. —	Tetrandria.
Fünf —	5. —	Pentandria.
Sechs —	6. —	Hexandria.
Sieben —	7. —	Heptandria.
Acht —	8. —	Octandria.
Neun —	9. —	Enneandria.
Zehn —	10. —	Decandria.
Zehn bis zwanzig Staubgefäße	11. —	Dodecandria.
Zwanzig und mehrere Staubgefäße, die am Kelch sitzen	12 —	Icosandria.
Zwanzig und mehrere Staubgefäße auf dem Fruchtboden sitzend	13. —	Polyandria.

†† Von ungleicher Länge.

Zwei lange und zwei kurze	14. —	Didynamia.
Vier lange und zwei kurze	15. —	Tetradynamia.

b) Staubfäden unter sich verwachsen.

In einen Ring	16. —	Monadelphia.
In zwei Bündel	17. —	Diadelphia.
In mehrere Bündel	18. —	Polyadelphia.

c) Staubbeutel verwachsen.

Unter sich in einen Ring	19. Klasse	Syngenesia.
Mit dem Stempel	20. —	Gynandria.
B. Staubgefäße und Stempel in verschiedenen Blumen. Diclinia (Zweihäusige).		
Beide Blumen auf einem Stamm .	21. —	Monoecia.
Beide Blumen auf verschiedenen Stämmen	22. —	Dioecia.
Männliche oder weibliche Blumen mit Zwitterblumen auf demselben Stamm	23. —	Polygamia.
II. Pflanzen ohne sichtbare Blumen	24. —	Cryptogamia.

Wir wollen nun aus allen diesen Klassen einige einheimische, oder besonders wichtige Pflanzen durchgehen.

Erste Klasse. Monandria.

§. 139. Hierher alle Pflanzen mit deutlich sichtbaren Blumen, in welchen sich nur ein Staubgefäß vorfindet. Diese Klasse ist eine der kleinsten und enthält meistens ausländische Pflanzen. Einheimisch ist:

Der Tannenwedel (Hippuris vulgaris), ein Kraut von 1' Länge, mit grade stehendem, saftigem Stengel, an welchem viele Kreise quirlförmig gestellter, linienförmiger Blätter über einander sich befinden. Die kleinen Blumen stehen ungestielt in den Blattachseln, haben keine Krone, einen einblättrigen Kelch auf dem Fruchtknoten, an welchem Kelche zugleich der kurze Staubfaden sitzt. Frucht ein kleines einsamiges Nüßchen. Der Tannenwedel wächst bei uns überall in Gräben, Sümpfen, an Flußufern, steckt mit der Wurzel im Schlamm, und erhebt sich mit dem Stengel und den Blättern über das Wasser.

Zweite Klasse. Diandria.

§. 140. Alle Pflanzen, die in deutlichen Blumen zwei Staubfäden neben dem ein- oder mehrfachen Stempel zeigen, gehören hierher. Die meisten haben nur einen Stempel, wonach Linné die Ordnung Monogynia bildete, wenige besitzen zwei, und bilden die zweite Ordnung Digynia. Die einheimischen sind alle monogynisch. Z. B.

Der Hartriegel (Ligustrum vulgare), eine strauchartige Pflanze mit gegenüberstehenden, kurzgestielten, lanzettförmigen, glatten Blättern und rispenförmigem Blüthenstande. Blumenkrone einblättrig, röhrig, Saum vierlappig, weiß. Die Frucht eine zweifächerige Beere, die in jedem Fache 2 Samen enthält. Häufig in Gärten, zu Hecken und Lauben angepflanzt

Der spanische Flieder (Syringa vulgaris) hat die Kennzeichen der vorigen Pflanze, aber die Blätter sind breiter, herzförmig, und die Frucht ist eine zweiklappige, zweifächerige Kapsel, die auch 2 Samen in jedem Fach enthält. Bei uns in Gärten als Zierstrauch, stammt aus dem südlichen Europa.

Die Ehrenpreisgattung (Veronica) hat einen 4—5-theiligen ungleichlappigen Kelch, eine radförmige ungleichvierlappige Blumenkrone, und eine zweiklappige vielsamige Kapsel, in welcher die Scheidewände an den Klappen sind. Unter den vielen Arten unserer Gegend ist die gemeinste V. chamaedrys; sie hat gegenüberstehende tiefgezähnte eiförmige haarige Blätter, einen achselständigen ährenförmigen Blüthenstand, vierlappigen Kelch und eine große, blaue Blumenkrone. Ueberall auf Feldern, liegt am Boden, doch die Blumenähre steht aufrecht.

Die gemeine Entengrütze (Lemna minor) ist eine kleine Pflanze mit linsenförmigem, ziemlich dickem, blattartigem Stengel (Wasserlinsen), der Hohlräume enthaltend auf dem Wasser schwimmt und einzelne Wurzeln aussendet. Die kleinen Blumen sitzen am Rande der blattförmigen Triebe, haben eine einfache Blumenhülle und eine 1—2-fächerige Kapsel, worin einige Samen. Ueberall gemein auf stehenden Gewässern.

Dritte Klasse. Triandria.

§. 141. Drei freie, gleich lange Staubfäden in deutlich sichtbaren Zwitterblumen bilden den Charakter dieser Klasse. Nach der Anzahl der Griffel zerfällt sie in drei Ordnungen.

1. Ordnung. Monogynia. Mit einem Griffel.

Die Sumpflilie (Iris pseudacorus) hat eine sechsblättrige, gefärbte Blumenhülle, deren drei abwechselnde Blätter größer sind und herabhängen, während die drei kleineren aufrecht stehen. Der Griffel ist zwar einfach, aber in drei blattartige Lappen gespalten, deren jeder eine Narbe trägt. Fruchtknoten unter der Blume, bildet sich zu einer dreifächerigen, vielsamigen Kapsel aus. Die Pflanze hat schwerdtförmige Blätter, welche den aufrechtstehenden, mehrblumigen Schaft am Grunde scheidenartig umgeben. Blumen schwefelgelb, stecken vor dem Aufblühen in einer Blumenscheide. Gemein in Sümpfen.

2. Ordnung. Digynia. Mit zwei Griffeln.

Hierher gehört die große Familie der Gräser (Gramineae), welche sich außerdem noch durch folgende Merkmale auszeichnet. Die Wurzel ist faserig, meistens einjährig, der Stengel ein knotiger Halm, die band- oder linienförmigen Blätter entspringen von den Knoten und umgeben den Halm eine Strecke scheidenförmig. Blumen in einfachen oder zusammengesetzten Aehren und Rispen. Jede Blume hat eine zweiblättrige Blumenhülle, das äußere Blatt derselben heißt äußere oder untere Spelze (palea s. valvula exterior s. inferior), das innere gegen die Achse der Aehre gerichtete, oft feinere Blatt wird innere oder obere Spelze (palea s. valvula interior s. superior) genannt; hierzu kommt bei vielen noch ein zweites, mehrere Blumen umschließendes, Blattpaar unter dem ersteren, welches man mit dem Namen Bälge (glumae) bezeichnet. Nach der Anzahl der Blumen in diesen Bälgen richtet sich die Größe der Aehren, sowohl beim ähren- als auch beim rispenförmigen Blüthenstande. Von der Außenfläche der äußeren oder unteren Spelze entspringt bei vielen Gräsern ein langer, meistens borstenförmiger Fortsatz, die Granne (arista). Die Frucht ist eine Caryopse, deren Same nur einen Samenlappen und oft viel Eiweiß enthält. — Die Gräser sind übrigens die wichtigsten von allen Gewächsen, sie geben nicht bloß dem Menschen selbst, sondern auch dessen Hausthieren die nothwendigsten Nahrungsmittel; daher ihre Menge so zugenommen hat, daß sie den zwanzigsten Theil aller bekannten Pflanzen ausmachen. Folgende Arten sind besonders wichtig.

Der Hafer (Avena sativa) hat einen rispenförmigen Blüthenstand; Bälge zweiblumig, ungleich, Spelzen am Grunde häufig mit einem Bart, die innere und obere an der Spitze gespalten, die äußere mit einer gedrehten Granne. Wird seit uralten Zeiten in Deutschland angebauet, jetzt aber meistens nur zu Viehfutter benutzt.

Die Gerste (Hordeum vulgare), mit ährenförmigem Blüthenstande, an jeder Stelle der Achse drei einblumige Aehrchen; Bälge lang, dünn, pfriemenförmig; untere Spelze mit langer, steifer, grader Granne; Samen von Haut umgeben, an beiden Enden zugespitzt, mit einer Längsfurche. Blumen in vier Reihen, je zwei und zwei einander gegenüber und abwechselnd höher. Stammt aus Sicilien; schon lange bei uns angebauet.

Der Roggen (Secale cereale). Blüthenstand eine Aehre; Bälge dünn, borsten-pfriemenförmig, untere Spelze in eine lange, haarige Granne verlängert, die obere der Länge nach gefaltet. Samen glatt, cylindrisch, an beiden Enden abgestutzt. Aehrchen zwei-, seltener dreiblumig. Vaterland Persien und Mittel-Asien, kam erst durch die Hunnen nach Europa, und wird jetzt besonders in den nördlichen Gegenden angebauet.

Die Waizengattung (Triticum) ist sehr reich an Arten, alle haben einen ährenförmigen Blüthenstand; Bälge groß und breit, mit kürzerer oder längerer grannenförmiger Spitze, untere Spelze wie die Bälge, die obere ziemlich der Länge nach gefaltet. Man bauet bei uns zwei Arten: den Sommerwaizen (Tr. aestivum), mit vielblumigen Aehren, die Bälge glatt und gegrannt; den Winterwaizen (Tr. hibernum), ebenso, aber die Bälge ohne Granne. Beide stammen aus dem Orient und wurden schon von den ältesten Ackerbau treibenden Völkern kultivirt. Eine dritte Art, die Queke (Tr. repens), hat vielblumige Aehrchen, deren Bälge bald mit, bald ohne Granne;

findet sich überall als Unkraut zwischen dem Getreide, und verbreitet sich sehr stark wegen seiner kriechenden Wurzeln.

Das Zuckerrohr (Saccharum officinarum) hat einen 8—12′ hohen, schilfrohrförmigen Stengel, dessen glatte, glänzende und harte Oberfläche das saftreiche Mark umschließt, woraus der Zucker gewonnen wird. Seine Blätter sind sehr lang, breit linienförmig, feinzugespitzt, unten weiß gekielt; die Blumen stehen in Rispen, welche aus vielen kleinen Aehren bestehen, worin je 2 von langen seidenartigen Haaren umgebene Blüthen an jedem Punkte der Achse sitzen. Stammt aus dem Orient von den Ufern des Euphrat und wird jetzt in vielen Gegenden Amerikas und Indiens kultivirt.

3. Ordnung. Trigynia. Mit drei Griffeln.

Das Quellkraut (Montia fontana) ist ein kleines Kraut mit kriechendem Stengel, woran aufrechtstehende Zweige mit gegenüberstehenden, länglichen, stumpfen Blättern. Blumen am Ende, fünfblättrig, weiß. Frucht eine Kapsel mit drei Samen. An feuchten Stellen, besonders auf quellenreichem Boden, aber nicht überall.

Vierte Klasse. Tetrandria.

§. 142. Vier freie, gleich lange Staubfäden bilden den Charakter dieser Gruppe. Nach der Anzahl der Griffel zerfällt sie in vier Ordnungen.

1. Ordnung. Monogynia. Mit einem Griffel.

Der Weberkarden (Dipsacus fullonum), eine große, aufrechtstehende Pflanze mit eckigem, gezähntem Stengel und ungestielten, gezähnten Blättern. Blumen auf einem langen, dünnen Fruchtboden dicht neben einander, Kelch klein, vierzähnig, Blumenkrone lang, röhrig, vierlappig, Frucht eine unterständige Caryopsis. Unter jeder Blume ein steifes, gezähntes, hakenförmiges Hüllblatt, welches die Frucht zum Strichgeben der Tuche brauchbar macht. Zu diesem Zwecke bauet man die Pflanze in manchen Gegenden.

Die Färberröthe (Rubia tinctorum), ein mittleres Kraut, mit liegenden, viereckigen, gezähnten Stengeln; lanzettförmigen, quirlförmig gestellten Blättern und achselständigem, büschelförmigem Blüthenstande: Blumenkrone trichterförmig, vierlappig, gelb; Frucht zweisamig, die Samen in einer weichen Hülle. Man gewinnt aus dieser Pflanze, besonders aus der Wurzel, eine schöne, rothe Farbe, die in Färbereien häufig gebraucht wird. Füttert man Vögel mit dem Kraut, so färben sich deren Knochen roth.

Die Wegerichsgattung (Plantago) hat einen ährenförmigen, blattlosen Blüthenschaft, einen vierlappigen Kelch, vierlappige Blumenkrone, die mit dem Kelch auf dem Fruchtknoten sitzt, vier lange Staubfäden und eine zweifächerige, 2—vielsamige Kapsel. Bei uns wachsen an Wegen, auf Feldern u. dgl. mehrere Arten, welche alle ungetheilte Blätter haben; die gemeinste ist der große Wegerich (Pl. major), mit großen, ovalen, stumpfen, glatten, langgestielten Blättern, runden Blüthenschäften und vielsamigen Kapseln.

Die übrigen drei Ordnungen, mit zwei (Digynia), drei (Trigynia) und vier Griffeln (Tetragynia), enthalten keine wichtigen einheimischen Gattungen.

Fünfte Klasse. Pentandria.

§. 143. Sie ist eine der formenreichsten und wichtigsten und umfaßt alle Pflanzen mit fünf gleich langen, freien Staubfäden, die mit dem Stempel in derselben Blume sitzen. Linné theilte sie nach der Zahl der Griffel in 6 Ordnungen.

1. Ordnung. Monogynia. Mit einem Griffel. Hierher gehören mehrere große Familien einheimischer Gewächse, unter welchen folgende die wichtigsten sind.

1. Fam. Rauhblättrige Pfl. (Asperifoliae). Sie haben eine einblättrige, röhrige, fünflappige Blumenkrone; eine aus vier einsamigen, rauhen oder stacheligen Nüßchen bestehende Frucht, und abwechselnde rauhe Blätter z. B.

Das Vergißmeinnicht (Myosotis palustris), eine kleine Pflanze mit kriechendem Wurzelstock, lanzettförmigen, ziemlich glatten Blättern, fünfzähnigem behaartem Kelch und himmelblauer Blumenkrone, deren gelbe Mündung von kleinen rundlichen Schuppen ziemlich geschlossen ist. Nüßchen mit schwachem Rande und Nabel am Grunde. Gemein in Sümpfen, am Rande von Gräben.

Der gemeine Steinsame (Lithospermum arvense) hat eine offene, freie Mündung der weißen, trichterförmigen Blumenkrone, und nicht gerandete, eiförmige, rauhhaarige, nicht mit einem Nabel versehene Nüßchen. Blätter breit, lanzettförmig, zugespitzt, sehr rauh. Gemein zwischen Getreide.

2. Fam. Schlüsselblumenpflanzen (Primulaceae). Sie haben eine röhren- oder radförmige Blumenkrone mit freier Mündung. Blätter an der Wurzel oder gegenüberstehend. Frucht eine einfächerige, zwei- bis fünfklappige Kapsel.

Die gemeine Schlüsselblume (Primula veris) hat röhrenförmige, hängende, gelbe Blumen am Ende eines blattlosen Blüthenschaftes; Blätter gezähnt, runzelig, unten weißhaarig. Gemein in Gebüschen, blühet zeitig im Frühjahr; eine andere, in Gärten häufige Art, die Aurikel (P. auricula), hat glatte, leicht gezähnte, mehlartig bestäubte Blätter, und dunkelrothbraune Blumen mit gelber Mündung. Wächst wild auf südlichen Torfmooren.

Der Fieberklee (Menyanthes trifoliata) hat zu drei gestellte, langgestielte, eirunde Blättchen und einen aufrechten Blüthenschaft; Blumenkrone weiß, trichterförmig, tieflappig, inwendig rauh; Kapsel zweiklappig mit wandständigen Mutterkuchen. Bei uns häufig auf feuchten Wiesen und in Gräben; wird gegen das kalte Fieber angewendet.

3. Fam. Kartoffelpflanzen (Solaneae). Blumenkrone trichterförmig, unterständig, Blätter abwechselnd; 2 Narben am Griffel. Frucht eine 2—4-fächerige, ebensoviel-klappige Kapsel oder Beere, mit verdickten Mutterkuchen an den Scheidewänden. Viele Pflanzen dieser Familie sind giftig.

Die Kartoffel (Solanum tuberosum) hat eine glockenförmige, gefaltete Blumenkrone, sehr kurzgestielte, längliche, spitze Staubbeutel und eine zweifächerige, vielsamige Beere. Blätter gefiedert, haarig. Die einjährigen Knollen an den Wurzeln liefern eine nahrhafte Speise; die Pflanze stammt aus Amerika und kam durch Franz Drake in der ersten Hälfte des sechszehnten Jahrhunderts nach Europa. Die jungen Knollen, noch mehr aber die Blätter und Knollen, enthalten den giftigen narkotischen Stoff. Der schwarze Nachtschatten (S. nigrum) mit buchtig gezähnten, behaarten Blättern, weißer Blüthe und schwarzen Beeren wächst an Wegen und auf Schutt; sehr giftig. Das Bittersüß (S. dulcamara) mit herzeiförmigen Blättern, violetter Blüthe und rothen Beeren ist gleichfalls sehr giftig und klettert an Hecken und Gebüschen empor.

Die Tollkirsche (Atropa belladonna) hat eine glockenförmige, braunrothe Blumenkrone, und eine beerenartige, schwarze Frucht, die von dem fünflappigen Kelch zur Hälfte umgeben ist; Blätter ziemlich langgestreckt, herzförmig. Im mittleren und südlichen Europa, besonders in Gebirgsgegenden am Rande von Gebüschen; sehr giftig und gefährlich. Nicht minder giftig ist das schwarze Bilsenkraut (Hyoscyamus niger) mit eiförmigen, fiederspaltigbuchtigen, zottigen Blättern und blaßgelber Blumenkrone der fast sitzenden Blüthe, auf bebautem Boden und Schutt.

Der Stechapfel (Datura stramonium) hat auch eine lange, trichterförmige, gefaltete, weiße Blumenkrone, aber die Frucht ist eine große, vierfächerige, stachelige Kapsel. Blätter groß, breit, ausgebuchtet, wellenförmig am Rande gebogen. Das 1—2' hohe Kraut wächst wild an Mauern, Zäunen 2c, und ist in allen Theilen sehr giftig. Ursprünglich in Ostindien heimisch und erst nach und nach in Europa eingebürgert. — Hierher gehört noch der bei uns nur angebaute Tabak (Nicotiana Tabacum) mit lang zugespitzten lanzettlichen Blättern und vielsamiger mehrfächeriger Kapsel, aus Amerika eingeführt.

4. Fam. Windenpflanzen (Convolvulaceae). Sie haben ebenfalls eine trichterförmige, gefaltete Blumenkrone und eine 2—4-klappige und fächerige

Kapsel, aber die Scheidewände stoßen an den Rand der Klappen und die Samen sitzen am Grunde der Scheidewände. Kraut- und strauchartige, windende Pflanzen meist mit schönen Blüthen.

Die Zaunwinde (Convolvulus sepium) hat eine große, weiße, trichterförmige Blumenkrone; herzförmige, abwechselnde Blätter, und eine dreifächerige Kapsel, jedes Fach mit 2 Samen. Gemein in Gebüschen.

Mit in die erste Ordnung der fünften Klasse, wenngleich zu keiner der genannten Abtheilungen, gehört der Kaffeebaum (Coffea arabica), ein mäßiger Strauch mit gegenüberstehenden, eiförmigen, ziemlich spitzen Blättern und quirlförmig gestellten Blumen in den Blattachseln. Kelch fünflappig. Blumenkrone einblättrig, in fünf tiefe Lappen getheilt, weiß. Die Frucht eine rothe Beere, von der Größe einer Haselnuß, darin zwei große Samenkörner, welche die bekannten Kaffeebohnen sind. Vaterland östliches Afrika, von da nach Arabien, Westindien, Brasilien, Java rc. verpflanzt.

2. Ordnung. Digynia. Mit zwei Griffeln.

In diese Abtheilung gehört die große Familie der Doldenpflanzen (Umbelliferae), welche diesen Namen von ihrem Blüthenstande bekommen haben. Es sind fast alles krautartige, ein- oder zweijährige Gewächse mit aufrechtstehendem, oben verzweigtem, oft hohlem, knotigem und außerhalb gefurchtem Stengel; mehrmals gegliederten Blättern und kleinen in Dolden stehenden Blumen. Jede Blume hat 5 schmale Kelchblätter auf dem Fruchtknoten und 5 oft herzförmige Blumenblätter. Die Frucht besteht aus zwei von dicker Haut umgebenen, oft mit Rippen, Stacheln und Flügeln versehenen Caryopsen, die im unreifen Zustande fest aneinander hängen, hernach sich aber trennen. Die Pflanzen wachsen in der gemäßigten Zone und enthalten gewürzhafte oder giftige Stoffe. Z. B.

Die Mohrrübe (Daucus carotta), mit fiederspaltigen, zerschlissenen Hüllblättchen, flacher Dolde und vierreihig stacheligen Früchten; Blätter und Stiel steifhaarig. Wegen der dicken, orangefarbigen, fleischigen, spindelförmigen Wurzel wird diese in unserer Gegend überall wilde Pflanze in Gärten sehr allgemein angebauet.

Der Kümmel (Carum carvi) hat einen einblättrigen, allgemeinen, aber keinen besonderen Hüllblättchenkranz an der Dolde, und länglichrunde, fast fünfeckige, mit 5 stumpfen Rippen versehene Früchte. Blätter dreimal gefiedert, Blättchen schmal linienförmig. Blumen weiß. Wird wegen des gewürzhaften Samens angebauet, wächst aber auch wild bei uns auf Wiesen und Weiden.

Die Eppichgattung (Apium) hat gar keine Hüllen und fünfrippige Früchte, die aber viel kürzer, fast kugelförmig sind. Die Petersilie (A. petroselinum), mit winkeligem Stengel und glänzenden Blättern; die unteren Blättchen dreitheilig, ganzrandig, die oberen lanzettförmig, in Südeuropa wild, bei uns überall in Gärten als Küchenkraut kultivirt. Der Sellerie (A graveolens) mit gefurchtem Stengel und gefiederten, keilförmigen, eingeschnittenen Stengelblättern. Auf salzhaltigem Boden wild. Die Wurzeln beider Arten werden als Zusatz an Suppen gethan und auch sonst gegessen; bei jener Art ist sie lang, spindelförmig, bei dieser dicker, mehr knollig, mit vielen Ausstrahlungen.

Der gefleckte Schierling (Conium maculatum) hat beide Hüllen, die Früchte eiförmig, mit 5 stumpfen Rippen, die bei der unreifen Frucht gekerbt sind; Blätter dreimal gefiedert, Blättchen klein, glänzend, länglich-eirund, tief gezähnt; Stengel glatt, dunkel blutroth gefleckt. An angebauten Stellen, neben Dörfern, auf Höfen u. s. w.; in allen Theilen höchst giftig.

Der Wasserschierling (Cicuta virosa). Keine allgemeine Hülle, die besondere vorhanden. Früchte rund, breit gedrückt, mit breiten Rippen und dazwischen hervorragenden Furchen. Blätter zweimal gefiedert, Blättchen lang, lanzettförmig gezähnt. Wurzel groß, dick, fleischig, inwendig hohl, aber durch Scheidewände in Fächer getheilt (radix loculosa). Wächst in Gräben und auf Floßholz; ist giftig, aber weniger als der vorige

3. Ordnung. Trigynia. Mit drei Griffeln.

Der gemeine Hollunder oder Flieder (Sambucus nigra) ist ein Strauch mit holzigen Zweigen, in welchen ein sehr weiches, schwammiges Mark. Die Blätter unpaarig gefiedert, Blättchen oval-lanzettförmig, gezähnt; Blüthenstand eine Afterdolbe; Kelch fünfzähnig; Blumenkrone einblättrig, in fünf Lappen getheilt, weiß; Frucht eine schwarze Beere, enthält im Fleisch 3 längliche Samen. Ueberall in Gärten, auf Höfen u. s. w. — Hierher noch der in Gärten gezogene, wild in Wäldern und feuchten Gebüschen wachsende Schneeball (Viburnum opulus).

4. Ordnung. Tetragynia. Mit vier Griffeln.

Die Sumpf-Parnaßblume (Parnassia palustris) ist eine kleine Pflanze, mit aufrechtem, winkeligem Stengel, herzförmigen Blättern, fünfblättrigem Kelch, 5 weißen Blumenblättern, eben so vielen schuppenförmigen, am Rande mit gestielten Knöpfen besetzten Honigdrüsen, und einer einfächerigen, vierklappigen Kapsel, in welcher die von Arillus umgebenen Samen an den eingerollten Rändern der Klappen sitzen. Gemein auf feuchten Wiesen.

5. Ordnung. Pentagynia. Mit fünf Griffeln.

Der Flachs (Linum usitatissimum), eine $1^1/_2$' hohe Pflanze mit gegenüberstehenden, lanzettförmigen Blättern, blauen fünfblättrigen Blumen und einer runden, zehnfächerigen, zehnsamigen Kapsel. Wird bei uns angebauet wegen seiner großen Nutzbarkeit. Die Gefäße des Stengels geben, nach mancherlei Zubereitungen, den Flachs.

Die letzte, sechste Ordnung, Polygynia, mit sehr vielen Griffeln, enthält bei uns keine wichtigen Pflanzen.

Sechste Klasse. Hexandria.

§. 144. Hierher gehören fast lauter Pflanzen mit einem Samenlappen; sie haben alle sechs freie, ziemlich lange Staubfäden mit dem Stempel in derselben Krone, und meistens einen einfachen Griffel, doch kommen auch 2, 3, 4 und 5 Griffel, selbst sehr viele, vor.

1. Ordnung. Monogynia. Mit einem Griffel.

Dahin viele Zwiebelpflanzen. Z. B.

Die weiße Lilie (Lilium candidum), mit aufrechtstehendem, saftigem Stengel, der am Ende mehrere Blumen mit sechsblättriger, weißer Blumenhülle trägt. Frucht eine dreifächerige, vielsamige Kapsel, deren Klappen die Scheidewände in der Mitte tragen Samen am mittleren Mutterkuchen in doppelter Reihe Bei uns in Gärten, stammt aus Klein-Asien, Armenien 2c.

Die gemeine Zwiebel (Allium cepa) hat einen hohlen, unten bauchig erweiterten, blattlosen Stengel, der an seinem Ende viele in einen runden Knopf gestellte Blumen trägt, die vor dem Aufblühen in einer trockenen Blüthenscheide eingeschlossen sind. Frucht der vorigen Pflanze, aber kleiner. Süd-Europa, wird bei uns angebauet. Bisweilen bilden sich oben zwischen den Blumen junge Zwiebeln.

Der Spargel (Aspagarus officinalis), ein staudenartiges Kraut, mit aufrechtstehendem, ästigem Stengel, und vielen fein zertheilten, fadenförmigen Blättchen. Blumen glockenförmig, sechslappig, in den Blattachseln. Frucht eine rothe, dreifächerige Beere, jedes Fach mit 2 Samen. Die jungen Schößlinge der alten Wurzeln liefern ein sehr wohlschmeckendes, nahrhaftes Gemüse, weshalb man diese Pflanze bei uns allgemein in Gärten kultivirt.

Die Hyacinthe (Hyacinthus orientalis) hat einen aufrechten, blattlosen Blüthenschaft, traubigen Blüthenstand, glockenförmige, sechslappige, gefärbte Blumen, und eine dreifächerige, vielsamige Kapsel. Blätter länglich, linienförmig und rinnenförmig der Länge nach vertieft. Bei uns als Zierpflanze im Zimmern, stammt aus dem Orient.

Die Tulpe (Tulipa gesneriana) hat einen einblumigen, blattlosen Stengel; sechsblättrige, gefärbte Blumenhülle; dreifächerige, vielsamige Kapsel, und eine dreieckige Narbe, die unmittelbar auf dem Fruchtknoten sitzt. Eben daher; bei uns in Gärten. Beide wurden früher aus Liebhaberei sehr theuer bezahlt.

2. Ordnung. Digynia. Mit zwei Griffeln.

Der Reis (Oryza sativa), ein hohes Gras, mit dickem, fleischigem Halm und großen, breiten Blättern. Blüthenstand rispenförmig, Bälge einblumig, Spelzen am Grunde schwielig, zusammengedrückt, lederartig, am Samen zum Theil festgewachsen. Stammt eigentlich aus Ostindien, wo er in feuchten Sumpfgegenden wild wächst; wird jetzt auch in Italien, Spanien und Amerika angebauet. Seine Samen liefern ein sehr beliebtes Gemüse.

3. Ordnung. Trigynia. Mit drei Griffeln.

Die Herbstzeitlose (Colchicum autumnale) hat keinen Stengel, sondern die Blume und die beiden scheidenförmigen Blätter erheben sich unmittelbar aus der Zwiebel. Blumenkrone fleischfarben, lang, trichterförmig, oben sechslappig; Frucht eine dreifächerige Kapsel, jedes Fach mit vielen Samen ohne Ordnung am Innenwinkel. Sie erscheint erst im folgenden Frühjahr über der Erde, während die Blume im Spätherbst hervorbricht, daher filius ante patrem. Auf Wiesen und in Gärten; etwas giftig. — Hierher auch die Ampfer (Rumex).

Die übrigen Ordnungen enthalten bei uns keine wichtigen Pflanzen.

Siebente Klasse. Heptandria.

§. 145. Diese Gruppe, welche durch sieben freie, gleich lange Staubgefäße, die mit dem Stempel auf demselben Fruchtboden stehen, charakterisirt ist, enthält nur wenige Pflanzen; z. B.

Die Roßkastanie (Aesculus hippocastanum), ein hoher Baum mit weit verbreiteten Zweigen, woran siebenfache Blätter und rispenförmig gestellte Blüthen. Jede Blume hat einen einblättrigen, 4—5-zähnigen Kelch, eine fünfblättrige, unregelmäßige Blumenkrone, gebogene Staubfäden; und eine große, dreifächerige und dreiklappige, oberständige Kapsel, an deren Klappen die Scheidewände sitzen, und die in jedem Fach 2, also zusammen 6 Eierchen enthält, von welchen in der Regel nur 2 oder 3 zur Entwickelung kommen. Auf der Oberfläche der Klappen sitzen Stacheln. Der Baum stammt aus dem Orient, und wird bei uns zur Zierde besonders auf Spaziergängen angepflanzt. Sein Holz ist sehr weich und taugt zum Bauen nicht.

Achte Klasse. Octandria.

§. 146. Acht freie, gleich lange, mit dem Stempel in derselben Blume befindliche Staubfäden bilden das Kennzeichen dieser Gruppe. Sie besteht aus vier Ordnungen.

1. Ordnung. Monogynia. Mit einem Pistill.

Die Nachtkerze (Oenothera biennis), ein mäßiges Kraut, mit geradestehendem Stengel, woran oval-lanzettförmige, zum Theil herablaufende

Blätter, die etwas haarig sind. Die großen, gelben vierblättrigen Blumen stehen in den Blattachseln, und geben eine vierklappige, vierfächerige Kapsel, mit vielen haarlosen Samen am mittleren Mutterkuchen. Auf trocknen, sonnigen Feldern.

Die Heidelbeere oder schwarze Besing (Vaccinium myrtillus) hat einen 1' hohen verzweigten Stengel, mit kleinen, eiförmigen, am Rande gezähnten Blättern. Die Blumen einzeln in den Blattachseln, mit fleischfarbiger, einblättriger, blasiger Blumenkrone auf dem Fruchtknoten, einem vierzähnigen Kelch, und einer 4—5-fächerigen Beere, deren viele Samen am Innenwinkel jedes Faches sitzen. Gemein in Wäldern; die blauen Beeren geben ein schmackhaftes Nahrungsmittel.

Die verwandte Gattung des Haidekrautes (Calluna vulgaris) hat kleine, schuppenförmige Blätter, und röthliche, einblättrige Blumen. Der Fruchtknoten ist oberständig und wird zu einer vierfächerigen, vierklappigen Kapsel, in welcher die Scheidewände den Klappen parallel laufen und am mittleren Mutterkuchen festsitzen. Gemein auf allen Heiden.

Die 2. Ordnung Digynia enthält keine wichtigen Gattungen.

3. Ordnung. Mit drei Stempeln.

Der Buchwaizen (Polygonum fagopyrum), eine kleine Pflanze, mit knotigem, sperrig verzweigtem Stengel, dreieckigen, gestielten Blättern und ährenförmigem Blüthenstande; jede Blume mit einfacher, fünflappiger, fleischrother Blumenhülle und dreiseitigem, schwarzem, glänzendem Nüßchen, welches vom Perigonium eingehüllt ist. Der Same liefert zerschroten ein gutes Nahrungsmittel. Die Pflanze wächst auf trockenem, sandigem Boden wild, und wird in manchen Gegenden angebauet.

4. Ordnung. Tetragynia. Mit vier Pistillen.

Die Einbeere (Paris quadrifolia) hat einen geraden, ungetheilten, aufrechten, 1' hohen Stengel, der oben vier eiförmige, zugespitzte Blätter trägt; in der Mitte derselben entspringt ein Blumenstiel, an dessen Ende eine Blume mit 4 Kelchblättern, 4 Blumenblättern, 8 blattartigen Staubfäden, und einem runden oberständigen Fruchtknoten, welcher sich zu einer vierfächerigen, vielsamigen, schwarzen Beere ausbildet, die giftige Eigenschaften hat. Die Pflanze wächst nicht selten in feuchten Gebüschen.

Neunte Klasse. Enneandria.

§. 147. Mit neun freien, gleich langen Staubfäden neben den Stempeln auf demselben Fruchtboden. In unserer Gegend findet sich aus dieser Gruppe nur eine Pflanze, nämlich:

Der Wasserliesch oder die Doldenbinse (Butomus umbellatus), mit hohem, gerade aufsteigendem, zelligem, saftigem, unverzweigtem Blüthenschaft, der an seinem Ende viele doldenförmig gestellte Blumen trägt, und am Grunde von wenigen, schmalen, zugespitzten Blättern umgeben ist. Jede Blume mit sechsblättriger, fleischrother Blumenhülle, 9 Staubfäden und 6 Stempeln, deren jeder sich zu einer einfächerigen, vielsamigen, länglichen Balgkapsel entwickelt. An Ufern von Seen, Teichen, Flüssen und in Gräben nicht selten.

Zehnte Klasse. Decandria.

§. 148. Eine etwas größere Gruppe, die durch zehn freie, gleichs lange, theils auf dem Fruchtknoten neben dem Stempel, theils an der Blumenkrone, befestigte Staubgefäße bestimmt ist. Sie hat 5 Hauptordnungen.

1. Ordnung. Monogynia. Mit einem Pistill.

Der Sumpfrosmarin (Ledum palustre), ein mäßiges Kraut mit holzigen, zertheilten Stengeln, woran abwechselnde, zerstreute, linienförmige, oben dunkelgrüne, glänzende, unten braune Blätter, und büschelförmig gestellte, weiße Blumen am Ende der Zweige. Jede Blume hat einen kleinen, fünfzähnigen Kelch, fünf große Blumenblätter, und einen einfachen, oben mit einem fünfstrahligen Stern versehenen Stempel. Frucht eine fünffächerige, fünfklappige, vielsamige Kapsel, deren Klappen sich unten neben dem Stiel öffnen. Die Pflanze wächst auf Torfmoor, hat einen betäubenden, Kopfschmerzen erregenden Geruch, und ist giftig.

2. Ordnung. Digynia. Mit zwei Griffeln.

Die Gartennelke (Dianthus caryophyllus), ein krautartiges Gewächs mit aufrechtem, knotigem Stengel, woran linienförmige, rinnenartig vertiefte, gegenüberstehende, weißgrüne, bereifte Blätter und gipfelständige Blumen. Der Kelch ist röhrenförmig und hat an seinem Grunde mehrere schuppenförmige Blätter; die fünf Blumenblätter sind unten sehr schmal, erweitern sich aber nach oben in einen dreiseitigen, am Rande gezähnten Lappen. Die Frucht ist eine einfächerige, vielsamige Kapsel, deren Samen am mittleren Mutterkuchen sitzen. Die Pflanze wird wegen ihrer schönen, wohlriechenden, buntgefärbten Blumen in Gärten gezogen und stammt eigentlich aus Italien, wo sie wild wächst. Bei uns wild auf bergigen Weiden die Karthäusernelke (D. carthusianorum), mit blutrothen Blüthen zu mehreren in ein büscheliges Köpfchen gehäuft.

3. Ordnung. Trigynia. Mit drei Griffeln.

Der Sternmier (Stellaria alsine), ein kleines, saftiges Kraut, mit niederliegenden Zweigen und gegenüberstehenden, ovalen, zugespitzten Blättern. Die kleinen, weißen Blumen stehen am Ende der Zweige, haben fünf Kelchblätter und fünf tiefgetheilte, weiße Blumenblätter. Frucht eine vielsamige Kapsel, die mit sechs Klappen aufspringt und die Samen am mittleren Mutterkuchen trägt. Ueberall gemein auf Höfen, an Wegen, selbst auf der Straße. Die frischen Blätter fressen die Kanarienvögel gern.

4. Ordn. Tetragynia. Enthält keine wichtigen Pflanzen.

5. Ordn. Pentagynia. Mit fünf Griffeln.

Die Kukuksblume (Lychnis flos cuculi) wird 1 bis 1½ hoch, hat einen gerade stehenden Stengel, mit gegenüberstehenden, schmalen Blättern und mehreren blutrothen Blumen am Ende. Jede Blume besteht aus einem bauchigen Kelch und fünf Blumenblättern, deren jedes in zwei schmale Hauptlappen gespalten ist, welche an ihrer Vereinigungsstelle noch einen schmalen kürzeren Lappen (den Kranz, corona) an jeder Seite neben sich haben. Frucht eine einfächerige, vielsamige Kapsel, die mit fünf Zähnen aufspringt. Ueberall gemein auf Wiesen.

Der Mauerpfeffer (Sedum acre), ein kleines Kraut, mit dicken fleischigen Blättern und gelben Blumen am Ende der Zweige. Fünf fleischige Kelchblätter, fünf Blumenblätter und fünf einfächerige, vielsamige Kapseln, die am Grunde unter sich zusammenhängen. Gemein an Abhängen, neben dem Wege, an dürren, sandigen und sonnigen Stellen und auf altem Gemäuer.

Der Sauerklee (Oxalis acetosella) hat einen kriechenden Wurzelstock, keinen Stengel und dreizählige Blätter mit verkehrt herzförmigen Blättchen, lange Blüthenstiele und am Grunde verwachsene Staubgefäße in der weißen, rothgeaderten Blüthe; in feuchten Laubwäldern.

Eilfte Klasse. Dodecandria.

§. 149. In diese Gruppe stellte Linné alle Pflanzen, die mit dem Stempel auf demselben Fruchtboden mehr als zehn, aber weniger als zwanzig, Staubfäden haben. Hierher mehrere Ordnungen. Z. B.

1. Ordnung. Monogynia. Mit einem Pistill.

Das Blutkraut (Lythrum salicaria), eine hohe, aufrechte Sumpfpflanze, mit herzförmig-lanzettlichen, gegenüberstehenden Blättern und ährenförmigem Blüthenstaude. Jede Blume hat einen einblättrigen, zwölfzähnigen

Kelch, sechs unterständige Blumenblätter und zwölf Staubgefäße. Frucht eine zweifächerige, zweiklappige, vielsamige Kapsel, deren Samen am mittleren Mutterkuchen sitzen. Gemein in Bächen, an Gräben; wächst fast überall, sogar in Neu-Holland.

2. Ordnung. Digynia. Mit zwei Pistillen.

Der Odermennich (Agrimonia eupatoria) wächst an sonnigen Stellen, an Abhängen, Wegen; hat einen aufrechten Stengel mit ährenförmig gestellten Blumen und gefiederten Blättern; jedes Blättchen eiförmig und gezähnt. Die Blume hat einen unterständigen, mit hakenförmigen Borsten besetzten, fünflappigen Kelch, und fünf nicht große, gelbe Blumenblätter, die auf dem Kelch sitzen. Die Frucht besteht aus zwei Nüßchen, die von dem harten, stacheligen Kelch eingeschlossen sind.

3. Ordnung. Trigynia. Mit drei Pistillen.

Die Wolfsmilch (Euphorbia cyparissias), ein kleines, aufrechtes, ½' hohes, saftiges Kraut, mit vielen schmalen linear-lanzettförmigen Blättern, aus welchen, wie auch aus den Stengeln, bei der Verletzung eine weiße, scharfe, etwas giftige Milch hervorquillt. Blumen am Ende, über breiten, abgerundeten Hüllblättern. Jede Blume hat einen gestielten Fruchtboden, an dessen Rande 4 bis 5 halbmondförmige Honiggefäße sitzen. Auf der Fläche desselben etliche, meistens ungleich lange Staubfäden und ein gestielter, dreifächeriger Fruchtknoten, welcher sich zu einer großen, dreifächerigen, in jedem Fach ein schwarzes Samenkorn enthaltenden Kapsel ausbildet. Auf sonnigen Feldern, Viehweiden, an Wegen ꝛc. sehr gemein.

Die Garten-Reseda (Reseda odorata), ein einjähriges, aus Nord-Afrika eingeführtes Kraut, mit ziemlich langen, lanzettförmigen, gegen das Ende etwas breiteren Blättern, und ährenförmig gestellten, wohlriechenden Blumen. Der Kelch ist mehrlappig, die Blumenblätter sind in viele fächerförmige Lappen getheilt, und die Frucht ist eine einfächerige, unregelmäßige, am Ende offene Kapsel, deren Samen an 3 peripherischen Mutterkuchen sitzen.

Zwölfte Klasse. Icosandria.

§. 150. In dieser Gruppe ist nicht mehr die Zahl der Staubfäden, sondern die Stellung derselben das Hauptmerkmal. Die hierher gehörigen Pflanzen zeigen nämlich mehr als zwanzig gleich lange, freie Staubfäden, die an dem Kelch befestigt sind. Ebenda sitzen auch die Blumenblätter; die Stempel aber ruhen auf dem Fruchtboden.

1. Ordnung. Monogynia. Mit einem Stempel.

Die Gattung Prunus hat einen fünftheiligen Kelch, fünf Blumenblätter, und eine fleischige, glatte, gestielte, einsamige Frucht, deren Same von einer holzigen, glatten Schaale umgeben ist. Dahin die saure Kirsche (Pr. cerasus), ein mäßiger Baum, mit eiförmigen, zugespitzten, gezähnten, glatten Blättern, weißen Blumen in Büscheln, und rothbraunen, sauren Früchten. Stammt aus Klein-Asien und wird bei uns überall gezogen. Die Vogelkirsche (Pr avium) hat größere, unten haarige Blätter, und süßschmeckende, mehr längliche Früchte. Von dieser in Wäldern und Hecken wildwachsenden Art stammen alle so vielfach verschiedenen, hell und dunkel gefärbten Abarten der süßen Kirschen. Eben daher. — Auch die Pflaumen, der Schlehdorn, der Kirschlorbeer, der schon zu Alexander's des Großen Zeiten in Europa eingeführte Aprikosenbaum u. v. a. gehören hierher. Nahe verwandt ist die Gattung Amygdalus, wohin der aus Persien jetzt über die ganze Welt verbreitete Pfirsichbaum (A. persica); sie unterscheidet sich durch kurzgestielte, haarige Früchte, deren harte Samenschaale auf der äußeren Oberfläche sehr runzelig ist.

2. Ordnung. Di-Pentagynia. Mit 2—5 Griffeln.

Die Gattung Pirus hat 5 Griffel, 5 Kelchlappen, 5 Blumenblätter und eine vom angewachsenen Kelch bekleidete, zellige, saftige Frucht, inwendig mit fünf Fächern und in jedem Fach zwei Samen. Dahin: der Apfelbaum (P. malus), ein hoher Baum mit unterhalb haarigen Blättern und kugelförmigen Früchten; und der Birnbaum (P. communis) mit glatten Blättern und kolbigen Früchten. Beide wachsen wild in unseren Wäldern und haben sich durch die Kultur zu den mannigfachsten Spielarten verändert.

3. Ordnung. Polygynia. Mit vielen Stempeln.

Die Rosengattung (Rosa) hat einen oberständigen, fünftheiligen Kelch, dessen Lappen fiederspaltig getheilt sind, fünf Blumenblätter und sehr viele Staubfäden. Die Frucht (Hainbutte oder Hanebutte) besteht aus dem fleischigen, becherförmigen Fruchtboden, an dessen innerer Fläche viele behaarte Achenien sitzen. Alle Arten dieser zahlreichen Gattung sind strauchartig, haben unpaarig gefiederte Blätter, mit eiförmigen, oft zugespitzten, am Rande gesägten Blättchen. Man zieht sie seit den ältesten Zeiten gegenwärtig in allen Welttheilen bis Grönland hinauf wegen ihrer schön gefärbten, wohlriechenden Blumen in Gärten, besonders die Centifolie oder Provinzrose (R. centifolia), deren Staubfäden sich allermeistens in Blumenblätter verwandeln, daher sie sehr stark gefüllt ist

Die Himbeere (Rubus idaeus) hat die Kennzeichen der Rosen, aber die Fruchtknoten stehen über dem Kelch und bilden sich auf dem kegelförmigen Fruchtknoten zu vielen, kleinen, einsamigen, eine zusammenhängende Frucht darstellenden Beeren aus. Blätter unpaarig gefiedert, unten weiß. Wild in steinigen Bergwäldern und angebauet in Gärten. Hieher auch die häufige Brombeere (R. fructicosus).

Die Walderdbeere (Fragaria vesca) ist nur krautartig, hat zu drei gestellte, ovale, stark gezähnte Blättchen an jedem Blattstiel, einen büschelförmigen Blüthenstand, einen doppelten, zehntheiligen Kelch, 5 Blumenblätter und eine oberständige Frucht. Diese besteht aus dem weichen, saftigen, dicken, kugelförmigen Fruchtboden, der auf der Oberfläche Grübchen hat, in welchen die nackten Achenien liegen. Die Pflanze findet sich überall wild in Wäldern und vermehrt sich sehr stark durch Schößlinge, welche sie dicht über der Wurzel nach allen Seiten hin hervortreibt. Andere Arten mit größeren Früchten werden in unsern Gärten gezogen.

Dreizehnte Klasse. Polyandria.

§. 151. Die Kennzeichen dieser Gruppe stimmen mit denen der vorhergehenden überein, aber die vielen freien Staubfäden sitzen nicht am Kelch, sondern wie der Stempel auf dem Fruchtboden. Bei manchen Pflanzen ist Kelch und Blumenkrone nicht deutlich geschieden; oft sind beide gefärbt, oder beide grün.

1. Ordnung. Monogynia. Mit einem Griffel.

Die Mohngattung (Papaver) enthält krautartige, einjährige Gewächse mit gezähnten, krausen oder gelappten Blättern und verzweigtem, aufrechtem Blüthenstengel. Jede Blume hat einen zweiblättrigen Kelch, der nach dem Aufblühen abfällt, vier große Blumenblätter, und als Frucht eine große, fast kugelrunde Kapsel, die von der sternförmigen Narbe gekrönt ist. Die Mutterkuchen bilden breite Leisten inwendig am Rande der Kapsel, und tragen sehr viele Samen, welche aus kleinen Löchern unter der Narbe herausfallen, wenn die Kapsel reif ist. Bei uns kommen alle drei Arten, alle mit dunkel feuerrothen Blumen, besonders zwischen dem Getreide vor. Die Klatschrose (P. rhoeas), mit nackter Kapsel und abstehenden Haaren des Blumenstieles; P. dubium, auch mit nackter Kapsel aber angedrückten Haaren des Blumenstiels, und der Sandmohn (P. argemone), mit länglicher von steifen Borsten bekleideter Kapsel. Der Saft der halbreifen Samenkapseln des ursprünglich im Orient einheimischen P. somniferum giebt an der Luft eingedickt das Opium.

Zur Lindengattung (Tilia) gehören große und kräftige Bäume mit fünfblättrigem Kelch und ebensolcher Blumenkrone. Die nußförmige Frucht ist einfächerig und enthält 1 bis 2 Samen. Bei uns wächst die Sommerlinde (T. platyphyllos) mit großen, hellgrünen, unten kurzhaarigen Blättern und die später blühende Winterlinde (T. ulmifolia) mit kleineren, kahlen dunkelgrünen Blättern.

Die weiße Wasserrose (Nymphaea alba) hat einen 4—5-blättrigen Kelch, viele Blumenblätter, und breite blattartige Staubgefäße. Die Frucht ist eine vielfächerige, saftige Kapsel, mit sternförmiger Narbe, und enthält in jedem Fach viele Samen, die vom Mantel umgeben sind. Die Pflanze wächst bei uns in Teichen, am Rande von Seen und Flüssen, hat große elliptische Blätter, die auf dem Wasser schwimmen, und eine dicke, fleischige, kriechende Wurzel, die im Schlamm steckt.

2. Ordnung. Trigynia. Mit drei Stempeln.

Der gemeine Rittersporn (Delphinium consolida) wächst zwischen Getreide, wird kaum 1' hoch, hat sperrige Aeste, zertheilte Blätter mit linienförmigen Lappen und dunkelblaue Blumen. Die Blume hat eine gefärbte, fünfblättrige Hülle, deren oberstes Blatt in einen langen, hohlen Sporn verlängert ist. Innerhalb der Hülle vier Honigdrüsen, je zwei von gleicher Größe, die obern in einen langen Fortsatz, welche beiden Fortsätze im Sporn stecken, verlängert; die mehr unteren, seitlichen hakenförmig nach vorn gebogen. Die Frucht besteht aus mehreren (3 bis 5) einfächerigen, länglichen Balgkapseln, die sich am Innenrande öffnen.

3. Ordnung. Pentagynia. Mit fünf Stempeln.

Die Akeley (Aquilegia vulgaris) hat fünf gefärbte Kelchblätter und fünf füllhornartige Blumenblätter, die im Grunde des Horns eine Honigdrüse tragen. Frucht besteht aus fünf Balgkapseln, die am Innenrande aufspringen. Die Pflanze ist ein ausdauerndes Waldgewächs mit zertheilten, rundlappigen Blättern und dunkelblauen Blumen. Man zieht sie auch in Gärten.

4. Ordnung. Polygynia. Mit vielen Stempeln.

Die Hahnenfußgattung (Ranunculus) hat einen 3—5-blättrigen Kelch, welcher nach dem Aufblühen oft abfällt, und eine fünfblättrige Krone, deren Blätter am Grunde eine schuppenförmige Nektardrüse tragen. Auf dem kugel- oder halbkugelförmigen Fruchtboden sitzen viele Achenien. Die Arten dieser Gattung sind giftig, besonders der giftige H. (R. sceleratus), mit glatten Blättern, Wurzelblätter gestielt dreitheilig, die Lappen wieder dreilappig, abgerundet, Stengelblätter in drei schmale, linienförmige Lappen gespalten; Kelch haarlos; Fruchtboden lang, kegelförmig. Wächst auf Wiesen an feuchten Stellen, in halbtrockenen Gräben u. dgl. ziemlich häufig.

Die Kuhblume (Caltha palustris) hat ganz das Ansehen eines Ranunkulus, aber der Kelch und die Nektardrüsen am Grunde der Blumenblätter fehlen. Frucht besteht aus mehreren Balgkapseln, die sich an der inneren Naht öffnen. Blumen gelb, Blätter fast rund, stumpf gezähnt. Sehr gemein auf allen Wiesen.

Vierzehnte Klasse. Didynamia.

§. 152. Das Kennzeichen dieser Klasse bilden die zwei langen und zwei kurzen Staubfäden, welche mit dem Stempel in derselben Blume sitzen. Die hierher gehörigen Pflanzen sind alle stauden- oder krautartige Gewächse mit einblättriger, unterständiger Blumenkrone und gegenüberstehenden Stengelblättern. Sie zeichnen sich durch ihren Gehalt an aromatischen oder scharfen Arzneistoffen aus. Linné theilte sie nach der Form der Frucht in 2 Ordnungen.

1. Ordnung. Gymnospermia. Die Frucht besteht aus vier Nüßchen; die Blumenkrone ist deutlich zweilippig, der Rachen offen; die Stengelblätter stehen gegenüber und die Blumen quirlförmig in den Blattachseln. Die Pflanzen bilden eine große Familie, welche den Namen Lippenblumen (Labiatae) erhalten hat. Z. B.

Die Krausemünze (Mentha crispa), ein Kraut mit 1½ Höhe mit glänzenden, herzförmigen, krausen und rauhen Blättern, welche einen eigenthümlich riechenden Duft verbreiten; Blumen bläulich mit fünfzähnigem Kelch, dessen Zähne gleiche Größe haben; Blumenkrone vierlappig, der obere Lappen breiter, am Ende ausgerandet. Die Staubgefäße aufrecht und auseinander stehend. In südlichen Gegenden, bei uns angebauet in Gärten. Wird zu Brustpulver und magenstärkendem Thee benutzt.

Die weiße Taubnessel (Lamium album) hat einen fünfzähnigen Kelch, dessen Zähne in eine feine Borste verlängert sind; die Blumenkrone hat eine weite bauchige Mündung, zwei Lippen, von welchen die untere breit, gespalten und jederseits mit zwei kleinen Zähnen versehen, die andere helmartig gewölbt ist. Staubbeutel in der oberen Lippe; Nüßchen undeutlich dreikantig. Die Blätter sind herzförmig, gezähnt, zugespitzt und überall mit steifen Haaren bedeckt; die weißen Blumen stehen gegen 20 in den Achseln zweier Blätter. Gemein an Zäunen.

Der Mayoran (Origanum majorana) hat eine fünflappige Blumenkrone, zwei etwas schmälere Lappen bilden die Ober-, die anderen drei die Unterlippe. Die Blumen stehen in je vier Aehrchen und haben unter sich ein behaartes Stützblatt, welches die Blume fast ganz bedeckt. Blätter eiförmig, glatt, gestielt. Blumenährchen fast kugelförmig. Aus Palästina, bei uns in Gärten, einjährig. Wird als Gewürz, besonders zu Würsten, gebraucht, daher auch Wurstkraut.

2. Ordnung. Angiospermia. Die Frucht ist eine zweifächerige, vielsamige Kapsel, in welcher die Samen an dem aus der verdickten Scheidewand bestehenden, mittleren Mutterkuchen sitzen. Die Blumenkrone ist in unregelmäßige, 2 Lippen bildende Lappen getheilt, und die Unterlippe verschließt häufig den Eingang, daher man diese Familie Maskenblumen (Personatae) genannt hat. Dahin:

Das Löwenmaul (Antirrhinum majus), eine hohe Staude mit lanzettförmigen, gegenüberstehenden Blättern und ährenförmigem Blüthenstande. Blumen langgestreckt, am Grunde stumpf, mit zwei deutlichen, geschlossenen Lippen; roth, mit gelblichem Munde. Süd-Europa. Bei uns in Gärten.

Der Fingerhut (Digitalis purpurea) ähnelt der Vorigen in Form, Größe und Blüthenstand, aber die lange am Grunde spitze Blumenkrone ist vorn offen und in vier ungleiche Lappen getheilt; der Mutterkuchen bildet keine Scheidewand, sondern ist frei. Blume hellblutroth, inwendig weißlich, dunkel gefleckt. Auf Bergen, z. B. am Brocken nach Ilsenburg hin; bei uns in Gärten. Giftig, als Arzneimittel von Bedeutung, besonders gegen Herzkrankheiten.

Funfzehnte Klasse. Tetradynamia.

§. 153. Vier lange und zwei kurze Staubfäden, welche mit dem einfachen Stempel sich in derselben Blume befinden, bilden nach Linné den Charakter dieser Klasse. Die hierher gehörigen Pflanzen sind durchgehends krautartige, meistens nur einjährige Gewächse, mit abwechselnden ganzen oder fiederspaltigen Blättern und oft ährenförmig gestellten Blüthen am Ende der Triebe. Jede Blume hat einen vierblättrigen Kelch und vier freie Blumenblätter. Die Früchte sind Schoten, bald langgestreckte, vielsamige; bald kürzere, eiförmige. Hiernach bildete Linné zwei Ordnungen. Die Pflanzen bilden zugleich eine große Familie, welche man wegen der kreuzweis gestellten Blumenblätter Kreuzblumen (Cruciferae) genannt hat.

1. Ordnung. Siliculosa. Mit kleinen, eiförmigen, meistens wenigsamigen Schötchen. Dahin:

Die Kresse (Lepidium sativum), eine 1½' hohe Pflanze, mit länglichen vielspaltigen Blättern und kleinen, weißen Blumen. Das Schötchen ist zusammengedrückt, herzförmig, und enthält in jedem Fache ein Samenkorn. Man säet sie aus in Gärten und ißt die jungen Pflanzen als Salat. Die

Samen keimen sehr schnell und lassen sich in feuchtem Löschpapier, das um Flaschen gewunden ist, zur Entwickelung bringen.

Das Taschenkraut (Capsella bursa pastoris) hat ein dreieckiges, länglich herzförmiges, oben tief ausgeschnittenes Schötchen, dessen kahnförmige Klappen keinen Flügel bilden. Die Pflanze ist überall gemein, wird 1½' hoch, hat sperrige Aeste, fiederspaltige Blätter und blüht das ganze Jahr hindurch.

Das Hungerblümchen (Draba verna) ist die erste blühende Pflanze im Frühjahr, hat auf dem Rücken zusammengedrückte, flache Schötchen, kleine weiße Blumen und auf der Erde platt liegende, sternförmig gestellte Blätter.

2. Ordnung. Siliquosa. Mit längeren, rundlichen oder eckigen, vielsamigen Schoten. Dahin:

Der Kohl (Brassica oleracea), mit drehrunder, langer Schote, auf welcher der Griffel als ein kurzer Fortsatz stehen bleibt; Samen in einer Reihe, aber abwechselnd an beiden Nähten befestigt. Die vielfachen Abarten dieser aus dem südlichen Europa stammenden Pflanze werden in allen Gärten gebauet, und als Gemüse gegessen. Der Rapp- oder Rübsaamen (Br. napus) hat eine spindelförmige Wurzel und glatte, bereifte, dunkelgrüne Blätter; die obern herzförmig, den starken Stengel halbumfassend, die untern leierförmig. Gemein an Wegen und auf Feldern; wird angebauet wegen der ölhaltigen Saamen, aus welchen das Rüb- oder Rappöl gewonnen wird. Die Rübe oder teltower, auch märkische Rübe (Br. rapa) hat eine dickere, fleischige Wurzel, einen schmächtigeren Stengel, nicht bereifte, leierförmige, rauhe Wurzelblätter und glatte, ungetheilte, umfassende, hellgrüne Stengelblätter. Wegen der eßbaren Wurzeln bauet man sie an, am besten im losen Sandboden.

Der Rettig oder das Radieschen (Raphanus sativus) hat eine dickere, bauchige, gegliederte, runde, inwendig mit leeren Nebenfächern versehene Schote; große, rauhe, leierförmige Blätter und weiße Blumen. Die fleischige Wurzel wird gegessen.

Der Senf (Sinapis) hat eine nicht sehr lange, mit Längsstreifen versehene, geschnäbelte Schote. Der weiße S. (S. alba) hat sehr kurze, haarige Schoten; der schwarze S. (S. nigra) längere, nackte. Beide werden gebauet, besonders in südlichen Gegenden, und liefern das gleichnamige Gewürz. Der schwarze S. ist schärfer und wird besonders zu Blasenpflastern benutzt.

Sechszehnte Klasse. Monadelphia.

§. 154. Die gleich langen Staubfäden sind unter sich am Grunde verwachsen, und bilden einen Ring oder Cylinder um die Griffel. Die Ordnungen, hier, wie in den beiden folgenden Klassen, nach der Zahl der Staubgefäße.

1. Ordnung. Pentandria. Mit fünf Staubgefäßen.

Der Reiherschnabel (Erodium cicutarium), ein kleines Kraut, mit mehrmals fiederspaltigen Wurzelblättern und aufrechtem doldenförmigem Blüthenschaft. Jede Blume mit 5 Kelchblättern, 5 blutrothen Blumenblättern und zehn Staubfäden, von welchen aber nur fünf Staubbeutel tragen. Frucht fünf bärtige Nüßchen, die mit langen Fortsätzen an der Achse festsitzen, und sich von dieser ablösen, wenn sich der Fortsatz spiralförmig aufrollt. Gemein auf allen Feldern, blühet zeitig im Frühjahr.

2. Ordnung. Decandria. Mit zehn Staubgefäßen.

Die Gattung der Kranichschnäbel (Geranium) hat ganz die Kennzeichen der vorigen, aber die zehn Staubfäden tragen alle Staubbeutel. Man hat bei uns viele Arten, unter welchen sich mehrere durch einen eigenthümlichen Geruch auszeichnen; z. B. G. robertianum, Blüthenschaft mit zwei kleinen, rothen Blumen, Blätter dreitheilig oder fünftheilig, jedes Blättchen dreilappig gefiedert; Blumenblätter ohne Ausschnitt, Kelchblätter mit einer Granne. Gemein in allen Gebüschen; stinkt wie Fuchslosung.

3. Ordnung. Polyandria. Mit vielen Staubgefäßen.

Hierher die Familie der Malvengewächse (Malvaceae), bei welcher die vielen Staubfäden einen dichten Cylinder bilden, aus dessen Spitze die Griffel, deren Anzahl sehr verschieden ist, hervorragen. Der Kelch ist fünflappig, meistens mit Hüllblättern am Grunde (äußerer Kelch); die Blumenkrone fünfblättrig, Blätter am Grunde zusammenhängend. Die Frucht besteht theils aus vielen einsamigen, in einen Kreis um den Fruchtboden gestellten Achenien, theils aus einer mehrklappigen, mehrfächerigen, vielsamigen Kapsel z. B.

Die Bauerrose (Althaea rosea), mit fünf- und mehrlappigem, äußerem Kelch, vielen Griffeln und vielen einsamigen Achenien in einem Ringe. Eine aufrechte, mehrjährige Staude, mit großen, rauhen fünflappigen Blättern, und großen, ährenförmig gestellten, meistens rothen Blumen. In Gärten, stammt aus Griechenland und der Türkei. Eine bei uns einheimische, kleinere Art, der Eibisch (A. officinalis), hat filzige Blätter, wovon die unteren herzförmig, die oberen länglich eiförmig, undeutlich dreilappig sind, und fast fleischfarbige Blumen. Wächst auf Wiesen, und enthält, besonders in der Wurzel, viel Schleim; daher man diese, wie auch die Blätter, zum Brustthee benutzt.

Die Baumwollenpflanze (Gossypium herbaceum) hat einen dreiblättrigen, gezähnten, äußeren Kelch und einen einblättrigen, becherförmigen, inneren; Frucht eine dreiklappige, dreifächerige Kapsel; Samen von weicher Wolle eingehüllt. Die Pflanze ist eine mäßige Staude mit sperrigen Aesten, fünflappigen Blättern, deren Mittelnerve einen Drüsenfleck hat, und gelben Blumen mit violettem Fleck am Grunde jedes Blattes; sie wächst in Ostindien wild und wird in Süd-Asien, Afrika und Amerika angebauet, da die wollige Hülle des Samens die bekannte Baumwolle liefert.

Siebenzehnte Klasse. Diadelphia.

§. 155. Die gleich langen Staubgefäße sind in zwei Bündeln mit einander verwachsen. Die Anzahl der Staubgefäße giebt die Kennzeichen der Ordnungen.

1. Ordnung. Hexandria. Mit sechs Staubgefäßen.

Das gemeine Rauchkraut (Fumaria officinalis) hat einen zweiblättrigen, hinfälligen Kelch; eine vielblättrige, rachenförmige Blumenkrone, deren oberes Blatt am Grunde in einen stumpfen Sporn ausläuft. Die Frucht ein schotenförmiges Nüßchen, einfächerig, einsamig, nicht aufspringend. Die Pflanze wächst bei uns auf Kornfeldern, hat einen etwas niederliegenden Stengel, dreimalgefiederte Blätter, deren keilförmige Blättchen wieder getheilt sind, und einen ährenförmigen Blüthenstand; die Blumen sind fleischfarben, mit dunklerer Mündung.

2. Ordnung. Decandria. Mit zehn Staubgefäßen.

Diese Ordnung bildet eine sehr große, über alle Zonen verbreitete Familie, die unter der Namen der Hülsenpflanzen (Leguminosae) oder Schmetterlingsblumen (Papilionaceae) bekannt ist. Es sind theils baum-, theils krautartige Gewächse, oft mit rankenden Stengeln, und allermeist einfach gefiederten, seltener gefingert gefiederten Blättern. Die Blumen stehen in den Blattachseln, oder am Ende, und bilden Trauben, Köpfe, oder stehen paarweis. Jede hat einen einfachen, fünfzähnigen Kelch und fünf Blätter, von welchen je zwei gleiche Gestalt und Größe haben. Das fünfte, unpaare, oberste Blatt ist größer und steht meistens aufrecht: man nennt es Segel (vexillum); die beiden folgenden sind häufig beilförmig gestaltet und heißen Flügel (alae), die beiden untersten verwachsen meistens zu einer Rinne, die den Namen Kiel (carina) erhält. In dieser liegen Stempel und zehn Staubfäden. Die letzteren bilden einen Cylinder um jenen, und hängen theils alle, theils bis auf einen, unter sich zusammen; dieser eine ist immer der oberste. Die Frucht ist eine zweiklappige einfächerige oder quer gefächerte Hülse, in welcher die großen Saamen an einer Naht sitzen. Viele Pflanzen dieser Familie sind wichtig; z. B.

Die Bohnen (Phaseoli), allermeist rankende Pflanzen, mit abwechselnden, gedreiten, herzförmigen Blättern und traubenförmigen Blumen, deren Kiel mit den Staubfäden und dem Stempel spiralförmig aufgerollt ist. Hülsen lang, groß; Samen nierenförmig. Man bauet bei uns zwei Arten: die Schneide- oder Schminkbohne (Ph. vulgaris), aus Ostindien stammend, mit rankendem Stengel und gezweiten Blumenstielen, Stützblätichen kürzer als der Kelch, abstehend; — und die Zwerg- oder Brechbohne (Ph. nanus), mit aufrechtem, glattem Stengel und Stützblättchen, die über den Kelch hinausragen. Beide mit weißen Blumen. Eine dritte Art mit feuerrothen Blumen und gefleckten, größeren Samen (Ph. multiflorus), die aus Süd-Amerika stammt, zieht man als Zierpflanze in Gärten.

Die Erbse (Pisum sativum) hat auch rankende Stengel und zweipaarig gefiederte, in eine Ranke auslaufende Blätter. Blumenstiele vielblumig, in den Blattachseln, mit weißen Blüthen. Same kugelig. Ueberall in verschiedenen Spielarten angebauet seit langer Zeit, daher man das eigentliche Vaterland der Erbse nicht mehr kennt.

Die Riecherbse (Lathyrus odoratus), wie die Vorige rankend, mit achselständigen, zweiblumigen Blüthenstielen und in Ranken auslaufenden Blättern. Blumen dunkelroth und weiß, wohlriechend, mit breitem Segel und ungleich langen Kelchzähnen. Aus Spanien, bei uns als Zierpflanze in Gärten.

Die Wickengattung (Vicia) hat einen fünfzähnigen Kelch, dessen beide oberen Zähne kürzer sind, und einen dünnen, dicht unter der Narbe mit einem Haarschopf versehenen Griffel. Hülse langgestreckt, vielsamig. Man bauet bei uns 2 Arten: die Saatwicke (V. sativa), mit rankig gefiederten Blättern und achselständigen zweiblumigen Blüthenstielen; Blättchen mit Dolchspitzen, unten verkehrt herzförmig, oben länglich eiförmig, Hülsen haarig; — und die Saubohne (Vicia faba), mit aufrechtem, dickem Stengel und nicht rankig gefiederten Blättern; Blättchen eiförmig, glatt. Blumen zu drei; Hülsen haarig, besonders inwendig; Samen groß, nierenförmig. Stammt vom kaspischen Meere.

Die Linse (Ervum lens), mit gleichzähnigem Kelch und aufrechtem, überall haarigem Griffel. Hülsen wenig- (2—5-) samig, Samen zusammengedrückt. Blumen je zwei, den Blättern gegenüberstehend, weiß; wild im südlichen Europa.

Die große Gattung des Klee's (Trifolium) hat nicht rankende Stengel, gedreite Blätter und einen rundlichen, kopfförmigen Blüthenstand. Kelchzähne ungleich, die oberen kürzer; Hülse vom Kelch oder der Blumenkrone verdeckt, höchstens viersamig. Unter den vielen Arten ist Tr. repens, mit weißer, stehenbleibender Blumenkrone, doldenförmigen Blüthenköpfen, viersamigen Hülsen, verkehrt eiförmigen, leicht gezähnten Blättern und kriechendem Stengel, eine der gemeinsten. Ueberall auf Stoppelfeldern und zwischen dem Getreide. Der Wiesen- oder Futterklee (Tr. pratense) hat rothe Blüthen.

In eben diese Gruppe gehören noch die Luzerne (Medicago sativa), die Robinien oder falschen Akazien, die Esparsette, die arabische Akazie, der Johannisbrodbaum, die Indigopflanze u. v. a.

Achtzehnte Klasse. Polyadelphia.

§. 156. Die vielen, gleich langen Staubfäden stehen mit den Stempeln auf demselben Fruchtboden und sind in mehrere Bündel verwachsen. Hierher allermeistens ausländische Gattungen; z. B.

Der Kakaobaum (Theobroma cacao), ein Baum von 15 bis 40 Fuß Höhe, mit großen, breiten, ovalen, zugespitzten Blättern und einzelnen Blüthenbüscheln zerstreuet an den Zweigen. Jede Blume mit fünftheiligem Kelch, fünf länglichen, rosenrothen Blumenblättern, fünf fruchtbaren Staubfäden mit fünf unfruchtbaren abwechselnd und fünftheiligem Griffel. Die Frucht eine dicke, langgestreckte, beiderseits zugespitzte, fünffächerige Kapsel mit großen Samen in einem Brei. Aus den Samen bereitet man die Chokolade und ein dickes fettes Oel (Kacaobutter). Der Baum wächst im heißen Amerika (besonders Mexiko) wild, wird aber auch dort angebauet in schattigen Wäldern.

Die Orangengattung (Citrus) hat einen drei- bis fünfzähnigen Kelch, 5 Blumenblätter und viele in mehrere Bündel verwachsene Staubfäden; die Frucht ist mehrfächerig, saftig, enthält in jedem Fach 2—3 Samen, und wird von einer lederartigen drüsenreichen Haut bekleidet. Zwei Arten sind besonders wichtig: der Pomeranzenbaum (C. aurantium), mit geflügelten Blattstielen und kugeligen in der Längsachse zusammengedrückten Früchten; und der Citronenbaum (C. medica), mit ungeflügelten Blattstielen und länglich eirunden, an jedem Pol zugespitzten Früchten. Beide stammen aus Asien, werden seit langer Zeit in Italien und Süd-Europa angepflanzt, aber auch bei uns in Treibhäusern gezogen.

Einheimisch ist aus dieser Klasse nur die Gattung des Johanniskrauts (Hypericum), mit fünflappigem Kelch, fünf Blumenblättern und 3—5 Staubfädenbündeln; Frucht 3—5-fächerig, mit vielen Samen am mittleren Mutterkuchen. Gemein ist H perforatum, mit gegenüberstehenden, oval lanzettförmigen, gelb punktirten Blättern und gelben Blumen in den Blattachseln und am Ende. An Wegen, auch in Gebüschen, besonders an sonnigen Stellen.

Neunzehnte Klasse. Syngenesia.

§. 157. Die Antheren der fünf Staubgefäße sind in einen Ring verwachsen, welcher von den an der Blumenkrone festgewachsenen Fäden getragen wird und den einfachen, oben in 2 spiralig eingerollte Narben getheilten, Griffel umgiebt.

Es bildet diese ganze Klasse eine einzige Familie, die mit dem Namen der zusammengesetzten Blumen (Compositae) belegt ist. Sie hat den größten Umfang unter allen, indem der zwölfte Theil aller bekannten Pflanzen und über 300 Gattungen hierher gehören. Folgendes sind ihre gemeinsamen Merkmale: — Es sind allermeistens Kräuter, seltener Sträucher, noch seltener Bäume, mit abwechselnden oder gegenüberstehenden zerschlissenen Blättern und vielen Blüthen auf einem gemeinschaftlichen Fruchtboden. Dieser ist allermeistens halbkugelig, bisweilen kegelförmig gewölbt, und hat kleine Grübchen, in welchen die einzelnen Blumen sitzen; zwischen ihnen stehen oft noch kleine Hüllblättchen, eins für jede Blume, auf dem Fruchtboden, welche Spreublätter (paleae) heißen. Die Blüthen haben einen unterständigen Fruchtknoten, der sich zu einer einfachen Schließfrucht (achenium) entwickelt; ihr Kelch ist theils blättrig, theils borstig, theils haarig, theils federförmig, bleibt auf der Spitze der reifen Frucht stehen, und bildet die Samenkrone (pappus). Die Blumenkrone ist einblättrig, röhrig, theils regelmäßig fünflappig, theils in einen zungenförmigen Lappen verlängert. Nach der Stellung auf dem Fruchtboden unterscheidet man die mittleren als Scheibenblumen (flores discoidales), die seitlichen als Randblumen (fl. marginales) oder Strahlenblumen (fl. radiantes), wenn sie zungenförmig gebildet sind. Der gemeinschaftliche Fruchtboden hat eine, aus mehreren übereinanderstehenden Blätterreihen (Schuppen, squamae) zusammengesetzte, Hülle, welche anthodium, calyx communis oder periclinium genannt wird.

Linne theilt diese Klasse in 4 Ordnungen.

1. Ordnung. Aequalia. Die Scheiben- und Randblumen haben gleiche Gestalt und gleichen Bau. Aus allen entwickeln sich reife Samen.

a) Alle Blumenkronen regelmäßig fünflappig. Cynareae.

Die Distelgattung (Carduus) hat eine borstig haarige Samenkrone und Hüllenschuppen, die in steife Stacheln auslaufen. Fruchtboden borstig. Unter mehreren bei uns einheimischen Arten ist C nutans, mit herablaufenden am Rande dornigen Blättern und hängenden Blumenköpfen, deren Hüllenschuppenstacheln sehr groß, weitabstehend und lanzettförmig sind, eine der gemeinsten. Auf Feldern, an Wegen ꝛc.

Die Klette (Arctium lappa) hat den knopfförmigen Blüthenstand der Vorigen, aber die Hüllenschuppen haben hakige Stacheln, die Blätter sind groß, breit, ohne Stacheln, aber filzig. Ueberall gemein an Wegen, Zäunen ꝛc.

b) Alle Blumenkronen zungenförmig. Cichoreae.

Der Löwenzahn oder die Butterblume (Leontodon taraxacum) hat einen unzertheilten Schaft, dessen Blüthenboden von einer vielblättrigen Hülle umgeben ist. Der Boden ist nackt, und die Samen haben eine große gestielte, haarige Krone; die Blätter entspringen aus der Wurzel und sind länglich, schrotzähnig. Ueberall gemein.

Die Cichorie (Cichorium intybus) hat einen verzweigten Stengel, mit himmelblauen Blüthenknöpfen in den Blattachseln, deren Hülle aus einer doppelten Blätterreihe besteht. Fruchtboden mit Spreublättern, Same mit ähnlicher, aus kleinen Blättchen gebildeter Krone. Ueberall gemein an Wegen, wird wegen der großen fleischigen Wurzel, die man geröstet und gemahlen unter den Kaffee mischt, auch angebauet, und wächst am liebsten im leichten Sande.

2. Ordnung. Superflua. Scheibenblumen regelmäßig fünflappig, Randblumen bald ebenso, bald zungenförmig, bloß weiblich. Alle geben reife, vollkommene Samen.

a) Alle Blumen regelmäßig, fünflappig.

Der Rainfarren (Tanacetum vulgare), eine staudenartige Pflanze mit doppeltfiederspaltigen Blättern, deren Lappen gezähnt sind. Blumen am Ende in Afterdolden, gelb; Hüllblättchen dachziegelartig, rund. Randblumen klein, meist dreilappig, Fruchtboden nackt. Samenkrone sehr klein. Gemein in Gebüschen, an Gräben, Flüssen 2c.

Der Wermuth (Artemisia absinthium) hat einen aufrechten ästigen Stengel mit weißgrauen, dreimal fiederspaltigen Blättern; Blumenknöpfe rundlich, nickend; Fruchtboden nackt, Hülle dachziegelförmig schuppig. Samenkrone fehlt. Nicht selten an Wegen, auf Kehrichthaufen u. s. w.

b) Mit großen, zungenförmigen Strahlenblumen. Radiatae.

Die Gartenaster (Aster chinensis), eine einjährige Staude mit wenigen sperrigen Zweigen, die am Ende einen großen, flachen Blumenkopf tragen. Blumenhülle schuppig, blattförmig; Fruchtboden nackt; Randblumen verschieden farbig, bläulich oder roth, bisweilen weiß; Blätter länglich lanzettförmig, gezähnt, sitzend, die oberen spatelförmig. Aus China, bei uns in Gärten als Zierpflanze.

Das Gänseblümchen oder Tausendschön (Bellis perennis) hat einen kegelförmigen, nackten Fruchtboden, eine flache, schuppige Blüthenhülle, weiße Strahlblumen mit rothen Spitzen und gelbe Scheibenblumen. Blätter spatelförmig, entspringen aus der Wurzel; ein aufrechter Blüthenschaft. Ueberall gemein auf Viehweiden.

Die Chamille (Matricaria chamomilla) hat einen kegelförmigen, hohlen, nackten Fruchtboden und eine flach ausgebreitete, schuppige Blüthenhülle, deren Blättchen vertrocknen; Randblumen weiß und herabhängend. Blätter zweimal fiederspaltig mit linienförmigen Lappen. Häufig auf Stoppelfeldern;

wird als Heilmittel benutzt. Ihr ähnelt täuschend die Hundschamille (Anthemis catula), mit festem spreublättrigem Fruchtboden.

Die Schafgarbe (Achillea millefolium) ist eine aufrechtstehende, 1′ hohe Pflanze, mit gefurchtem Stengel und zweimal fiederspaltigen Blättern, deren Lappen zugespitzt sind. Blüthenköpfe in Afterdolden am Ende des Stengels: jeder mit flachem, von Spreublättern bedecktem Fruchtboden und schuppiger Hülle; Randblumen gering an Zahl, alle weiß. Gemein an Wegen, überall.

3. Ordnung. Frustranea. Hat Zwitterscheibenblumen, die Samen tragen, und unfruchtbare, weibliche Randblumen. Dahin:

Die Kornblume oder Tremse (Centaurea cyanus), mit kugelförmiger, schuppiger Hülle, deren Blättchen am Rande in schwarze Zähne auslaufen; borstigem Fruchtboden und borstiger Samenkrone. Randblumen röhrig und geschlechtslos, alle blau gefärbt. Blätter schmal, lanzettförmig, wie die sperrigen Stengel wollig. Ueberall zwischen dem Getreide.

4. Ordnung. Necessaria. Mit bloß männlichen, regelmäßig fünflappigen, röhrenförmigen Scheibenblumen und weiblichen, zungenförmigen Strahlenblumen, welche allein Samen tragen. Dahin:

Die Ringel- oder Todtenblume (Calendula officinalis), mit nacktem flachem Fruchtboden, vielblättriger Hülle und großen, flachen, kahn- oder halbmondförmigen, am Rande dornigen Samen. Blumen dunkel rothgelb, Blätter einfach, ungetheilt, länglich herzförmig, zugespitzt. Wird als Zierpflanze in Gärten, besonders aber auf Kirchhöfen, angebauet, und zum Schmuck der Leichen benutzt.

Zwanzigste Klasse. Gynandria.

§. 158. Staubfäden und Pistill sind bei den Pflanzen dieser Abtheilung in eine Säule verwachsen, welche auf dem Fruchtknoten ruhet; an ihr ist die Narbe, und darüber oder daneben sind die Staubbeutel befestigt.

1. Ordnung. Monandria. Mit einem Staubgefäß.

Diese Abtheilung bildet eine große Familie monokotyledonischer Gewächse, die mit dem Namen der Saleppflanzen oder Orchideen (Orchideae) bezeichnet wird. Alle sind krautartige Pflanzen mit knolligen oder gefingerten Wurzeln, scheidenförmigen, allermeist ungetheilten, ovalen oder lanzettförmigen Blättern, und aufrechtem Blüthenschaft, an welchem die Blumen eine Aehre bilden. Jede Blume hat unter sich ein Stützblatt, dann folgt der unterständige Fruchtknoten, und dieser trägt die unregelmäßige, sechsblättrige, gefärbte, rachenförmige Blumenhülle; drei kleinere Blätter bilden die Oberlippe, und von diesen biegt sich das mittlere über das in eine Säule verwachsene Pistill und Staubgefäß wie ein Helm; die anderen drei bilden die Unterlippe, besonders das mittlere große, oft merkwürdig gestaltete, meistens in mehrere Lappen getheilte und gespornte. Die Frucht ist eine langgestreckte, einfächerige Kapsel, in welcher die sehr kleinen, vom Mantel umgebenen Samen in 3 peripherischen, streifenförmigen Mutterkuchen festsitzen. Die eigentliche Heimath dieser sehr großen Familie ist das tropische Klima, unter welchem sie, besonders in feuchten Waldungen, oft als Schmarotzerpflanzen, außerordentlich gedeihen. Manche dieser sind außerordentlich schön. Eine derselben (Epidendron vanilla) liefert das angenehme Gewürz Vanille, welches die ½ bis 1 Fuß lange braune Samenkapsel ist und die staubartigen schwarzen Samen in einem wohlriechenden Brei enthält; die einheimischen wachsen vorzugsweise auf Wiesen und Torfmoor. z. B.

Das Knabenkraut oder der Salep (Orchis latifolia) hat ein aus zwei länglichen Knollen bestehende Wurzel; große, breite, braungefleckte Blätter; einen hohlen Schaft und hell blutrothe Blumen. Die Unterlippe ist groß, breit, dreilappig, mit abwärts gebogenen Rändern und einem kurzen, abgerundeten Sporn am Grunde. Gemein auf allen Wiesen, heißt auch, wiewohl mit Unrecht, Kukuksblume.

Bei Ophrys ovata haben die oberen Blumenblätter fast gleiche Größe, aber das mittlere untere (Unterlippe) ist sehr lang, breit, gabelförmig gespalten und hat keinen Sporn; die Pflanze hat eine aus vielen, dicken Fasern bestehende Wurzel, zwei große, eiförmig kreisrunde Blätter und einen aufrechten Blüthenschaft, mit vielen grünen Blumen. Häufig in Gebüschen.

Der Frauenschuh (Cypripedium calceolus) bildet nach Linné eine besondere Ordnung, da er zwei Staubfäden hat, gehört aber in diese Familie. Die gelbe Unterlippe ist groß, breit, bauchig, oben mit länglicher Oeffnung, wie ein Holzschuh; die übrigen Blumenblätter sind grade, lanzettförmig, groß, und haben eine braunrothe Farbe. Stengelblätter breit, eiförmig, zugespitzt; Wurzel faserig. In Gebirgsgegenden des mittleren Deutschlands.

2. Ordnung. Hexandria. Mit sechs Staubgefäßen. Dahin:

Die Osterluzei (Aristolochia clematitis), eine krautartige Pflanze, mit abwechselnden, ziemlich großen, herzförmigen Blättern, und einigen Blumen in den Blattachseln; jede auf einem besonderen Stiel, mit unterständigem Fruchtknoten, und einfacher, einblättriger, tutenförmiger, am Grunde bauchig erweiterter, gelber Blumenhülle. In dieser Erweiterung steckt die Narbe, mit sechs Zwillingsstaubbeuteln in ihrem Umfange. An Zäunen, auch in Gärten zu Lauben.

Einundzwanzigste Klasse. Monoecia.

§. 159. Linné rechnete hierher alle Pflanzen, bei welchen die Staubgefäße und Stempel nicht auf demselben Fruchtboden, sondern in ganz verschiedenen Blumen stehen, die verschiedenen, männlichen und weiblichen, Blumen aber von demselben Stamm getragen werden. Im Deutschen pflegt man sie einhäusige Pflanzen zu nennen. Die Ordnungen setzte Linné nach der Anzahl der Staubfäden fest. Folgende Familien stehen hier.

1. Fam. Nesselpflanzen (Urticeae). Krautartige Pflanzen oder Sträucher und Bäume, mit abwechselnden oder gegenüberstehenden Blättern und Blumen in den Blattachseln; beide kätzchenförmig oder gehäuft, mit 4 bis 5-lappigem Kelch, ohne Blumenkrone, und so viel Staubgefäßen als Kelchlappen. Frucht ein trocknes oder fleischiges Nüßchen. Dahin:

Die Brennnessel (Urtica urens), krautartig, mit kätzchenförmigem Blüthenstaube, Kelch 4-lappig, 4 Staubgefäße um ein becherförmiges Honiggefäß; weiblicher Kelch 2 bis 4-blättrig; Nüßchen vom Kelche umhüllt. Blätter gegenüberstehend, elliptisch, stark gezähnt, mit starken, steifen, brennenden Haaren besetzt. Ueberall gemein.

Der Maulbeerbaum (Morus nigra), großer Baum, mit herzförmigen, meist dreilappigen Blättern. Männlicher Kelch 4-lappig, mit 4 Staubfäden, weiblicher mit einfachem Fruchtknoten, worauf zwei Narben; Frucht eine einsamige Beere, deren viele dicht gedrängt auf demselben Fruchtboden stehen, schwarz. Bei uns angepflanzt zur Kultur des Seidenwurmes; stammt aus China.

2. Fam. Laubhölzer (Amentaceae), große Bäume, mit einfachen, aber abwechselnden, breiten Blättern und kätzchenförmigen Blüthen in den Blattachseln. Staubfäden unbestimmt. Die Frucht eine große einsamige Nuß, die in den später zu einem holzigen Näpfchen (cupula) veränderten Hüllblättern sitzen bleibt, und theils ganz (Buche), theils zur Hälfte (Eiche) von ihm umgeben wird; oder ein Zapfen, unter dessen holzigen Schuppen zwei kleine geflügelte Nüßchen stecken (Birken).

Die Eichengattung (Quercus) hat lange, gedehnte männliche Kätzchen, deren Blumen aus einem blattartigen Kelche bestehen, der strahlig getheilt ist, und viele Staubfäden umschließt; weibliche Hülle einfach, mit Schuppen besetzt. Frucht eine große Nuß, am Grunde von dem grade abgeschnittenen, außen schuppigen Näpfchen umgeben. Man hat bei uns 2 Arten: Q. robur, mit größeren, gelappten Blättern, und größeren, ungestielten Nüssen; Q. pedunculata, mit kleineren, noch tiefer gelappten Blättern und der Reihe nach an einem längeren Stiel festsitzenden Früchten. Die Kork liefernde Korkeiche (Qu. suber) hat immergrüne Belaubung und wächst in Spanien.

Die Haselnuß (Corylus avellana), ein holziger Strauch, mit ziemlich runden, unregelmäßig gezähnten Blättern. Männliche Blumen in großen Kätzchen, Staubfäden 4—8 unter Schuppen. Weibliche Blumen zu 8 oder 4, jede mit lappigem größerem tief getheiltem Involukrum und 2 blutrothen Narben. Frucht eine einsamige Nuß, zur Hälfte vom häutigen großlappigen Näpfchen umgeben. Ueberall in Wäldern, und angepflanzt in Gärten

Die Buche (Fagus sylvatica), ein großer Baum, mit aufrechtem, glattem Stamm und fast horizontalen Zweigen. Blätter eiförmig, ganzrandig; männliche Blumen ohne Hüllblätter, mit fünflappigem Kelch und mit vielen Staubfäden; weibliche Blumen je 2, außer dem Kelch von einem vielblättrigen weichstacheligen Involukrum umgeben; jede mit dreikantigem Fruchtknoten, worauf 3 Narben. Die Frucht besteht aus 2 dreieckigen Nüßchen, die ganz von dem nunmehr harten, holzigen Näpfchen umschlossen sind.

Die Haynbuche oder Weißbuche (Carpinus betulus), ein mäßiger Baum mit eiförmigen, gezähnten Blättern. Blumen in Kätzchen, männliche größer, unter Schuppen, mit 10—20 Staubfäden; weibliche mit größeren, gespaltenen Schuppen, und unter jeder 2 Fruchtknoten mit gabeliger, rother Narbe. Frucht eine gefurchte Nuß, von dem großen, dreilappigen schuppenförmigen Näpfchen leicht eingehüllt.

Die Birke (Betula) ist baumartig, mit dünnen, sehr schlanken Stämmen und aufrechten Zweigen; Blumen in Kätzchen, unter jeder Schuppe der männlichen mehrere kleinere Schüppchen mit einer Zwillingsanthere; weibliche Kätzchen holzig, unter jeder Schuppe zwei geflügelte Nüßchen. Die Weißbirke (B. alba) hat aufrechte Zweige und eiförmige, spitze, doppelt gezähnte Blätter; die Hängebirke (B. pendula), hat dünne am Ende herabhängende Zweige, mehr dreiseitige Blätter, und längere, zugespitzte Schuppen der weiblichen Kätzchen.

Die Erle oder Eller (Alnus glutinosa) hat ganz die Kennzeichen der Birke, aber unter den Schuppen der männlichen Kätzchen stehen vier vierlappige Schüppchen, jede mit vier Staubfäden; weibliche Schuppen mit zwei Fruchtknoten, woraus eine zweifächerige, in jedem Fach einsamige Kapsel. Der Baum liebt feuchte Standorte, daher in Brüchen, hat einen graden Stamm und fast keilförmige, unten in den Achseln der Rippen haarige, jung klebrige Blätter.

3. Fam. Nadelhölzer oder Zapfenbäume (Coniferae). Ebenfalls große Bäume, mit gradem, hohem Stamm, und allermeist quirlförmig gestellten Zweigen. Blätter rundlich, schmal, nadelförmig, oder breiter, lanzettlich, lederartig. Blumen in Kätzchen; männliche bloß aus Staubbeuteln bestehend, weibliche aus dicken, flachen, offenen Fruchtknoten (Schuppen), welche hernach den harten, kegel- oder kugelförmigen Zapfen bilden. Dahin:

Die Gattung Pinus, kenntlich an den großen, kegelförmigen Zapfen, deren Schuppen dick und aufgeworfen sind, und an den in ein Bündel verwachsenen Staubfäden. Blätter sehr schmal, lang, dünn, spitz, haufenweis gestellt. Dahin: die Kiefer oder Föhre (P. silvestris), mit je zwei straffen unterhalb gewölbten Blätten und einzelnen Zapfen, deren Schuppen rautenförmig abgestutzt sind. Ueberall als Waldbaum, besonders im Norden; liefert Bau- und Brennholz, Theer, Terpentinöl, Colophonium und Pech. — Die Pinie (P. picea) ebenfalls mit je zwei Blättern, die jung haarig sind, und sehr großen Zapfen, deren am Ende abgerundete Schuppen stark vortreten. Süd-Europa; die Samen werden gegessen, die Zapfen von den Alten zu Bacchantenstäben benutzt. — Die Weymouthsfichte (P. strobus), mit je 5 sehr langen, dünnen Nadeln und großen, länglichen Zapfen. Aus Nord-Amerika, bei uns in Lustgärten.

Die Gattung Abies hat längere, gestrecktere, gleichmäßiger dicke Zapfen, mit dünneren, glatten abfallenden Schuppen. Die Blätter zerstreut, ohne bestimmte Ordnung, aber sehr dicht und zahlreich in Büscheln, allermeist etwas breiter. Samen reifen schneller. Dahin: die Ceder (A. cedrus), Blätter straff, spitz, büschelweis; Zapfen elliptisch, Schuppen angedrückt und abgestutzt. Großer Baum, der ein ungeheures Alter erreicht und besonders auf dem Libanon wächst. Holz wohlriechend, zu Bleifedern. — Der Lärchenbaum (A. larix), mit jährlich abfallenden, stumpfen, büschelweis gestellten Blättern und eiförmigem Zapfen, dessen Schuppen am Rande zurückgebogen und zerrissen sind. Süd-Europa; bei uns einzeln in Anpflanzungen. Holz sehr dauerhaft. — Die Edel- oder Weißtanne (A. picea s. A. pectinata) hat zweireihig gestellte, ziemlich breite, unten weiße Blätter, und aufrecht stehende Zapfen mit stumpfen, angedrückten Schuppen. Mehr südlich, bei uns nur einzeln angepflanzt. — Die Rothtanne (A. excelsa, Pinus abies *Linn.*), mit viereckigen, spitzen, zweireihig zerstreut stehenden Blättern; Zapfen groß, hängend, mit breiten, flachen, abgerundeten Schuppen, die am Rande wie ausgenagt erscheinen. Besonders im nördlichen Europa, Schweden, Finnland; liefert die höchsten und besten Mastbäume.

Einer besonderen Familie mit 3 Staubgefäßen gehört der Mais (Zea Mays) an, mit zweiblüthigen sitzenden Aehren; die weiblichen Aehren von Scheiden umhüllt, die männlichen Blüthen in ausgebreiteter Rispe; aus Süd-Amerika, bei uns gebauet.

Zweiundzwanzigste Klasse. Dioecia.

§. 160. Die Pflanzen dieser Klasse haben mit denen der vorhergehenden große Aehnlichkeit, aber unterscheiden sich von ihnen dadurch, daß die verschiedenen Blumen auch auf verschiedenen Stämmen stehen, so nämlich, daß eine Pflanze nur männliche, die andere nur weibliche trägt. Linné theilte diese Klasse ebenfalls nach der Zahl der Staubgefäße in Ordnungen. Da die meisten mit in die Familien der vorigen Klasse gehören, so werden wir sie denen anreihen.

Zu den Urticeen gehört:

Der Hanf (Cannabis sativa), eine einjährige, staudenartige Pflanze, mit zusammengesetzten fünffachen Blättern, deren Blättchen lanzettförmig und gezähnt sind. Blumen in den Blattachseln, die männlichen traubenförmig mit fünfblättriger, grüner Blumenhülle und 5 Staubfäden; weibliche gedrängt, unter Schuppen, ein einfacher Fruchtknoten mit 2 kolbigen Narben. Frucht ein Nüßchen. Ueberall angebaut; aus dem Stengel bereitet man den Hanf, der zu Reisen, Bindfaden, Tauen verarbeitet wird; die Samen geben Oel.

Der Hopfen (Humulus lupulus), eine rankende, vieljährige Staude, mit großen, fünflappigen, gezähnten, gegenüberstehenden Blättern und achselständigen Blumen. Männliche in Trauben; Blumenhülle fünfblättrig, grün; fünf Staubgefäße. Weibliche Blumen bilden einen Zapfen, dessen Schuppen weich und blattartig sind; unter jeder Schuppe ein einfacher Fruchtknoten mit gabeliger Narbe. Same ein Nüßchen. Wild in Wäldern und Gebüschen, wird angebauet und zum Würzen des Bieres benutzt.

Zu den Zapfenbäumen gehören:

Der Taxusbaum (Taxus baccata), ein mäßiger Baum mit dicht gedrängten Zweigen und zerstreut stehenden, schmalen, linienförmigen, zugespitzten Blättern. Männliche Blumen mit vierlappigem Kelch, 4 Blumenblättern und einem traubenförmigen Staubgefäßbüschel; weibliche mit schuppenförmigem Kelch, und einfachem Fruchtknoten, woraus sich eine einsamige, vom Kelch am Grunde umgebene, rothe, offene Beere bildet. Südlich, bei uns angepflanzt in Gärten, besonders früher, wo man den Baum pyramidenförmig zustutzte.

Der Wachholder oder Knirkstrauch (Juniperus communis), bei uns ein kleiner Strauch mit niedergedrückten Aesten, und zerstreuten, eckigen, sehr spitzen, stacheligen Blättern; im Norden Europa's mehr baumartig. Blumen in den Blattachseln, männliche zapfenförmig, die kugelförmigen Staubbeutel am Rande der Schuppen; weibliche ebenso, in unteren Schuppen leer, zwischen den beiden obersten ein Fruchtknoten mit 3 Narben, der sich zu einer 1—3 nüssigen Zapfenbeere ausbildet.

Eigenthümliche Familien dieser Klasse sind folgende:

1. Fam. Weidenbäume (Salicineae). Bäume mit einfachen, abwechselnden Blättern und achselständigen, kätzchenförmigen Blüthen, deren Hüllen bloße, blattartige Schuppen sind. Die Früchte sind vielsamige, längliche, ein- und zweifächerige Kapseln mit vielen, kleinen, von seidenartigen Haaren umgebenen Samen. Dahin:

Die Weide (Salix); männliche Kätzchen unter jeder Schuppe mit 1 bis 5 Staubfäden; weibliche mit einfachem Fruchtknoten, worauf 2 Narben; Kapsel eiförmig, Samen an den Klappen befestigt. Unter den vielen Arten dieser Gattung sind besonders häufig: die weiße W. (S. alba), mit lanzettförmigen, zugespitzten, gesägten, beiderseits seidenhaarigen Blättern und zweitheiligen Narben. Ueberall gemein an Wegen, Dörfern ꝛc. — Die Korbweide (S. viminalis) mit sehr langen, linear lanzettförmigen, fast ganzrandigen Blättern, die auf der unteren Seite seidenhaarig sind. Die Kätzchenschuppen behaart, Haare der weiblichen sehr lang. An den Ufern der Flüsse, Gräben ꝛc. häufig. — Die Trauerweide (S. babylonica), mit sehr langen, zugespitzten, glatten Blättern und herabhängenden Zweigen. Südlich, bei uns angepflanzt, besonders an Gräben und auf Gräbern.

Die Pappel (Populus) hat alle Kennzeichen der Weide, aber die Kätzchenschuppen sind gelappt, die männlichen mit 8 Staubfäden, die beiden Narben bisweilen zweilappig. Man kennt bei uns mehrere Arten z. B. die italienische P. (P. dilatata), mit dreieckigen, spitzen, gezähnten, beiderseits glatten Blättern, die breiter sind als lang. Zweige aufrecht, daher der ganze Baum lang gestreckt pyramidenförmig erscheint. Stammt aus dem nördlichen Italien, bei uns angepflanzt zu Alleen; die meisten hiesigen Bäume sind männliche. — Die Zitterpappel oder Espe (P. tremula), mit runden, spitzgezähnten, beiderseits glatten Blättern, und sehr schmalen, stark zusammengedrückten Blattstielen. Ebenfalls ein großer Baum mit mehr sperrigen Zweigen, oft buschig als Unterholz in Wäldern. —

2. Fam. Palmen (Palmae). Hohe Bäume, mit grade aufsteigendem, stacheligem, knotigem oder glattem, unverzweigtem Stamm, welcher an seiner Spitze mehrere große, langgestielte zusammengesetzte, theils gefiederte, theils fächerförmige Blätter trägt. Blättchen einfach, ungetheilt. Blumen in Kolben, Rispen oder Trauben mit sechsblättrigem Perigonium in 2 Reihen, sechs Staubgefäßen und allermeist drei Narben. Die Geschlechter sind nicht immer getrennt, viele Palmen haben die männlichen und weiblichen Blumen auf demselben Stamm, gehören also in die vorige Klasse, noch andere tragen die verschiedenen Blumen sogar in einer und derselben Traube (androgynischer Bau), wenige endlich, aber grade die wichtigsten und bekanntesten, sind wahrhaft diöcisch, daher wir keinen Anstand nahmen, die Familie hierher zu stellen. Palmen finden sich zwischen den Wendekreisen, obgleich auch der Süden Europa's eine Art (Chamaerops humilis) beherbergt, wachsen gemeiniglich in der Nähe des Wassers, daher am Strande oder an Flußufern, und bilden keine dichten Wälder, sondern stehen einzeln, höchstens haufenweis, am liebsten zwischen dem Laubholz der Tropen in den Wäldern. Amerika beherbergt die meisten. Wichtige Palmen sind:

Die Dattelpalme (Phoenix dactylifera), diöcisch, Blüthen in Trauben zwischen den Blattstielen, Blätter gefiedert, vieljochig; Stengel stachellos, Blättchen der Länge nach gefaltet; Frucht eine langgestreckte, cylindrische, einsamige Steinfrucht, die eßbar und wohlschmeckend ist. Arabien und Nord-Afrika; der gewöhnlichste Fruchtbaum jener Gegend, und für die ärmere Klasse ein unentbehrliches Nahrungsmittel. Frucht etwas größer als eine Pflaume, frisch gelbroth, saftig. Der Baum wird über 200 Jahre alt, trägt im sechsten Jahre zuerst Früchte und ist dann wohl 12' hoch, ein alter gegen 60'.

Die Kokosnußpalme (Cocos nucifera), monöcisch, und zwar androgynisch; sechs langgestielte Staubfäden. Frucht eine große, außer der holzigen Schaale noch von einer dicken, faserigen Hülle umgebene Nuß, welche am Grunde drei Löcher hat. Kern hohl, inwendig voll Milchsaft. Ein hoher Baum, mit vielen (gegen 20) langen, gefiederten Blättern und vielen Nüssen, deren jede 1' im Längsdurchmesser hat. Ueberall zwischen den Tropen am Meeresufer angepflanzt, vorzüglich auf den Inseln der Südsee, und für die Bewohner derselben das wichtigste Nahrungsmittel.

Die Oelpalme (Elais guineensis), ebenfalls monöcisch, Blumen in Kolben, mit doppeltem 6-blättrigem Perigonium; männliche mit 6 verwachsenen Staubfäden, weibliche mit 3 Narben. Frucht eine saftige Steinfrucht von oben zugespitzter Form, die in ihrer Fleischhülle sehr viel fettes Oel enthält. Man ißt das Fleisch auf Brod gestrichen wie Butter, preßt das Oel aus, und benutzt es besonders zur Bereitung von Seife. Der Baum wird gegen 30' hoch, ist überall mit den kurzen, am Rande stacheligen Stielen der abgefallenen Blätter bedeckt, und trägt an der Spitze nur wenige, aber sehr lange, gefiederte, vieljochige Blätter. Guinea, von da nach West-Indien verpflanzt.

Dreiundzwanzigste Klasse. Polygamia.

§. 161. In dieser Klasse sollen, nach Linné, alle diejenigen Pflanzen stehen, welche neben männlichen oder weiblichen Blumen noch Zwitterblüthen auf demselben Stamm tragen. Er theilte sie dann nach der Anzahl der Staubgefäße, wie die früheren Klassen, in Ordnungen. Da indeß dieser Charakter großen Abänderungen in den verschiedenen hierher gerechneten Pflanzengattungen unterliegt, so haben viele spätere Botaniker die Klasse ganz eingezogen und die Pflanzen nach der Zahl der Staubfäden in eine der ersten dreizehn Klassen gebracht, andere dagegen haben nur wenige Pflanzen hier stehen lassen. Unter den von Linné aufgeführten einheimischen sind folgende bemerkenswerth.

Die Ahorngattung (Acer) enthält baumartige Pflanzen mit einfachen, aber gelappten Blättern, und rispenförmig gestellten, gipfelständigen Blumen, die aus einem fünflappigen Kelch, einer fünfblättrigen Krone, 8 Staubgefäßen, und einem einfachen, gespaltenen Griffel bestehen. Frucht ein doppeltes, großes, einseitig geflügeltes Nüßchen. Die Arten wachsen mehr in südlichen Gegenden, und werden bei uns in Anlagen angepflanzt; z. B.

A. platanoides, mit fünflappigen Blättern, deren Lappen ungleich tief gezähnt und unterhalb weißlich grün gefärbt sind; die jüngeren haarig. Blumen langgestielt, hängend. In Anlagen, an Wegen, ziemlich häufig. Manche Arten, wie der Zuckerahorn (A. saccharinum), enthalten einen süßen Zuckersaft, den man benutzt.

Die Esche (Fraxinus excelsior), ebenfalls ein hoher Baum, mit einfachgefiederten Blättern, deren Blättchen lanzettförmig und gesägt sind. Blumen in Trauben, jede Blüthe bei dieser Art ohne Kelch und Krone; bei anderen Arten mit vierlappigem Kelch und vierblättriger Krone; zwei lange Staubgefäße, Fruchtknoten mit zwei Narben. Frucht eine einsamige Flügelfrucht, mit aufrechtem, gradem, am Ende schief ausgerandetem Flügel. Bei uns in Anlagen, Alleen angepflanzt, wild im südlichen Deutschland und Süd-Europa. Die Rinde enthält einen bitteren Stoff.

Die Meldengattung (Atriplex) enthält krautartige, allermeist einjährige Pflanzen, mit gegenüberstehenden oder abwechselnden Blättern, und sperrigen, in den Blattachseln stehenden Zweigen. Blumen ebenfalls in den Blattachseln, die Zwitterblüthen mit fünflappiger Blumenhülle, 5 Staubfäden und einem Fruchtknoten mit gabeliger Narbe; die weiblichen mit zweien, schuppenförmigen, oft spießförmigen Hüllblättern. Frucht ein Nüßchen, von den fortwachsenden Hüllblättern umgeben. Sehr gemein ist A. patula, mit gegenüberstehenden, dreieckig lanzettförmigen, fast spießartigen, gezähnten Blättern und weit abstehenden Zweigen. Hüllblätter auf der Fläche mit Stacheln, am Rande mit Zähnen. Eine andere Art, die Gartenmelde (A. hortensis), mit dreieckigen, gezähnten, gleichfarbigen Blättern, und elliptischen, netzförmig geaderten Hüllblättern, wird in Gärten angebauet und als Gemüse gegessen.

Der Meldengattung ist im Aeußeren die Gattung des Gänsefußes (Chenopodium) sehr ähnlich, unterscheidet sich aber von ihr durch stets zwittrige Blumen, und den mit der Furcht sich nicht verändernden, fünflappigen Kelch. Bei Linné steht sie daher in der fünften Klasse.

Vierundzwanzigste Klasse. Cryptogamia.

§. 162. Der Charakter dieser letzten Klasse des Linnéischen Systemes besteht in dem Mangel aller deutlichen Blumen und der in ihnen vorhandenen Organe. Nichts desto weniger bilden alle Samen, die sich aber dadurch von den Samen der übrigen Pflanzen unterscheiden, daß sie bloß aus einer einfachen Zelle bestehen, während bei den übrigen Eiweiß, Keim und Samenlappen sich unterscheiden lassen. Weil also diesen Pflanzen der Samenlappen fehlt, heißen sie auch Akotyledonen, und ihre Samen Keimkörner (sporae). Sie liegen selten frei in der Pflanze, meistens innerhalb größerer Säcke (sporangia), oder förmlicher Kapseln. Nach Linné zerfällt die Klasse in 6 Ordnungen.

1. Fam. Farrenkräuter (Filices). Pflanzen mit deutlichen, zum Theil gegliederten, röhrigen, allermeist gefiederten oder fiederspaltigen Blättern, und Keimkörnern in Kapseln, welche haufenweis bei einander stehen, und in der Regel an der unteren Fläche des Blattes, bisweilen selbst an der Wurzel, oder an der Spitze des Stengels befestigt sind. Dahin:

Der Schachtelhalm (Equisetum palustre), mit grade aufrechtem, hohlem, gegliedertem Stengel und quirlförmig gestellten, dünnen, gegliederten, röhrigen, wie der Stengel gefurchten, fünfeckigen Blättern. An der Spitze eine Aehre, welche in vielen, kleinen, an gestielten Scheibchen befestigten Säcken die mit zwei kolbigen Fädchen (Schleuderer, elateres) versehenen Keimkörner enthält. Gemein in Sümpfen und Gräben, wird von Tischlern und Drechslern gesammelt und zum Poliren benutzt.

Der Bärlapp (Lycopodium clavatum), eine kleine Pflanze mit niedergeducktem verzweigtem Stengel und dicht gedrängten, schuppenförmigen, kleinen lanzettlichen Blättern. In den Achseln der letzten Stengelblätter sitzen nierenförmige einfächerige Kapseln, die sich mit einer Klappe öffnen und viele, sehr kleine, gelbe Keimkörner enthalten, welche in den Officinen als Sternpulver unter dem Namen des Hexenmehls gebraucht werden. In Wäldern und auf Haiden, häufig.

Das gemeine Farrenkraut (Aspidium) hat einen kriechenden Wurzelstock und aufrechte fiederspaltige Blätter, an deren unterer Seite kleine runde mit einem Ringe umgürtete Kapseln haufenweis zerstreut stehen. Jeder Kapselhaufen (sorus) von einer dünnen Haut (Schleier, indusium) bedeckt. A. filix mas hat einen runden Schleier, 2mal gefiedertes Laub, dessen Fiederlappen länglich, aber stumpf, und am Rande mit stumpfen Zähnen versehen sind. Fruchthaufen neben der Mittelrippe, diese und der Blattstiel mit braunen, trocknen Streublättern. — A. filix Femina hat längliche Schleier, spitz dreifach gezähnte Fiederlappen und längliche Fruchthaufen. Beide sehr gemein in unseren Wäldern.

Das Adlerfarrenkraut (Pteris aquilina). Hat den Bau der Vorigen, dieselben Kapseln, aber die Fruchthaufen bilden einen schmalen, am Rande fortlaufenden Strich, mit dünnem, nach Innen offenem Schleier. Das Blatt ist doppelt gefiedert, und die Lappen sind, besonders am untern Theile, in längliche stumpfe Zähne getheilt. Der Durchschnitt des Stengels zeigt die schwarze Zeichnung eines doppelten Adlers, daher der Name. Gemein in Wäldern.

2. Fam. Laubmoose (Musci frondosi). Kleine Pflanzen mit dünnen, verzweigten Stengeln, woran kleine, schmale, zugespitzte, schuppenförmige

Blätter. Keimkörner in gestielten, becherförmigen Kapseln, die theils zerstreut in den Blattachseln, theils an der Spitze der Stengel stehen. Jede Kapsel von einem Deckel verschlossen, und allermeist am Mündungsrande mit 4, 8, 16, 32 oder 64 Zähnen, sowohl in einfacher als auch doppelter Reihe, versehen. Die Kapsel bedeckt, so lange sie geschlossen ist, eine häutige, dünne Mütze. Man kennt sehr viele Arten, z. B.

Das Torfmoos (Sphagnum latifolium). Kapselmündung ohne Zahnrand, Mütze am Grunde der Kapsel sitzen bleibend; Blätter eiförmig, stumpf, ganzrandig; Zweige lang, zugespitzt, schlaff. In Sümpfen und Torfmooren gemein.

Das große Waldmoos (Polytrichum commune), Kapselmund mit 32 — 64 Zähnen, die durch eine Haut zusammenhängen. Stengel aufrecht, ungetheilt, Blätter ziemlich abstehend, am Rande und auf dem Rücken gezähnt. Kapsel stumpf viereckig, mit spitzem Schnabel des Deckels. Häufig in Wäldern, das größte deutsche Moos.

3. Fam. Lebermoose (Musci hepatici). Sie haben die Kennzeichen der Vorigen, aber die Kapsel besteht aus mehreren (2 oder 4) Klappen und hat keinen Deckel. Das Laub ist dünner, breiter; bisweilen die ganze Pflanze ein bloßes zerlapptes Blatt.

Die hierher gehörigen Gattungen sind minder wichtig und fallen weniger in die Augen, daher wir keine namentlich anführen können.

4. Fam. Flechten (Lichenes). Diese Pflanzen haben gar keine Blätter mehr, sondern bestehen bloß aus einem flachen, am Rande gelappten und getheilten, oder aufrecht stehenden, ästigen Flechtenlager (Thallus), in welchem das Mikroskop eine Rinden- und eine Markschicht unterscheidet. Auf der Mitte oder an der Spitze stehen kleine napfförmige Vertiefungen oder halbkugelförmige Körper (Schüsselchen, scutella), in welchen die Keimkörner in einem lockeren Zellgewebe liegen. Die Flechten wachsen theils an Baumstämmen, theils auf nackten Felsen, selten auf der Erde, und finden sich besonders in kalten Regionen, daher bei uns in Gebirgsgegenden. Manche enthalten nahrhafte Stoffe für Menschen und Thiere, z. B.

Das isländische Moos (Cetraria islandica), eine flache, blattartige Flechte von oberhalb brauner, unten weißgelber Farbe, bei welcher die Schüsselchen auf der Mitte stehen. Sie wächst besonders auf Gebirgen, z. B. dem Brocken, doch auch in der Ebene, in Kieferwäldern, und ist dann mehr aufgerichtet und zerlappt. Man wendet das isländische Moos wegen seiner nahrhaften Bestandtheile gegen Brustkrankheiten mit Erfolg an.

Das Rennthiermoos (Coenomyce rangiferina), ist eine aufrechte, vielfach getheilte, büschelförmige Flechte, mit halbkugeligen, gefärbten Schüsselchen am Ende. Die Flechte selbst hat eine weißlich graue Farbe und braune Schüsselchen; sie findet sich überall auf Haiden und in Kieferwaldungen an der Erde. Die Rennthiere nähren sich besonders von dieser und verwandten Arten.

Die Bartflechte (Usnea barbata) bildet an allen Obst- und Waldbäumen herabhängende grüne Fäden.

5. Fam. Algen (Algae). Blatt- oder röhrenförmige, verzweigte oder einfache Wassergewächse von grüner, brauner oder rother Farbe, welche ihre Keimkörner theils in den Zellen der Blätter oder Röhren, theils in besondern blasenförmigen Kapseln tragen.

Die Gattung der Tange (Fucus) findet sich nur im Meere, hat einen verzweigten, mit lederartigen Blättern besetzten Stengel und blasenförmige Kapseln, die zum Theil unmittelbar am Rande der Blätter sitzen; so z. B. beim Blasen-Tang (Fucus vesiculosus), welcher an den norddeutschen Küsten häufig vorkommt, und aus langen, ziemlich breiten, lanzettförmigen, bräunlichen Blättern besteht. Andere Arten enthalten viel Schleim und sind eßbar.

Die Bachconferve (Conferva rivularis) besteht aus einfachen, dünnen, geraden, sehr langen Fäden, die gegliedert sind Jedes Glied dreimal so lang wie breit, inwendig Keimkörner enthaltend. Farbe dunkelgrün. Flockenweis in klaren Bächen, an Steinen befestigt.

Die Diatomeen oder Kieselalgen sind mikroskopische Zellen mit mannigfach gestalteter, aus Kieselerde gebildeter, punktirter oder gestreifter Hülle, vermehren sich durch Selbsttheilung ganz erstaunlich schnell und lassen beim Absterben die Kieselschale zurück.

6. Fam. Pilze (Mycetes). Dicke, fleischige, zellige oder dünne, fadenförmige, niemals grün, wohl aber schwarz, blau, roth, gelb oder braun gefärbte Körper, deren Keimkörper theils frei, theils in besonderen Schläuchen eingeschlossen, durch die ganze Masse oder auf der Oberfläche in einer besonderen Schicht (hymenium) abgelagert sind. Sie entstehen bei der Zersetzung thierischer oder pflanzlicher Materien in großer Menge an feuchten, dunkeln und schattigen Orten, besonders im Frühjahr und Herbst, auf und aus den abgefallenen Blättern, auf dem Mist u dgl. Im Wasser selbst bilden sie sich nicht, nur an Körpern, die mit der Luft in Berührung stehen. Manche Pilze sind eßbar, andere dagegen sind giftig und höchst gefährlich.

Einige, wie die Schwämme (Fungi), haben einen Stiel und eine obere, schirmförmige Ausbreitung, die man Hut nennt; Keimkörner an der unteren Seite des Huts. Dahin der Fliegenschwamm (Agaricus muscarius), gelbweiß, mit purpurrother Oberfläche des Huts; die untere in strahlige Falten gelegt. Häufig in Kieferwäldern, sehr giftig. Der Champignon (A. campestris) ist überall weiß, nur die strahligen Falten an der Unterseite des Huts sind violetbraun. Auf Viehweiden; eßbar.

Der Feuerschwamm (Boletus fomentarius) hat keinen Stiel, sondern der Hut sitzt mit dem breitgedrückten Rande an alten Baumstämmen, besonders an Aepfelbäumen fest. Unterseite des Huts fein durchlöchert; Farbe gelbbraun. Wird zur Bereitung des Feuerschwammes benutzt.

Andere bestehen aus kugelförmigen Massen, in deren innerem Gewebe die Keimkörner liegen: Bauchpilze (Gastromycetes). Z. B. der Bovist (Lycoperdon bovista), von der Größe eines Hühnereies und drüber, mit zugespitzter Wurzelseite; Farbe milchweiß. Auf Viehweiden, platzt reif oben in der Mitte auf und läßt die vielen, braunen Keimkörner wie Staub herausprühen. — Auch die eßbare Trüffel (Tuber obtextum) hat diese Form und ähnlichen Bau. Sie findet sich tief in der Erde, an alten Baumwurzeln.

Wieder andere Pilze bestehen aus einfachen oder verzweigten, gegliederten Fäden und tragen oft größere Blasen an der Spitze, in welchen die Keimkörner stehen: Fadenpilze (Hyphomycetes), z. B der Schimmel (Mucor) auf eingemachten Sachen.

Noch andere endlich bestehen aus einem bloßen Pulver vieler unendlich kleiner Keimkörner, welches sich unter der Oberhaut lebender Pflanzen, die aber dadurch, wenigstens an dieser Stelle, getödtet werden, bildet: Staubpilze (Coniomycetes). Dieser Art ist z. B. der schwarze Brand, Flugbrand, Schmierbrand (Uredo) in unseren Getreidearten und der Rost auf den Blättern der verschiedensten Pflanzen.

Uebersicht

der erwähnten Gewächse nach dem natürlichen System.

I. Dicotyledoneae.

Gewächse, deren Stengel aus Rinde, Jahresring und Mark besteht, deren Blätter artikulirt sind und netzförmige Rippen haben. Ihre Blumen zeigen einen Kelch und meistens auch eine Krone; die Samen einen deutlichen Keim, mit zwei oder mehr Samenlappen. In den Organen der Blume herrscht die Zahl fünf oder vier.

Erste Klasse. Polypetalae.

Die Blumenkrone ist stets vorhanden und besteht aus mehreren Blumenblättern.

1. Ordnung. Thalamopetalae. Die Kronenblätter sitzen am Fruchtboden und ebenda die Staubgefäße.

Fam. Ranunculaceae. Kelch 4—5-blättrig, hinfällig; 4—5 bisweilen in Nektarien verwandelte Kronenblätter; viele Staubgefäße, mehrere oder viele Stempel; Früchte theils Balgkapseln, theils Achenien.

Gatt. Delphinium 147, Aquilegia 147, Helleborus, Caltha 147, Ranunculus 147, Adonis, Clematis, Thalictrum, Anemone.

Fam. Nymphaeaceae. Kelch 3—5blättrig; Krone vielblättrig, ohne Nektarien; viele Staubgefäße mit blattförmigen Fäden. Frucht eine mehrfächerige Kapsel. Wassergewächse mit schwimmenden Blättern, deren Rippen nicht netzförmig sind.

Gatt. Nymphaea 147, Nuphar.

Fam. Papaveraceae. Kelch 2blättrig, hinfällig; Krone 4blättrig, regelmäßig; viele Staubgefäße, ein Fruchtknoten; Frucht eine längliche oder runde Kapsel, deren eingebogene Nähte die Placenten bilden.

Gatt Papaver 146, Chelidonium, Glaucium.

Fam. Fumariaceae. Kelch 2blätterig, hinfällig; Krone 4blätterig, unregelmäßig; Frucht der Vorigen, oft 1- bis 2-samig: 6 monadelphische Staubgefäße.

Gatt. Fumaria 152, Corydalis.

Fam. Cruciferae (Tetradynamia). S. S. 149.

Fam. Sterculiaceae. Allermeist Bäume; Kelch und Krone 5blätterig, die Blätter am Grunde verwachsen, ebenso mit den Staubgefäßen; diese monadelphisch, einige ohne, die anderen mit 2fächeriger Anthera; Frucht eine mehrfächerige, vielsamige Kapsel.

Gatt. Theobroma 154.

Fam. Malvaceae. Kräuter oder Stauden; Kelch doppelt, der innere, wie die Krone, 5blätterig, die Blätter unter sich und mit den Staubgefäßen verwachsen; diese sehr zahlreich, mit 1fächeriger Anthera; Frucht eine 3—5-fächerige, vielsamige Kapsel, oder viele Achenien.

Gatt. Malva, Lavatera, Althaea 151, Gossypium 151, Sida.

Fam. Aurantiaceae. Bäume mit lederartigen, drüsigen Blättern, kleinem, 5zähnigem Kelch, 4-5 Kronenblättern und polyadelphischen Staubgefäßen; Frucht eine Orange. (S. 127, Nr. 9.)

Gatt. Citrus 154, Limonia.

Fam. Hypericeae. Stauden oder Sträucher mit gegenüberstehenden, drüsigen, weichen Blättern; Kelch und Krone 5blätterig, viele polyadelphische Staubgefäße; Frucht eine 3—5fächerige, vielsamige Kapsel.

Gatt. Hypericum 154.

Fam. Hippocastaneae. Bäume mit gegenüberstehenden, gefingerten Blättern; Kelch und Krone 5blätterig, unregelmäßig; 7—8 freie Staubgefäße; Fruchtknoten 3fächerig, mit je 2 Eichen.

Gatt. Aesculus 140.

Fam. Acerineae. Bäume mit gegenüberstehenden, gelappten Blättern; Kelch und Krone 4-, 5-, oder 9blätterig, regelmäßig; 8, selten 5 bis

12, freie Staubgefäße; Frucht aus 2 verwachsenen, geflügelten Achenien gebildet.

Gatt. Acer 164.

Fam. Lineae. Kräuter mit einfachen Blättern; Kelch und Krone 5blätterig, 5—10 Staubgefäße; Frucht eine 5—10fächerige, je 1samige Kapsel.

Gatt. Linum 138, Radiola.

Fam. Geranieae. Kräuter oder Stauden mit gelappten Blättern; Kelch und Krone 5blätterig, 10 Staubgefäße, bisweilen 3—5 ohne Antheren; 5 geschwänzte, an der verlängerten Achse aufgehängte Achenien.

Gatt. Erodium 151, Geranium 151, Pelargonium.

Fam. Resedeae. Kräuter oder Stauden mit fiederspaltigen Blättern; Kelch und Krone unregelmäßig, viele Staubgefäße; Frucht eine offene Kapsel mit 3 peripherischen Placenten.

Gatt. Reseda 144.

Fam. Droseraceae. Kräuter mit einfachen, oft haarigen Blättern; Kelch und Krone regelmäßig, 5blätterig; 5—10 Staubgefäße; Frucht eine Kapsel mit 3—4 peripherischen Placenten.

Gatt. Parnassia 138, Drosera, Dionaea.

Fam. Jonideae. Kräuter; Kelch und Krone 5blätterig, unregelmäßig; 5 Staubgefäße; Frucht eine 3klappige Kapsel mit Placenten an den Klappen oder im Grunde.

Gatt. Viola (Veilchen)

Fam. Caryophylleae. Kräuter oder Stauden mit gegenüberstehenden, einfachen Blättern; Kelch und Krone 5zähnig; 10 Staubgefäße; Frucht eine 2—3fächerige Kapsel mit centraler Placenta.

a) Kelch 5blätterig.

Gatt. Stellaria 143, Arenaria, Spergula, Cerastium.

b) Kelch röhrig, 5zähnig.

Gatt. Silene, Lychnis 143, Saponaria, Dianthus 142.

2. Ordnung. Calycopetalae. Die Kronenblätter und Staubgefäße sitzen am Kelch.

Fam. Sedeae. Kräuter mit dicken, fleischigen Blättern; 5 oder mehr Kelch- und Kronenblätter; 10, 12 oder mehr Staubgefäße; 5, 10-12 oder mehr Balgkapseln.

Gatt. Sedum 143, Sempervivum.

Verwandte Familien sind die Cacteae, Grossularieae, Philadelpheae, Saxifrageae.

Fam. Portulaceae. Kleine saftige Kräuter; Kelch 3—5lappig; Krone 3—5blätterig, bisweilen fehlend; 3, 5, 10 Staubgefäße; Frucht eine mehrsamige Kapsel.

Montia 134, Portulaca.

Fam. Rosaceae. Pflanzen aller Formen; Kelch verschieden, 5—10lappig; Krone 4—5blätterig. Viele Staubgefäße; Früchte drupae, achenia, baccae, poma (S. 127 f). Blätter abwechselnd mit Ohrblättchen.

A. Viele einzelne Früchte aus einer Blume

a) Früchte einsamig; Achenien oder Beeren.

α) Kelch doppelt, 8—10lappig.

Gatt. Tormentilla, Potentilla, Geum, Fragaria 146.

β) Kelch einfach, 5lappig.

Gatt. Rubus 145, Rosa 145, Agrimonia 144.

b) Früchte mehrsamig, Balgkapseln.

Gatt. Spiraea.

B. Eine einzige, 1—mehrfächerige Frucht.

Gatt. Pirus 145, Prunus 145, Amygdalus 145.

Fam. Myrtaceae. Baumartige Pflanzen mit einfachen oft lederartigen Blättern; Kelch und Krone 5zähnig; zahlreiche polyadelphische oder freie Staubgefäße; Frucht eine mehrfächerige Kapsel oder Beere.

Gatt. Myrtus, Caryophyllus, Punica, Melaleuca, Metrosideros.

Fam. Onagrariae. Kräuter; Kelch und Krone 4blätterig; 2, 4 oder 8 Staubgefäße, 1 Griffel mit 4 Narben; Frucht eine 4fächerige vielsamige Kapsel.

Gatt. Oenothera 140, Epilobium, Circaea.

Fam. Salicariae. Kräuter mit gegenüberstehenden Blättern; Kelch einblättrig, röhrig, trägt die Kronenblätter (4—6) und darunter die (4—10) Staubgefäße; Frucht eine meist 2fächerige Kapsel mit centraler Placenta.

Gatt. Lythrum 143, Peplis.

Fam. Leguminosae. Seite 152.

Verwandte Familien sind die Terebinthaceae, Rhamneae, Hederaceae, Lorantheae.

Fam. Umbelliferae. Seite 137.

Fam. Halorageae. Wassergewächse mit linienförmigen oder fein zerschlissenen Blättern; Blüthen ungestielt, in den Blattachseln; Kelch und Krone 4blättrig, letztere bisweilen fehlend; 1—4 Staubgefäße; Frucht ein Achenium.

Gatt. Hippuris 131, Ceratophyllum, Myriophyllum, Trapa.

Zweite Klasse. Monopetalae.

Die röhrige, oder trichter- und glockenförmige Blumenkrone besteht nur aus einem Blatt, und ist am Rande in Lappen getheilt.

3. Ordnung. Calycanthae. Die Blumenkrone sitzt am Kelch, dieser ist mehr oder weniger mit dem Fruchtknoten verwachsen.

Hierher die nicht erwähnten Familien Cucurbitaceae, Campanulaceae, Lobeliaceae u. a.

Fam. Compositae. Blumen dicht gedrängt auf gemeinsamem Fruchtboden; 5 Staubgefäße, deren Antheren mit einander verwachsen sind; Frucht eine Karyopsis. — Syngenesia.

Fam. Dipsaceae. Blumen dicht gedrängt auf gemeinsamem Fruchtboden; 4 freie Staubgefäße; Frucht eine Karyopsis.

Gatt. Dipsacus 134, Scabiosa, Asterocephalus.

Verwandte Familien sind die Globularineae und Valerianeae.

Fam. Caprifolieae. Kräuter oder Sträuche mit gegenüberstehenden Blättern ohne Ohrblättchen; Krone 5lappig, regelmäßig und 5 Staubgefäße, oder rachenförmig und 4 didynamische Staubgefäße; Frucht nicht aufspringend, eine Beere oder Kapsel mit wenigen Samen.

Gatt. Linnaea, Sambucus 138, Viburnum, Caprifolium, Lonicera.

Fam. Cinchoneae. Bäume mit gegenüberstehenden Blättern, Ohrblättchen und achselständigen Blüthen; Krone trichterförmig, fünflappig; fünf Staubgefäße; Frucht verschieden, meist 2fächerig, eine Beere oder Kapsel.

Gatt. Coffea 137, Cinchona, Cephaëlis.

Fam. Rubiaceae. Kräuter mit quirlförmigen Blättern ohne Ohrblättchen; Kelch und Krone meistens vierlappig, eben so viele Staubgefäße; Frucht aus 2 verwachsenen Karyopsen oder Beeren gebildet.

Gatt. Rubia 134, Asperula, Galium, Scherardia.

4. Ordnung. Thalamanthae. Die Blumenkrone sitzt am Fruchtboden und an ihr sitzen gewöhnlich die Staubgefäße.

Fam. Ericeae. Sträucher; Kelch und Krone 4 bis 5-lappig, 8 bis 10 Staubgefäße; Frucht 3 bis 5-fächerig, vielsamig, eine Kapsel oder Beere mit centraler Placenta.

a) Kelch mit dem Fruchtknoten ganz verwachsen.

Gattung Vaccinium 141.

b) Kelch frei.

Gatt. Calluna 141, Erica, Ledum 142, Pyrola.

Fam. Oleaceae. Bäume oder Sträucher mit abwechselnden, seltener gegenüberstehenden Blättern; Kelch und Krone vierlappig, letztere bisweilen fehlend, 2 Staubgefäße; Frucht 2fächerig, je 1—2samig, Kapsel oder Beere.

Gatt. Ligustrum 131, Syringa 132, Fraxinus 165, Olea, Jasminum u. a.

Hier stehen auch die nicht erwähnten Familien: Apocyneae (s. Contortae) und Asclepiadeae.

Fam. Gentianeae. Kräuter mit gegenüberstehenden, seltener abwechselnden Blättern; Kelch und Krone 4—8-lappig; eben so viele Staubgefäße; Frucht eine 3-klappige, vielsamige Kapsel.

Gatt. Gentiana, Erythraea, Menyanthes 136.

Fam. Labiatae. S. 148.

Fam. Asperifoliae. S. 135.

Fam. Convolvulaceae. S. 136.

Fam. Solaneae. S. 136.

Fam. Personatae. S. 149.

Dahin auch die Gatt. Veronica S. 132.

Fam. Primulaceae. S. 135.

Fam. Plantagineae Kräuter; Kelch und Krone 4lappig, 4 Staubgefäße; Frucht 2 bis 4-fächerig, im Umfange aufspringend, mit centraler Placenta.

Gatt. Plantago 134, Littorella.

Dritte Klasse. Apetalae.

Die Blumenkrone fehlt, der Kelch umhüllt allein die Staubgefäße und den Stempel, und ist bald kronenartig gefärbt, bald grün.

5. Ordnung. Monoclineae. Staubgefäße und Stempel in derselben Blume.

Nicht erwähnte, hierher gehörige Familien sind die Laurineae, Thymeleae, Santaleae, Eleagneae.

Fam. Asarineae. Kräuter mit abwechselnden Blättern; Kelch röhrig, gefärbt, lappig; 6—10 Staubgefäße; Frucht 3—6fächerig, je vielsamig, mit centraler Placenta.

Gatt. Aristolochia 158, Asarum.

Fam. Polygoneae. Kräuter mit Blattscheiden am Grunde der Blätter; Kelch kronenartig, 4—5 lappig; 6—10 Staubgefäße; Frucht ein Achenium.

Gatt. Polygonum 141, Rheum, Rumex.

Fam Chenopodieae. Kräuter; Kelch ungefärbt, 1 bis 5 Staubgefäße; Frucht ein vom stehengebliebenen, bisweilen fleischigen Kelche umhülltes Achenium. Blätter abwechselnd, ohne Ohrblättchen.

Gatt. Chenopodium 165, Atriplex 165, Spinacia, Beta, Salsola, Salicornia.

Verwandte Familien sind die Scleranthеae, Paronychieae, Amarantaceae.

6. Ordnung. Diclineae. Staubgefäße und Stempel in verschiedenen Blüthen.

Fam. Euphorbiaceae. Kelch mehrlappig, Staubgefäße in unbestimmter Zahl, 2—3 verwachsene Stempel; Früchte 2—3fächerig, je 1—2samig, elastisch aufspringend.

Gatt. Euphorbia 144, Mercurialis, Ricinus, Phyllanthus, Buxus.

Fam. Urticeae. S. 159

Dahin noch Cannabis und Humulus 162, so wie die nicht erwähnten Gattungen Parietaria, Ficus, Antiaris, Artocarpus u. a.

Fam. Salicineae. S. 162.

Fam. Amentaceae. S. 159.

Fam. Coniferae. S. 160.

Dahin noch die diözischen Gatt. Taxus, Juniperus 162.

II. Monocotyledoneae.

Pflanzen, deren Stengel keinen Unterschied zwischen Rinde, Holzring und Mark zeigt, deren Blätter nicht artikulirt sind, und gewöhnlich einfache strahlige, oder parallele streifige Rippen haben; den Blumen fehlt die Krone und der Same hat nur einen Samenlappen. In ihren Organen herrscht das Zahlengesetz drei.

Vierte Klasse. Perigoniatae.

Die 6 Kelchblätter stehen in 2 Kreisen, und sind theils alle, theils nur die des inneren Kreises kronenartig gefärbt.

7. Ordnung. Coronariae. Alle 6 Perigonblätter sind gefärbt.

A. Gynandrae. Von den 3—6 Staubgefäßen sind 1—2 verkümmert; Fruchtknoten unterständig.

Hierher die Familien Musaceae, Scitamineae.

Fam. Orchideae. S. 157.

B. Epigyneae. Die 3—6 Staubgefäße sind alle fruchtbar; Fruchtknoten unterständig.

Fam. Irideae. 3 Staubgefäße, 1 Griffel mit dreilappiger Narbe; Blume in 2blättriger Spatha.

Gatt. Iris 132, Gladiolus, Crocus.

Fam. Amaryllideae. 6 Staubgefäße, Griffel mit 3knotiger Narbe; Blume in 1blättriger Spatha.

Gatt. Galanthus, Leucoium, Narcissus, Amaryllis.

C. Hypogyneae. Die 4—6 Staubgefäße sind alle fruchtbar und sitzen an den Perigonblättern; Fruchtknoten oberständig.

Fam. Liliaceae. Frucht eine 3klappige, vielsamige Kapsel; Samen mit weicher, schwammiger Testa; keine Spatha; Zwiebelgewächse.

Gatt. Fritillaria, Lilium 139, Tulipa 139.

Fam. Asphodeleae. Frucht eine rundliche Kapsel oder Beere, 3fächerig; die Samen klein mit harter, schwarzer Testa.

a) Zwiebelgewächse ohne Stamm.

Gatt. Allium 139, Ornithogalum, Hyacinthus 139.

b) Keine Zwiebel, aber ein Stamm.

Gatt. Aloë, Asparagus 139.

Fam. Smilaceae. Perigon glockenförmig, nicht tief getheilt, bisweilen nur 4lappig; Frucht eine 3fächerige Beere mit wenigen Samen, deren Testa weiß, weich und häutig ist.

Gatt. Majanthemum, Convallaria, Polygonatum, Ruscus, Smilax.

Fam. Melanthiaceae. Frucht besteht aus 3 mit der Naht aneinander gewachsenen Balgkapseln; Samen zahlreich, mit häutiger Testa.

Gatt. Colchicum 140, Veratrum.

Fam. Juncagineae (Gatt. Scheuchzeria, Triglochin).

8. Ordnung. Tripetaloideae. Nur die drei oder vier Perigonblätter des inneren Kreises sind gefärbt, auch größer und mehr kronenartig; die des äußern Kreises bleiben grün.

A. Catogyneae. Fruchtknoten unterständig.

Fam. Bromeliaceae, Hydrocharideae.

B. Hypselogyneae. Fruchtknoten oberständig.

Fam. Parideae. Perigon 6—8blätterig; Frucht eine 3—4fächerige Beere; Samen mit schwarzer Testa.

Gatt. Paris 141.

Fam. Butomeae. Perigon 6blätterig; 9 oder mehr Staubgefäße; 4, 6 oder mehr Stempel; Früchte Balgkapseln.

Gatt Butomus. S. 142.

Fünfte Klasse. Bracteatae.

Das Perigonium ist grün und wenigstens nicht schön gefärbt; es besteht oft noch aus 6, häufig nur aus 3, 2 oder 1 Blatt, oder fehlt ganz, und die Braktea vertritt seine Stelle. Fruchtknoten oberständig.

9 Ordnung. Spadicineae. Blüthenstand ein einfacher oder verästelter Kolben.

Fam. Palmae. S. 163.

Fam. Aroideae, Typhoideae, Potamophilae.

Fam. Lemnaceae. S. 132.

10. Ordnung. Glumaceae. Blüthenstand eine Aehre oder Rispe.

A. Mit mehrsamigen Früchten. Pleospermae.
Fam. Junceae, Restiaceae.

B. Mit einsamigen Früchten. Monospermae.
Fam. Cyperaceae.
Fam. Gramineae. S. 132.
Dahin auch Oryza. S. 139.

III. Acotyledoneae.

Pflanzen von verschiedener äußerer Form, zum Theil ohne Stamm, zum Theil ohne Blätter, stets ohne Blumen. Die Samen haben keinen Keim, also auch keine Samenlappen, sondern bestehen bloß aus einer Zelle, welche spora genannt wird.

Sechste Klasse. Cryptogamicae.
(Siehe Seite 165.)

11. Ordnung. Filices. S. 166.
12. Ordnung. Musci.
Fam. Musci frondosi. S. 166.
Fam. Musci hepatici. S. 167.
13. Ordnung. Lichenes. S. 167.
14. Ordnung. Algae. S. 168.
15. Ordnung. Mycetes. S. 168.

Dritter Abschnitt.

Mineralogie.

§. 163. Die Mineralogie ist die Naturgeschichte der anorganischen (§. 2) Naturkörper oder Mineralien. Sie zerfällt in zwei Abschnitte, insofern sich die Mineralien theils nach ihren Uebereinstimmungen und Verschiedenheiten im systematischen Verbande, theils nach ihrem räumlichen Verhältniß und ihrer Ausbreitung in der Erdrinde betrachten lassen. Der erste Abschnitt heißt Oryktognosie, der zweite Geognosie. Wir werden uns hier bloß mit dem ersteren beschäftigen.

Oryktognosie.

§. 164. Da die anorganischen Naturkörper keiner besonderen Werkzeuge, behufs ihres Entstehens und Bestehens, bedürfen, sondern so, wie wir sie noch jetzt in der Natur wahrnehmen, aus der Hand des Schöpfers hervorgingen, so können in einer vorläufigen Schilderung nur die Haupteigenschaften mit ihren Verschiedenheiten betrachtet werden.

§. 165. Die Haupteigenschaften der anorganischen Naturkörper, oder Mineralien, sind dieselben aller natürlichen Körper, und beziehen sich auf:

a) Die Gestalt derselben, oder die äußeren Umrisse, unter welchen sie in der Natur erscheinen.

b) Die Zusammensetzung, oder das Gefüge ihres Inneren, das sich oft schon an der äußeren Oberfläche, immer aber auf der Bruchfläche, verräth.

c) Die Härte oder den Grad des Zusammenhanges, welchen die Masse des Minerals besitzt.

d) Die Schwere, oder die Kraft, mit welcher es auf seine Unterlage drückt.

e) Die Farbe, mit welcher die Grade der Durchdringlichkeit des Lichtes, oder der Durchsichtigkeit, im genauen Zusammenhange stehen.

f) Die Kräfte, welche die Mineralien noch sonst besitzen, z. B. magnetische oder elektrische. Diese Eigenschaften heißen physikalische.

g) Die Bestandtheile, aus welchen die Mineralien zusammengesetzt sind. Diese untersucht die Chemie oder Scheidekunst, daher man solche Eigenschaften auch mit dem Namen der chemischen belegt.

§. 166. Alle die genannten Haupteigenschaften der Mineralien mit ihren verschiedenen Abstufungen im Zusammenhange betrachtet, geben die Kennzeichenlehre, oder allgemeine Mineralogie, mit welcher wir beginnen.

Kennzeichenlehre.

A. Von der Gestalt.

§. 167. Die Gestalt (§. 165, a.) der Mineralien ist theils bestimmt, theils unbestimmt.

Die bestimmte Gestalt, d. h. diejenige, welche bei allen Individuen eines Minerals sich gleich bleibt, heißt auch die krystallinische. Krystallinische Körper, oder Krystalle, sind alle symmetrisch von Flächen, welche in Kanten und Ecken zusammentreffen, begränzte Körper; und jeder vollständige Krystall eines Minerals ist ein eben so wahres Individuum, wie die einzelnen Pflanzen und Thiere, aus welchen die Arten in der Botanik und Zoologie bestehen.

§. 168. Die Lehre von den Krystallen, oder die Krystallographie, ist der wichtigste Theil der systematischen Mineralogie, weil wir ohne Kenntniß derselben die Mineralien nicht unterscheiden können, daher hier einige allgemeine Eigenschaften der Krystalle anzuführen sind.

Jeder Krystall wird von Flächen, allermeist ebenen, mitunter gewölbten, begränzt. Wo diese Flächen aneinander stoßen, entstehen die Kanten, und wo Kanten zusammentreffen, bilden sich Ecken. Eine ideelle gerade Linie, welche zwei gegenüberstehende Ecken, Kanten oder Flächen verbindet und durch den Mittelpunkt des Krystalls geht, heißt Achse.

Nach der Anzahl und verhältnißmäßigen Größe der in den 3 Haupt-Dimensionen der Länge, Breite und Höhe liegenden Achsen lassen sich alle Krystalle unter vier Gruppen oder Systeme bringen.

1. Das tesserale oder reguläre, gleichachsige System hat drei gleiche Achsen, welche sich rechtwinkelig schneiden.

Die einfachen Körper dieses Systems sind das Tetraeder, Hexaeder (Würfel), Oktaeder, Trapezoeder, Rhombendodekaeder, Pyramidenoktaeder, der Pyramidenwürfel und der Achtundvierzigflächner.

2. Das pyramidale oder quadratische, viergliedrige System hat drei sich rechtwinkelig schneidende Achsen, von welchen zwei (Randachsen) gleich sind, die dritte (Polachse) größer oder kleiner ist.

Einfache Körper des Systems sind die Quadratpyramide, die Zirkonpyramide, das Quadratprisma und das Zirkonprisma.

3. Das prismatische oder rhombische System hat drei sich rechtwinkelig schneidende Achsen von ungleicher Länge.

Seine einfachen Körper sind: die Rhombenpyramide, die Oblongpyramide, die Topaspyramide und die drei gleichnamigen Prismen.

4. Das rhomboedrische oder hexagonale System hat vier Achsen: drei gleiche (Randachsen) liegen in einer Ebene und schneiden sich unter Winkeln von 60°, die vierte (Polachse) größere oder kleinere steht senkrecht auf dem Durchschneidungspunkte der drei anderen.

Einfache Körper des Systems sind das Rhomboeder, Dihexaeder oder die Quarzpyramide, die Dodekagonpyramide, Kalkpyramide und die zugehörigen Prismen.

Von den Achsen heißt die ungleiche Pol- oder Hauptachse, und die Figur, welche entsteht, wenn man einen Schnitt in der Ebene der anderen Achsen durch den Krystall legt, heißt Grundfläche oder horizontale Projektion. Beim ersten und dritten System ist also die Hauptachse willkürlich.

Denkt man sich die Endpunkte der Achsen eines Systemes durch Linien verbunden und in die dadurch umschriebenen Räume Ebenen gelegt, so entsteht der Grundkrystall, aus welchem sich alle anderen ableiten lassen; und zwar theils durch Abstumpfung, d. h. wenn an die Stelle einer Kante oder Ecke eine Fläche tritt; theils durch Zuschärfung, d. h. wenn eine Kante oder Ecke durch zwei Flächen unter bestimmtem Winkel gegen die Achse weggeschnitten erscheint; theils durch Zuspitzung, wenn dasselbe durch drei oder mehrere Flächen bei der Ecke geschieht; theils endlich, wenn einzelne Flächen verschwinden, andere dafür wachsen. Trifft dies die halbe Anzahl, so heißt der neue Krystall ein halbflächiger oder hemiedrischer, der ursprüngliche im Gegensatz holoedrisch. So ist das Tetraeder der hemiedrische Körper des Oktaeders, das Rhomboeder durch Hemiedrie aus der sechsseitigen Quarzpyramide entstanden; alle Uebergänge zwischen Oktaeder, zwischen Quarzpyramide und Rhomboeder kommen in der Natur vor.

Die Krystalle werden gewöhnlich nach der Anzahl der Flächen benannt. Die kleinste Anzahl ist vier, ein solcher Krystall heißt Tetraeder; dann mit sechs Flächen, Hexaeder; acht Flächen, Oktaeder; zwölf Flächen, Dodekaeder; zwanzig Flächen, Ikosaeder; vierundzwanzig Flächen, Ikositetraeder; achtundvierzig Flächen, Tetrakontaoktoeder. Oft haben verschiedene Krystalle gleiche Flächenzahl, dann unterscheidet man sie nach der Form der Flächen. So giebt es Triangulardodekaeder, d. h. Zwölfflächner, deren Flächen Dreiecke sind; Rhomboidaldodekaeder, dieselben mit verschoben vierseitigen (rhombischen) Flächen; Pentagonaldodekaeder, dieselben mit fünfeckigen Flächen; Trapezoeder, wenn die Flächen viereckig aber unregelmäßig sind. Polyeder heißt jeder Krystall mit drei gleichen Achsen. Pyramide heißt ein von Dreiecken begränzter Krystall, bei welchem sich alle gleichen Winkel der Dreiecke in den Endpunkten der Hauptachse treffen; Prisma oder Säule ist jeder Krystall, dessen Kanten der Hauptachse parallel laufen; Tafel heißt er, wenn die Hauptachse sehr kurz und am Ende durch eine breite Fläche abgestumpft ist. Gewisse Krystalle werden nach den Mineralien benannt, welche am häufigsten und am meisten charakteristisch darin auftreten: so das Rhomboidaldodekaeder nach dem Granat Granatoeder, das Pentagonaldodekaeder nach dem Schwefelkies oder Pyrit Pyritoeder, das Dihexaeder auch Quarzpyramide u. a.*).

In der Regel sind die Krystalle nicht vollständig ausgebildet, besonders die Pyramiden und Säulen; diese kommen meistens in Verbindung vor, so daß eine Pyramide am Ende der Säule auftritt. Haufen so festsitzender Krystalle nennt man eine Druse. Zwei ganze Krystalle, welche nach constantem Gesetz so verbunden sind, daß gewisse Achsen in einander fallen, während die andern sich schneiden, geben einen Zwilling; zwei halbe ebenso vereinigte einen hemitropischen Zwilling.

§. 169. Zur unbestimmten Gestalt rechnet man alle nicht krystallinischen Formen; dergleichen sind die folgenden. Derb heißt jedes Mineral, das in großen, ganz unregelmäßigen, ja willkürlichen, eckigen, oft zufällig entstandenen Stücken vorkommt, z. B. ein Feldstein; sind die Stücke abgerieben an der Oberfläche, so nennt man sie Geschiebe (Gerölle). Eingesprengt, ein Mineral, das als kleinere Stücke oder Körner, die in anderen Fossilien liegen, vorkommt. Körnig, wenn diese Stücke frei sind, nicht in einem Bindemittel liegen, und scharfe Ecken haben. Kugelig oder sphärisch, wenn die Form kugelrund ist. Nierenförmig, wenn das Mineral eine längliche, gebogene, überall abgerundete und flache Form hat. Knollig, wenn unregelmäßig rundlich und mit Erhabenheiten auf der Oberfläche. Tropfsteinförmig oder stalaktisch, wenn das Mineral wie durch Auf- und Abtröpfeln entstanden zu sein scheint. Baumförmig oder dendritisch, wenn es sich wie ein Zweig mit kleinen Blättern, z. B. wie ein Moos, verbreitet. Gestrickt, wenn feine nadelförmige Körper ein regelmäßiges Maschenwerk bilden. Angeflogen, wenn das Mineral als ein dünner Ueberzug erscheint. Porös, wenn es von Löchern und Gängen durchbohrt

*) Zu einem gründlichen Studium der Krystallographie empfiehlt sich Elemente der theoretischen Krystallographie von C. F. Naumann. Leipzig 1856. 8.

ist. Blasig, wenn es blasenförmige Auftreibungen bildet, oder runde, hohle Räume zerstreut in seinem Inneren hat. Abgedrückt, wenn die Form dadurch entstanden ist, daß das flüssige Mineral in Gruben und anderen Vertiefungen erkaltete. Geschah dies zwischen Krystalldrusen, so entstehen oft den Krystallen ähnliche Körper, die man Afterkrystalle zu nennen pflegt. Durch chemische Umändrung kann die Mineralsubstanz eines Krystalls in eine völlig andere umgewandelt sein, die uns dann also in einer ihr fremdartigen Krystallgestalt erscheint, solche Krystalle heißen Pseudomorphosen und werden dieselben je nach der Art ihrer wahrscheinlichen Entstehungsweise wieder von einander unterschieden.

B. Von der Zusammensetzung.

§. 170. Die Zusammensetzung, oder den Bau des Inneren der Mineralien, erkennen wir, wenn wir dieselben zerschlagen und die Beschaffenheit der Bruchflächen betrachten. An den krystallinischen Mineralien bemerkt man bei dieser Untersuchung, daß ihre Masse überall nach unveränderlichen gradflächig parallelen Theilungsebenen zersprengbar ist, welche Durchgänge oder blättriger Bruch heißen. Die Anzahl derselben ist verschieden; sind ihrer mehrere, so neigen sie sich unter constanten Winkeln gegeneinander, so daß, wenn man das Mineral nach den Parallelflächen derselben trennt, man stets dieselbe Grundgestalt, den Kern, erhält. Uebrigens sind die Durchgänge oft von verschiedenem Werth, insofern sich das Mineral nach dem einen dann leichter theilen läßt, als nach dem anderen. Derjenige, in welchem die Trennung am leichtesten ist, heißt Hauptdurchgang, und geht meistens senkrecht gegen die Hauptachse.

Bei den unkrystallinischen, ja auch zum Theil bei krystallinischen, Mineralien giebt es verschiedene Bildungen der Theilungs- oder Bruchflächen. So ist der Bruch eben, wenn die Bruchfläche keine großen Erhöhungen und Vertiefungen hat; uneben, wenn regelmäßige Erhöhungen und Vertiefungen da sind; muschelig, wenn der ebene Bruch muschelige Vertiefungen und Erhabenheiten zeigt; splitterig, wenn sich die Bruchfläche als aus vielen feinen keilförmigen Theilchen zusammengesetzt zeigt; hakig, mit noch kleineren von der Bruchfläche losgerissenen Theilen, die eine umgebogene Spitze haben.

Bei vielen Mineralien bemerkt man außer den genannten Arten der Zusammensetzung noch eine dritte, welche man mit dem Namen der Absonderung bezeichnet, und darunter eine ursprüngliche schon vorhandene Trennung in bestimmt geformte Stücke versteht. Nichts desto weniger hängen diese Stücke genau zusammen und lassen sich nur gewaltsam trennen. Die Absonderung ist nun theils krystallinisch, wenn die zusammengefügten Partikelchen kleine Krystalle sind; theils unkrystallinisch, wo dies nicht der Fall ist.

Die krystallinische Absonderung kann sein: körnig, wenn die Absonderungsstücke ziemlich gleiche Dimensionen haben, also mehr oder weniger kugelförmig oder polyedrisch sind; schaalig, wenn die Absonderungsstücke in den Dimensionen der Länge und Breite bedeutend, der Dicke aber unbedeutend, also platten- oder tafelförmig, sind; stängelig, wenn die Absonderungsstücke die Dimensionen der Länge vorwaltend entwickelt zeigen, also prismatisch, theils mit, theils ohne Pyramidenflächen am Ende, gebildet sind. Gehen diese Prismen wie von einem Mittelpunkte aus, so nennt man die Absonderung strahlig (Strahlkies); im Uebrigen laufen die kleinen Krystalle parallel oder bunt durcheinander (Arsenikkies).

Die unkrystallinische Absonderung zeigt dieselben drei Hauptformen, doch immer mit dem wesentlichen Unterschiede des Mangels wahrer Krystallisation an den einzelnen Theilen. Bei der körnigen sind die einzelnen Partikelchen kugelig, linsenförmig, dattelförmig, eckig oder erdig, wenn die Partikelchen sehr klein, staubig, sind, und sich leicht ablösen; bei der schaaligen, oder schiefersgen, sind es flache, oft etwas gebogene, meistens scharfkantige Platten; bei der stängeligen sind sie bald grade, kantig und ahmen (z. B. beim Basalt) Krystalle nach, bald rundlich und dabei theils krumm, theils grade. Sind endlich die unkrystallinischen Absonderungsstücke nicht von gleicher Form, sondern höchst verschieden an Größe und Gestalt, so nennt man diese Art der Absonderung auch Zerklüftung (z. B. beim Granit).

C. Von der Härte.

§. 171. Die Eigenschaften der Mineralien, welche sich auf die Cohäsion beziehen, pflegt man gemeiniglich mit dem Ausdruck der Härte-Eigenschaften zu belegen. Werner unterschied fünf Arten: hart, was am Stahle Funken giebt; halbhart, was vom Messer Eindrücke annimmt; weich, was mit dem Messer leicht getheilt wird; sehr weich, was dem Druck des Fingernagels nachgiebt; und zerreiblich, was bei dem bloßen Wischen mit dem Finger sich abreibt. In neuerer Zeit hat Mohs eine genauere Skala der Härtegrade aufgestellt, welche auf dem Grundsatz beruhet, daß der härtere Körper den weicheren zu ritzen vermag. Jedes folgende Glied dieser Skala hat die Fähigkeit, das vorhergehende zu ritzen, und alle Mineralien, die von demselben Körper geritzt werden, haben mit dem vorhergehenden gleiche Härte, wenn er selbst sie nicht ritzen kann; ist dies der Fall, so sind sie weicher. Die Skala ist folgende: 1) Talk, 2) Gyps, 3) Kalkspath, 4) Flußpath, 5) Apatit, 6) Feldspath, 7) Quarz, 8) Topas, 9) Saphir, 10) Diamant. Der Diamant, welchen kein anderer Körper, als nur sein eigenes Pulver, angreift, ist der härteste von allen. Der Kürze wegen bezeichnet man die Härtegrade nach den den Körpern vorstehenden Zahlen.

Außer diesen Graden bezeichnen noch andere Eigenschaften die Cohäsionsgrade. Wir nennen als solche die folgenden: Spröde heißt ein Mineral, das keine Biegung verträgt, sondern beim Druck zerspringt; milde heißt jedes Mineral, das sich mit dem Messer schneiden läßt; geschmeidig ist jedes Mineral, das sich biegen und drehen läßt, ohne zu zerbrechen; dehnbar, ein Mineral, das sich in dünne Drähte ziehen und in feine Platten schlagen läßt; zähe, wenn die Dehnbarkeit sehr groß ist; biegsam heißt ein Mineral, was sich biegen läßt und in der erhaltenen Form verbleibt; elastisch dagegen, wenn es nach der Biegung die alte Form wieder annimmt.

Viele Mineralien lassen sich durch bald härtere bald weichere

Körper zerreiben; das Pulver, in welches sie dann sich auflösen, bekommt den Namen Strich; andere haben die Eigenschaft, in ihr lockeres Gefüge begierig Wasser zu saugen, darauf beruhet das Anhängen an der Zunge; noch andere haben eine so eigenthümliche Glätte, daß sie sich wie Fett anfühlen, und deshalb fettig genannt werden.

D. Von der Schwere.

§. 172. Die Kraft, mit welcher die Körper auf ihre Unterlage drücken, heißt ihre Schwere; sie ist am größten bei den Mineralien. Man bestimmt sie auf die Weise, daß man die Schwere eines Körpers als Einheit annimmt, und darnach die Schwere der übrigen berechnet. Das auf diese Weise gefundene Gewicht heißt das spezifische. Die allgemein angenommene Einheit ist das Wasser, dessen Gewicht man gleich 1,000 setzt; das schwerste Mineral ist das Platin, dessen Gewicht 21 mal so groß ist, wie das des Wassers. Die Methode, dieses Gewicht zu bestimmen, lehrt die Physik.

E. Von den Lichteigenschaften.

§. 173. Die Farben der Mineralien gehören theils dem Mineral an sich an, und haben in der ursprünglichen Mischung desselben ihren Grund, theils rühren sie von fremden Stoffen her, die nicht mit zum Wesen des Minerals gehören. Ersteres ist der Fall bei den metallischen Mineralien, letzteres bei den Erden und Steinen.

Die Farben an sich sind verschieden 1) nach dem Grade, und man unterscheidet in dieser Hinsicht: dunkel, wenn die Farbe ins Schwarze fällt; hoch, wenn die Farbe ganz rein ist; licht, wenn sie ins Weiße fällt, und blaß, wenn sie sehr schwach ist. 2) Nach der Beschaffenheit. In dieser Hinsicht unterscheidet man 8 Hauptfarben mit ihren verschiedenen Abstufungen; sie sind: weiß, grau, schwarz, blau, grün, gelb, roth, braun; einige derselben sind reine, wie blau, gelb, roth, weiß und schwarz, andere gemischte, wie grau, grün und braun.

Die ursprünglichen Farben der Metalle sind, als unabänderliche Kennzeichen, für dieselben charakteristisch; so weiß am Silber, Platin und Zinn, grau am Blei und gediegenen Eisen, schwarz an Eisenerzen und Manganerzen; blau kommt bei unvermischten Metallen nicht vor; gelb am Gold und Messing, roth am reinen Kupfer, braun bei vielen Eisenerzen.

Die zufälligen Farben der Erden und Steine sind größtentheils durch beigemischte metallische Stoffe entstanden; rein sind alle Erden und Steine eigentlich weiß, oder krystallisirt wasserklar. So entsteht durch Eisenoxyd gelb, roth, braun oder schwarz; durch Manganoxyd schwarz, grau, roth oder blau; durch Kupferoxyd blau und grün; durch Kobaltoxyd roth; durch Chromoxyde grün, gelb und roth; durch Schwefel gelb und roth; durch Kohle schwarz und braun. Hiernach ist es erklärlich, wie bei einem Mineral so verschiedene Farben vorkommen können, wie z. B. beim Quarz.

Viele Mineralien der letzteren Gruppe zeigen bei verschiedener Ansicht verschiedene Farben, welche Verschiedenheiten in der Brechung oder Zurückwerfung des Lichtes ihren Grund haben. Entstehen diese Farben bei der verschiedenen Betrachtung der Außenfläche in der Richtung des zurückgeworfenen Lichtes, so bezeichnet man die Veränderlichkeit mit dem Namen des Farbenspieles, wenn viele Farben zugleich, oder der Farbenwandlung, wenn einzelne aber verschiedene Farben nach einander erscheinen. Entstehen dagegen die verschiedenen Farben beim durchgehenden Lichtstrahl, so giebt dies nach der Anzahl derselben den Dichroismus, wenn 2, oder den Trichroismus, wenn 3 Farben sichtbar werden. Noch andere Mineralien, die wenig oder gar kein Licht durchlassen, spielen in Farben auf der Oberfläche; dies bezeichnet man als Opalisiren oder Irisiren; bei letzterem erscheinen alle Farben des Regenbogens, bei ersterem nur einige, besonders blau und gelb in verschiedenen Abstufungen.

Die eigenthümliche Stärke, mit welcher Mineralien das Licht von der Oberfläche zurückwerfen, bezeichnet man mit dem Namen des Glanzes; man unterscheidet folgende Grade: stark glänzend, wenn der Glanz in beträchtlicher Entfernung sichtbar ist; glänzend, wenn in einiger Entfernung sichtbar; weniger glänzend, wenn nur ganz in der Nähe bemerkbar; schimmernd, wenn undeutlich glänzend; matt, wenn gar kein Glanz bemerkbar ist. — Als Arten des Glanzes unterscheidet man: Fettglanz, Glasglanz, Demantglanz, Perlmutterglanz, Seidenglanz, Wachsglanz, halbmetallischen Glanz und Metallglanz.

Die Grade der Durchsichtigkeit, oder des Vermögens der Mineralien, das Licht hindurch zu lassen, bezeichnet man durch 5 Abstufungen: 1) durchsichtig, wenn das Licht vollkommen und ungetrübt hindurch geht; 2) halbdurchsichtig, wenn die Gegenstände hinter dem Fossil getrübt erscheinen; 3) durchscheinend, wenn die Lichtstrahlen ganz schwach durchdringen; 4) an den Kanten durchscheinend; 5) undurchsichtig, wenn kein Licht hindurch dringt.

Alle Krystalle der drei letzten Systeme zeigen hinter sich die Gegenstände doppelt, doch mit geringerer Deutlichkeit, eine Eigenschaft, welche man die doppelte Strahlenbrechung nennt. Die prismatischen Krystalle haben zwei Achsen der doppelten Strahlenbrechung, d. h. zwei Richtungen, in welchen der betrachtete Gegenstand einfach erscheint; die pyramidalen und rhomboedrischen dagegen nur eine, welche mit der Richtung der Hauptachse zusammenfällt. Andere Mineralien saugen Licht ein und leuchten daher eine Zeit lang im Finstern, phosphoresciren.

F. Andere physikalische Kennzeichen.

§. 174. Außer den genannten, allen Mineralien zukommenden, Eigenschaften giebt es noch einige Kennzeichen, welche von untergeordneter Wichtigkeit sind, und meistens nur bei gewissen Stoffen vorkommen. So nehmen alle Mineralien die Wärme auf, aber nicht gleich schnell und in gleichem Grade, leiten die Wärme also verschieden. Viele Mineralien können auch Elektrizität entwickeln oder elektrisch werden, die meisten durch Reibung, einige durch den bloßen Druck, z. B. Kalkspath; wieder andere durch Erwärmen (thermoelektrische), z. B. Turmalin, Borazit u. a. Endlich giebt es noch einige Mineralien, an welchen wir die magnetische Kraft beobachten, und die deshalb magnetische heißen. Es sind besonders Eisenerze, welche diese Eigenschaft besitzen, namentlich der Magneteisenstein oder natürliche Magnet. Noch andere wie der Flußpath leuchten phosphorisch, wenn sie erwärmt werden.

G. Chemische Kennzeichen.

§. 175. Die meisten Mineralien sind aus mehreren Grundstoffen zusammengesetzt, obwohl sie unseren Sinnen als einfache Körper erscheinen. Die Art dieser Zusammensetzung, so wie die Stoffe, aus welchen sie zusammengesetzt sind, lehrt die Chemie, daher wir die Kennzeichen, welche von der Zusammensetzung aus einfachen Grundstoffen hergeleitet werden, chemische nennen.

Die einfachen Grundstoffe der Mineralien sind: die Metalle, die Halbmetalle, der Schwefel, der Phosphor, das Chlor, das Fluor, das Boron, der Kohlenstoff, der Stickstoff, der Wasserstoff und der Sauerstoff. Von diesen Stoffen finden sich nur einige Metalle, der Schwefel und der Kohlenstoff rein oder gediegen, vor, wie man sich bei Metällen ausdrückt, alle übrigen gehen mehrfache Verbindungen mit einander und z. Th. auch mit den genannten reinen Stoffen ein. Am meisten geneigt zu solchen Verbindungen ist, wegen seiner großen Anziehungskraft oder Verwandtschaft (Affinität) zu den übrigen, der Sauerstoff; eine gleich dem Wasserstoff und Stickstoff luft- oder gasförmige Materie, welche mit letzterem bloß gemengt, also nicht eigentlich verbunden, die atmosphärische Luft bildet (bestehend aus 79 Procent Stickstoff und 21 Procent Sauerstoff. Wirkliche chemische Verbindungen des Sauerstoffs mit anderen Stoffen nennt man Oxydationen, und den mit Sauerstoff verbundenen Stoff alsdann oxydirt. Die meisten Grundstoffe verbinden sich in verschiedenen Graden und Mengen mit dem Sauerstoff, weshalb man mehrere Oxydationsstufen unterscheidet. Die reichlichste Sauerstoffverbindung ist in der Regel eine Säure; sie hat die Eigenschaft, blaue Pflanzenfarben in rothe verwandeln zu können. Die wichtigsten Säuren sind: die Kohlensäure (bestehend aus 27. Kohlenstoff und 73. Sauerstoff), die Salpetersäure (26. Stickstoff und 74. Sauerstoff), die Schwefelsäure (40. Schwefel und 60. Sauerstoff), die Phosphorsäure (44. Phosphor und 56. Sauerstoff), die Borsäure (31. Boron und 69. Sauerstoff), die Kieselsäure (48. Kiesel, 52. Sauerstoff). Einige Säuren bestehen statt aus Sauerstoff- aus Wasserstoffverbindungen, z. B. die Salzsäure (aus 97. Chlor und 3. Wasserstoff) und die Flußsäure (aus 95. Fluor und 5. Wasserstoff). Viele Säuren haben auch eine metallische Grundlage, z. B. die Arseniksäure, die Spießglanz- oder Antimonsäure, die Molybdänsäure, die Chromsäure; sie bestehen alle aus dem genannten Metall und aus Sauerstoff. — Die Oxydationsstufen, welche keine Säuren sind, enthalten stets weniger Sauerstoff, als die Säuren, und werden, je nach ihrer Menge von Sauerstoff, Suboxyde, Oxydule Oxyde und Superoxyde genannt. Gewöhnlich ist die Grundlage dieser verschiedenen Oxydationsstufen ein metallischer Körper. Die Gruppenunterschiede der letzteren sind schwierig festzustellen. Aechte Metalle überschreiten immer das spezifische Gewicht (§. 173) von 5,0, haben keine so große Affinität zum Sauerstoff und kommen deshalb zuweilen gediegen vor; die Halbmetalle finden sich nie gediegen, sondern nur in Sauerstoff-, Chlor- oder Fluor-Verbindungen, und haben ein spezifisches Gewicht unter 5,0. — Oxyde der Halbmetalle, welche im Wasser völlig unlöslich sind, nennt man Erden; — die im Wasser auflöslichen heißen alkalische Erden, wenn sie mit der Kohlensäure eine im Wasser unlösliche Verbindung eingehen, — Alkalien dagegen, wenn auch ihre Kohlensäure-Verbindungen im Wasser löslich sind. — Zu den wahren Erden gehören: die Thonerde, Zirkonerde, Beryll- oder Süßerde und die seltnere Thorerde, Yttererde, ꝛc. Die alkalischen Erden sind: die Kalkerde, Talkerde (auch Magnesia oder Bittererde), Barytexde und Strontianerde. Die Alkalien sind: Kali, Natron, Lithion und Ammonium; letzteres besteht aber aus Stickstoff und Wasserstoff und kann nicht metallisch dargestellt werden. — Aus der Verbindung von Säuren mit anderen, bereits oxydirten Körpern entstehen wieder neue Mineralien, welche den Namen Salze führen, und die weder die Eigenschaften der Säure, noch die des zweiten Bestandtheils, der sogenannten Basis, besitzen. Je nachdem diese Basis ein Alkali, eine Erde oder ein Metalloxyd ist, unterscheidet man Alkali-Salze, Erden-Salze und Metallsalze; Salze, deren Säure die Kieselsäure ist, nennt man Silikate.

Dies wären die verschiedenen Arten der Sauerstoffverbindungen, und einige Wasserstoffverbindungen (Salzsäure, Flußsäure, Ammonium), zu welchen, als die gemeinste, noch das Wasser selbst (bestehend aus 89 Procent Sauerstoff und 11 Procent Wasserstoff) zu zählen ist. Außerdem verbindet sich noch der Schwefel am häufigsten mit anderen Stoffen, und besonders mit Metallen. Daraus entstehen metallähnliche Körper, welche man Sulphurete oder Schwefelmetalle genannt hat und je nach der Schwefelmenge als Kiese, Glanze und Blenden unterscheidet.

Das sind die wichtigsten Verschiedenheiten, welche die chemische Zusammensetzung der Mineralien betreffen.

II. System der Mineralien.

§. 176. Man theilt die Mineralien gemeiniglich in vier Gruppen, welche folgendermaßen bestimmt werden.

1. Salinische Gesteine (Salze). Es sind Verbindungen von Säuren und Basen, letztere theils alkalischen, theils erdigen, theils metallischen Ursprungs.

2. Erdige Gesteine (Steine). Reine Erden unter sich oder mit Kieselsäure theils eine, theils mehrere, in der Regel mit färbenden Metalloxyden verbunden.

3. Metallische Gesteine (Metalle oder Erze). Metalle allein, oder in Verbindung mit Sauerstoff oder Schwefel.

4. Brenzliche Gesteine (Brenze). Schwefel und Kohlenstoff, theils rein, theils mit anderen Substanzen vermischt.

Erste Klasse.

Salinische Gesteine.

§. 177. Die meisten derselben sind durchsichtig, andere nicht; viele zeigen bunte Farben, andere sind farbenlos. Das spez. Gewicht wechselt von 1,2—7,5. Die Härte liegt zwischen 1 und 6. Hierher alle gesäuerten Mineralien oder Salze, mit Ausschluß der kieselsauren, welche vorzugsweise im krystallisirten Zustande auf Gängen und Lagern älterer Gebirge vorkommen, in einzelnen Fällen aber auch als derbe Gebirgssteine große Gebirgsmassen bilden, die jedoch einer späteren Bildungszeit angehören.

Erste Ordnung. Eigentliche Salze.

§. 178. Lösen sich im Wasser auf und erregen Geschmack auf der Zunge. Härte 1—2,5. Gewicht 1,2—3,7. Sie sind entweder krystallisirt, oder können doch als Krystalle aus dem Wasser anschießen. Finden sich in den jüngeren Erdschichten, und entstehen zum Theil noch jetzt durch Zersetzung anderer Mineralien oder organischer Körper, auch durch Verdunstung des Quellwassers, das sie aufgelöst enthält.

A. Einige enthalten alkalische Basis, z. B.

Das Steinsaz, weißgrau oder röthlich, kryst. in Würfeln, meist derb in dichten, körnigen und blättrigen Felsmassen. H. 2. G. 2,2. Ist Chlornatrium, findet sich lagerweis im Flötzgebirge (Muschelkalk, buntem Sandstein und Keuper), auch in der tertiären Formation, stets von Thon, Anhydrit und Gyps begleitet, aber auch im Meere und in Quellen aufgelöst. Am bekanntesten sind die großen Salzbergwerke von Wieliczka und die bej Staßfurt.

Der Salpeter, weiß, wasserhell; natürlich erdig oder haarförmig, künstlich krystallisirt in unregelmäßigen sechsseitigen Säulen des rhombischen Systems. H. 2. G. 1,9. Ist salpetersaures Kali und findet sich in Höhlungen und Klüften des Kalksteines; der sogenannte Mauersalpeter ist salpetersaurer Kalk, der Chilisalpeter salpetersaures Natron.

Das Glaubersalz. Geschmack kühlend, dann bitter, zerfällt an der Luft. Natürlich erdig oder haarförmig abgesondert, die künstlichen Krystalle prismatisch. H. 1,5. G. 1,5 Ist schwefelsaures Natron, löst sich langsam im kalten Wasser auf; findet sich neben Steinsalz und in Salzquellen.

B. Andere enthalten erdige Basis, z. B.

Der Alaun, Geschmack süßlich zusammenziehend, herb; natürlich nur faserig, die künstlichen Krystalle Oktaeder. H. 2,5. G. 1,7. Farbe bläulich weiß. Ist schwefelsaure Thonerde mit schwefelsaurem Kali. Bildet sich aus Alaunschiefer im Flötzgebirg mit Thon (z. B. bei Freienwalde).

C. Noch andere enthalten metallische Basis.

Eisenvitriol, Krystalle haarförmig, prismatisch, Farbe grün. H. 2. G. 1,8. Geschmack herbe zusammenziehend. Im Thonschiefer und Schieferthon, entsteht bei der Zersetzung von Schwefelkies, ist schwefelsaures Eisenoxydul.

Kupfervitriol. Krystalle tafelförmig; Farbe blau. H. 2,5. G. 2,2. Entsteht ebenso aus Kupferkies, ist schwefelsaures Kupferoxyd.

Zinkvitriol. Krystalle undeutlich, zerfallen an der Luft, Farbe weiß. H. 2,5. G. 2. Auf Gängen mit Zinkerzen, ist schwefelsaures Zinkoxyd.

Zweite Ordnung. Gesäuerte Erden (Salz-Steine).

§. 179. Lösen sich gar nicht (nur der Gyps etwas) im Wasser auf, sind durchsichtig bis durchscheinend, seltener undurchsichtig, meistens weiß, bisweilen bunt; deutlich krystallisirt. Härte 1—6. Gewicht 2,5—4,5. Bestehen aus Erden (vorzugsweise Kalkerde) in Verbindung mit Säuren, zum Theil mit beigemengten färbenden Metalloxyden; manche finden sich derb in großen Lagern als ganze Gebirgsformationen.

A. Kalkerde-haltige.

Gyps. Farblos oder gefärbt, durchsichtig, mit Glas- und Perlmutterglanz. Krystalle prismatisch, tafelförmig oder säulenförmig, mit deutlichem Blätterdurchgang. H. 2. G. 2—2,4. Ist gewässerte schwefelsaure Kalkerde. Findet sich als Gebirgsstein im Flötzgebirge und in vielen Abänderungen, strahlig, faserig, blättrig, dicht, erdig; dergl. sind Fasergyps, Fraueneis und Alabaster. Der wasserfreie Gyps heißt Anhydrit und tritt zumal mit Steinsalz auf.

Kalkspath; durchscheinend bis durchsichtig, weißgrau, gelblich. H. 3 bis 4,5. G. 2,5. Krystallisirt in Rhomboedern, in Säulen und Doppelpyramiden, spitzen, sechsseitigen oder flachen, dreiseitigen; zumal auf Gängen, besonders aber derb in großen Massen als Gebirgsgestein aller Formationen. Ist kohlensaure Kalkerde. Abänderungen viele: Kreide, Marmor, Erbsenstein, Kalkstein, Faserkalk, lithographischer Kalkstein, Tropfstein, Tuffkalk, bituminöser Mergelschiefer, Mergel (ein Gemisch von Kalk und Thonerde) u. dgl. Der klare wasserhelle zeigt doppelte Strahlenbrechung, daher Doppelspath.

Bitterkalk oder Dolomit; wasserhell oder verschieden gefärbt bis dunkel und undurchsichtig, krystallisirt in Rhomboedern oder derb in körnigen faserigen, erdigen und löcherigen Massen. H. 4. G. 2,6. Besteht aus kohlensaurer Kalkerde und kohlensaurer Talkerde mit färbenden Metalloxyden. Wird wie der Kalk als Baustein benutzt.

Flußspath; krystallisirt in Würfeln; durchsichtig oder halbdurchsichtig; farblos oder blau, grün, roth. H. 4. G. 3,3. Findet sich blättrig, dicht und erdig, besonders auf Gängen in Begleitung von Erzen. Ist Fluorkalcium. Phosphorescirt, wenn er erwärmt wird.

Apatit; krystallisirt in gleichartigen, sechsseitigen Säulen, oder derb; undurchsichtig bis durchsichtig; Farbe blau, roth, gelb, weiß; H. 5,0. G. 3,0 bis 3,3. Bruch muschelig, Fettglanz. In Ur- und Uebergangs-Gebirgen eingesprengt und auf Gängen. Ist phosphorsaure Kalkerde. Phosphorescirt.

Der als gutes Düngmittel geschätzte Phosphorit ist ebenfalls phosphorsaure Kalkerde und kommt nesterweise in lagerartigen verschiedenen Kalksteinformationen vor.

B. Strontian- und barhterdige.

Schwerspath hat tafelförmige prismatische Krystalle. H. 3,5. G. 4,5. Farbe weiß, graulich. Findet sich blättrig, körnig, stengelig abgesondert und dicht. Ist schwefelsaure Baryterde. Bologneser Leuchtstein.

Cölestin zeigt rhombisch-prismatische Krystalle von meistens himmelblauer Farbe. H. 3,5. G. 3,9. Findet sich im Flötzgebirge, krystallisirt und eingesprengt, oder als dünne Lager. Ist schwefelsaure Strontianerde.

C. Thon-, kalk- und kieselerdige.

Sind unwichtig und finden keine besondere Anwendung; viele undurchsichtig und schön grün oder blau gefärbt. Hierher u. a. Borazit, Datolith, Türkis, Lazulith u. dgl. Aus dem thonerdehaltigen Kryolith auf Grönland wird das Aluminium dargestellt. Die Farben meistens metallischen Ursprungs.

Dritte Ordnung. Gesäuerte Metalloxyde (Salz-Metalle).

§. 180. Lösen sich nicht im Wasser auf, sind undurchsichtig oder an deren Kanten durchscheinend, und weiß oder buntgefärbt. Härte 1,5—5. Gewicht 2—7,0. Alle sind deutlich krystallisirt, doch meist prismatisch. Sie bestehen aus gesäuerten Metalloxyden und finden sich auf Gängen, seltener in Lagern des Urgebirges und älteren Flötzgebirges.

A. Bleihaltige. Farbe weiß, gelb, grün und roth. H. 2,5—4. G. 6,0—7,0. Bruch muschelig, Fett- bis Demantglanz, deutliche Krystalle, Prismen und Tafeln. Finden sich auf Gängen in Gesellschaft von Bleierzen, und bestehen aus Bleioxyd mit verschiedenen Säuren; weiß kohlensauer, hellgrün phosphorsauer, roth chromsauer, gelb molybdänsauer u. s. w.

B. Kupferhaltige. Farbe dunkelblau oder grün. H. 3,5—4. G. 3,6—4,3. Strich gefärbt, aber heller; Glas- oder Seidenglanz; deutliche Krystalle, oder strahlig abgesondert in Knollen und Nieren. Auf Gängen im älteren Gebirge. — Lasur, smalte- bis dunkel indigoblau, Krystalle rhombische Prismen und Pyramiden. Ist gewässertes, kohlensaures Kupfer. — Malachit, spangrün bis schwärzlichgrün, faserig, in Nieren; ist stärker gewässertes kohlensaures Kupfer.

C. Eisenhaltige. Spatheisenstein. Weiß oder gelblich, braun werdend an der Luft. Krystalle, Rhomboeder. H. 4. G. 3,9. Ist kohlensaures Eisenoxydul. Vorzüglich zur Eisen- und Stahlgewinnung.

D. Zinkhaltige. Galmei. Weiß oder gelb, auch braun und grün. H. 4,5. G. 3,4—4,4. Krystalle rhomboedrisch oder prismatisch. Ist kohlensaures und kieselsaures Zinkoxyd; schmilzt nicht vor dem Löthrohr. Findet sich auf Lagern, besonders in Schlesien. Aus diesem Erz wird das meiste Zinkmetall gewonnen.

E. Hornerze. Farbe grau, am Lichte nachdunkelnd. H. 1—2. G. 5,5. Krystalle klein, aber ziemlich deutlich, oktaedrisch. Hierher das Chlor-Silber und Chlor-Quecksilber; beide selten.

Zweite Klasse.

Erdige Gesteine und Silikate.

§. 181. Sie haben viele äußere Kennzeichen der vorigen, alle Härtegrade (1—10), aber verhältnißmäßig ein geringeres Gewicht (1,8—4,5); die meisten sind deutlich krystallisirt, wasserhell oder bunt gefärbt in allen Graden der Durchsichtigkeit; viele, besonders undurchsichtige, erscheinen derb als Gebirgssteine der ältesten Schichten unseres Erdköpers. Chemisch bestehen sie meistens aus Erden, in deren Verbindung unter einander die Kieselerde sich wie eine Säure verhält, welche theils mit den anderen Erden, theils mit den Alkalien oder gewissen Metalloxyden eine salzartige Verbindung eingeht. Daher nennt man diese Stoffe kieselsaure Salze oder Silikate. Nur wenige, wie Quarz, Sapphir und Demant, haben nicht eine solche Zusammensetzung.

Erste Ordnung. Glimmer.

§. 182. Starker Glas-, zum Theil Fettglanz, Durchsichtigkeit bei oft düsteren Farben, untergeordnete Krystallisation, aber sehr vollkommener Blätterdurchgang, eine Härte von 1—4 und ein Gewicht von 2,5—3 zeichnen die Gruppe aus. In ihnen herrschen Talk- und Thonerde mit Metalloxyden vor.

Glimmer, Talk und Chlorit. Krystalle rhomboedrisch, meist tafelartig, Fett- bis halbmetallischer Glanz H. 1—3. G. 2,3—3. Kommen meistens in tafelförmigen Krystallen mit stark entwickeltem Durchgange schon in den ältesten Gebirgen vor, sind in dünnen Lagen durchsichtig, in stärkeren nur durchscheinend, biegsam, oft elastisch. Farbe weiß, rauchbraun, grünlich, schwarz. Bestehen aus Kiesel-, Thon- und Talkerde mit etwas Eisenoxyd. Man kennt viele Arten, die auch als wesentlicher Gemengtheil der Gebirgsarten wie des Granites und Gneißes auftreten und in diesen lagerartig ausgeschieden sind. Z. B. den gemeinen Talk, wovon der blättrige Talk und der Talkschiefer Abänderungen sind, gemein biegsam, sehr fettig anzufühlen, durchscheinend; er enthält keine Thonerde. Der Glimmer oder Lepidolith dagegen enthält keine Talkerde, ist elastisch biegsam und findet sich in kleinen sechsseitigen Täfelchen, in Form von Schuppen, Blättchen und in großen durchsichtigen Platten, Marienglas. Chlorit, gemein biegsam, undurchsichtig, fettig; Farbe grün; Perlmutterglanz; weicher als Glimmer. Als Gemengtheil und auf Gängen, seltener erdig oder schieferig. — Abänderungen des Glimmers, die zum Theil als Gebirgsgesteine auftreten, sind: Glimmerschiefer, Chloritschiefer, Talkschiefer.

Argillithe oder Thone. Es sind unkrystallinische Massen ohne Spur von Struktur; Bruch erdig und dicht, geringste Härtegrade. G. 0,6 bis 2,8. Undurchsichtig, in allen Farben; theils mager, theils fettig anzufühlen. Bestehen ebenfalls aus Kiesel-, Thon- und Talkerde. Hierher eine Menge Fossilien. Z. B. die Porzellanerde, der Tripel, der Klebschiefer, der Feuerthon, die Wacke. — Arten der Thongesteine sind: der Thonschiefer, Tafelschiefer, Wetzschiefer, Zeichnenschiefer, die Alaunerde, der gemeine Thon, die Gelberde, der Bolus, die Bergseife, Walkererde, Grünerde, der Meerschaum, Speckstein oder die spanische Kreide u. m. a.

Zweite Ordnung. Spathe.

§. 183. Dichte, durchsichtige bis undurchsichtige Gesteine von Fett-, Glas- oder Perlmutterglanz. Bunte, doch meist dunkle Farben. H. 3,5—7,5. G. 2,0—3,7. Krystallisation meistens deutlich und prismatisch. Bestehen aus Kieselsäure, Kalk- und Thonerde, bisweilen mit etwas Talk und meistens färbenden Metalloxyden.

Diallage oder Schillerspath, grün, braun oder schwarz, undurchsichtig; metallartiger Glanz. H. verschieden. G. 2—3,4. Kieselsäure, Talk- und Kalkerde. Als Gemengtheil im Grabbro und Serpentin.

Zeolithe. Farbe meist weiß, durchsichtig bis undurchsichtig. H. 3,5—6. G. 2,5. Schmelzen leicht zu einem blasigen Glase; enthalten Kieselsäure und Thonerde mit Talk, Kali, Natron und Wasser. Kommen nur in geringer Verbreitung auf Gängen, in Klüften und Höhlen vulkanischer Gebirge vor. Es giebt viele Arten, z. B. Chabasit, Ichthyophthalm oder Albin, Mesotyp, Stilbit, Blätterzeolith, Leuzit, Analzim u. a. m.

Feldspathe. Helle, zum Theil schillernde Farben, meistens röthlich oder gräulich; prismatische Krystalle, häufig Zwillinge. H. 5—6. G. 2,0 bis 2,8. Besteht aus Kieselsäure, Thon- und Kalkerde oder Alkalien, und findet sich in großer Verbreitung, besonders in den älteren Felsarten, z. B. im Granit, Gneiß, Porphyren u. v. a. Es giebt viele Arten, die zur Gruppe des Feldspaths gehören, z. B. Labrador (mit lebhaftem Farbenspiel), Orthoklas, Adular, Albit, Skapolith, Petalith, Spodumen, Nephelin, Prehnit u. a. m.

Augite oder Hornblendgesteine. Schwarz oder dunkelgrün, meist undurchsichtig. H. 4—7. G. 2,7—3,5, schwacher Glanz. Kieselsäure, Kalk-, Thon- und Talkerde. Als Gemengtheil älterer Gebirge, z. B. des Basalts, Grünsteins u. a., nicht isolirt als Gebirgsstein, immer eingesprengt in kleineren Partien oder gemischt mit anderen Mineralien. Abänderungen zahlreich, z. B. Amphibol oder Hornblende, schwarz. G. 3,9. Prismatische Krystalle. — Augit, grün oder schwarz, Krystalle vierseitige Prismen mit halber Pyramide. G. 3,5. — Pistazit oder Epidot, bräunlichgrün, an den Kanten zum Theil durchscheinend, geringere H; beide schmelzen vorm Löthrohr. — Asbest, faserig, biegsam, weich, weißgrün bis ins Grüne. — Serpentin, derb, sehr weich, grün und bunt.

Dritte Ordnung. Edelsteine. Gemmen.

§. 184. Helle, durchsichtige, deutlich krystallisirte Gesteine; Krystalle meist Polyeder oder Prismen; größte Härte (7—10). Gewicht 2—4,7. Kieselsäure, Thon-, Talk- und Kalkerde, mit vielen färbenden Metalloxyden; meistens krystallisirt. Die reineren Abänderungen stehen als Edelsteine in hohem Werth. Auf Gängen in älteren Gebirgen, eingesprengt oder als Geschiebe, bisweilen derb als Gebirgsgesteine, doch kommen so nur Quarz, Topas und Granat vor.

Schörl. Schwarz, undurchsichtig. H. 7,5. G. 3—3,5. Sechsseitige Prismen mit dreiseitiger Pyramide. Turmalin, durchscheinend bis durchsichtig, farbig, krystallisirt. Wird beim Erwärmen elektrisch. — Peliom, blau mit dichroistischem Farbenwechsel, leichter als voriger, selten krystallisirt, oft als Geschiebe. — Chrysolith, Olivin, Peridot. Gelblich grün. Prismatische Krystalle. H. 6,5—7. G. 3,4. In Basalt-Gebirgen.

Beryll. Schön hellgrün, bisweilen weingelb. H 7,5—8. G. 3. Kieselsäure mit Beryll- und Thonerde. Sechsseitige Prismen, meist ohne Pyramiden-Flächen. — Euklas, lichter grün, sehr spröde, Prismen vierseitig. H. 7,5. — Smaragd, grasgrün, oft schmutzig grün, sechsseitige Prismen. H. 7,5—8. Besonders schön in Südamerika.

Topas. Hell weingelb, blaßgrün oder röthlich; prismatische Krystalle. H. 8. G. 3,5. Im Gebirgsgestein des Schneckenfels in Sachsen, sonst auf Gängen in Klüften, besonders schön in Brasilien.

Quarz. Wasserhell und in allen Farben, sechsseitige Prismen mit sechsseitigen Pyramiden. H. 7. G. 2,5—2,7. Reine Kieselsäure mit färbenden Metalloxyden. Findet sich krystallisirt auf Gängen und Klüften, derb als Gebirgsgestein, häufig als Geschiebe in knolligen Stücken. Abänderungen sind; a) krystallisirte: wasserhell Bergkrystall, hellviolet Amethyst, lauchgrün Prasem. b) Als Geschiebe in Knollen: grau Feuerstein, roth Carneol, grün Chrysopras, in wechselnden, grau, braun und weißen Streifen Onyx; bunt, halbdurchsichtig Achat; undurchsichtig, bunt Jaspis; mit Wassergehalt schillernd, gelb, grün und blau, halb durchsichtig Opal u. dgl. m.

Granate. Glas- oder Fettglanz, durchsichtig bis undurchsichtig, deutliche Krystallisation. H. 6—7,5. G. 3—4,3. Farben besonders braun- oder blutroth. Kieselsäure, Thon- und Kalkerde mit Eisenoxyd. Findet sich eingesprengt in älteren Gebirgen, auch in vulkanischen, und als Geschiebe. Z. B. Staurolith, braun, ungleich winkelige, sechsseitige Prismen, oft kreuzweis. — Vesuvian oder Idokras, schmutzig grün oder braun, pyramidale Krystalle. — Helvin, schmutzig grün, Krystalle polyedrisch. — Pyrop, schön blutroth, im Serpentin und als Geschiebe. — Gemeiner Granat, schmutzig kirschroth, braun, in Rhomboidaldodekaedern und in Körnern.

Zirkon, roth oder braun, durchscheinend durchsichtig, Krystalle vierseitige Doppelpyramiden mit Prismen. H. 7,5. G. 4,6. Besteht aus Zirkonerde und Kieselsäure. Findet sich eingewachsen und als Geschiebe; der blutrothe heißt Hyacinth.

Korund, braunroth oder blau, durchscheinend bis undurchsichtig, Krystalle deutlich, meist sechsseitige Prismen. H. 9. G. 3,4—4,0. Reine Thonerde. — Chrysoberyll, gelblich grün, Krystalle vierseitige Prismen mit Pyramiden. H. 8,5. Kiesel- und Thonerde. Süd-Amerika. - Sapphir, edler K., Schmirgel. Blau oder roth, durchsichtig. Krystalle Rhomboeder. H. 9. Blau Sapphir, roth Rubin. Reine Thonerde. — Spinell, weinroth, schwarz oder schmutzig grün. Kryst. Oktaeder. H. 8. Thon- und Talkerde. Ceylon.

Demant oder Diamant, roh graubraun bis wasserhell, geschliffen wasserhell mit lebhaftem Farbenspiel und Demantglanz. H. 10. G. 3,5. Krystalle oktaedrisch. Besteht aus reinem Kohlenstoff Als Geschiebe in Brasilien, Indien und am Ural; oder eingesprengt in Itakolumit (Quarzhaltiger

Glimmerschiefer). — Der gleichfalls aus reinem Kohlenstoff bestehende Graphit krystallisirt in sechsseitigen Tafeln, kömmt häufiger aber in dichten, schuppigen, erdigen Massen vor, hat immer H. 1 und G. 2 und wird zu Bleistiften verwendet.

Dritte Klasse.

Metallische Gesteine.

§. 185. Der eigenthümliche Glanz, die lebhafte Färbung verbunden mit Undurchsichtigkeit, geringerer Härte, aber bedeutender Schwere, unterscheiden diese Gruppe. Alle sind im Feuer schmelzbar, und lassen sich dadurch, selbst wenn sie mit anderen Stoffen verbunden sind, rein (gediegen) darstellen; doch kommen nur wenige, meistens die edlen Metalle, gediegen vor. Alle finden sich auf Gängen und Lagern in älteren Gebirgen, oder auch eingesprengt in jüngern Erdschichten. Man kennt gegenwärtig mehr als 30 verschiedene Metalle, die z. Th. oxydirt, geschwefelt oder rein vorkommen.

Erste Ordnung. Metall-Oxyde.

§. 186. Sie haben meistens einen schwachen Metallglanz, bunt gefärbten Strich, die größte Härte (bis 7) und das geringste Gewicht (3,4 — 7,4). Alle bestehen aus Metall mit Sauerstoff verbunden.

Eisenoxyde finden sich in großer Ausbreitung in vielen Formationen der Erde; sie haben eine rothe, braune oder schwarze Farbe, eine H. von 5,5 — 6,5. G. 3,8 — 5,3, und einen bunten meist röthlichen Strich. Magneteisenstein, tief eisenschwarz, krystallisirt in Oktaedern und derb; Eisenoxyd mit Eisenoxydul; stark magnetisch. — Rotheisenstein und Eisenglanz, schmutzig blutroth und dunkel stahlgrau mit grauem metallischem Glanz; Strich blutroth; rhomboedrisch krystallisirt, meist strahlig abgesondert in nierenförmigen Stücken; Eisenoxyd, auch mit Kieselsäure und Thonerde verbunden. — Brauneisenstein, tief schwarzbraun mit metallischem Schimmer, Strich gelbbraun, ebenso wie das vorige Erz abgesondert; Eisenoxyd mit Wasser. — Eisen findet sich gediegen nur in den Meteorsteinen.

Manganoxyde, schwarz oder dunkelgrau, Strich röthlichbraun oder bräunlich schwarz, zum Theil glanzlos, fast erdig; G. 4—4,8. H. 2,5—6,5. — Schwarzer Braunstein, tief braunschwarz, Strich fuchsroth. H. 5,5. Manganoxydul mit Wasser. — Grauer Braunstein, stahlgrau bis eisenschwarz, schwach metallisch glänzend, strahlig abgesondert. H. 2,5—4. Mangansuperoxyd. — Schwarzeisenstein, Hartmangan, bläulich schwarz mit schwachem Metallglanz, nierenförmig und traubig abgesondert. Manganoxyd mit Mangansuperoxyd. Das Manganmetall, welches dem Eisen ähnelt, kommt, wegen seiner großen Verwandtschaft zum Sauerstoff, nicht gediegen vor.

Zinnstein, gelb bis schwarz, Strich graulich, Krystalle quadratische Prismen mit Pyramidenflächen. H. 6—7. G. 6,3 — 7. Reines Zinnoxyd. Vorkommen in Granit, Gneiß, Porphyr in Sachsen und Böhmen. — Das Zinnmetall, dessen Eigenschaften bekannt sind, kommt in der Natur am meisten in diesem oxydirten Zustande vor, gediegen gar nicht. — Auch das Zink findet sich in der Natur nicht gediegen, sondern oxydirt als Rothzinkerz, häufiger geschwefelt als Zinkblende auf Gängen und Lagern im älteren Gebirge; in Verbindung mit Kieselerde als Galmei am häufigsten in Westphalen, Schlesien, Belgien u. a. O.

Zweite Ordnung. Metallkönige.

§. 187. Sie haben deutlichen Metallglanz und lichte, metallische Farben. Krystalle nicht sehr deutlich, meistens unregelmäßige, drahtförmige, hakige Gestalten; einige flüssig. H. bis 5. G. 5,7—21. Finden sich nur auf Gängen, die edelsten auch als Geschiebe und im Flußsande.

Arsenik krystallisirt selten in Rhomboedern, meist in traubigen und nierenförmigen Massen, bleigrau, auf der Oberfläche schwarz angelaufen, H. 3,5. G. 5,7. Auf Gängen und Lagern im ältern Gebirge mit andern Erzen, in Sachsen, Böhmen u. a. O. Der meiste Arsenik wird aus den Verbindungen mit Schwefel (Realgar und Auripigment) gewonnen.

Spießglanz, Antimon; eingesprengt in derben oder nierenförmigen Stücken, mit rhomboedrischen Durchgängen; Farbe zinnweiß, gelblich anlaufend. H. 3,5. G. 6,7. Auf Gängen im Harze, Böhmen und Frankreich, aber selten; ist flüchtig im Feuer; wird zur Composition des Letternmetalls verwendet; findet sich meist geschwefelt (Grau- und Rothspießglanzerz).

Wismuth, undeutliche, rhomboedrische Krystalle; Farbe silberweiß, etwas röthlich. H. 2,5. G. 9,6—9,8. Vorkommen in krystallinischen Gebirgen. Benutzung zu Compositionen und in der Medicin.

Kupfer, selten krystallisirt in Würfeln, meist in eckigen, hakigen, plattenartigen Massen; Farbe hell braunroth (kupferroth); H. 2,5—3 G. 8,4 bis 8,9; findet sich häufig gediegen nur in Nord-Amerika, meistens geschwefelt.

Quecksilber, flüssig in Tropfen in den Höhlungen des Gesteins, gefriert bei —31° Reaum., silberweiß; G. 14,0; flüchtig im Feuer; findet sich nur an wenigen Stellen, z. B. bei Idria, in Peru und Californien; wird zur Spiegelbereitung und zum Vergolden benutzt.

Silber findet sich krystallisirt in Oktaedern oder häufiger in unregelmäßig geformten, gestrickten, haar- oder drahtförmigen, auch hakigen Massen auf Gängen in älteren Gebirgen; Farbe silberweiß, gewöhnlich schmutzig grau angelaufen; H. 2,5—3. G. 10,9—10,5.

Gold findet sich nur gediegen in Körnern, Drähten oder kleinen Platten, seltener in oktaedrischen Krystallen auf Gängen, oder als Geschiebe im Flußsande. Farbe gelb. H. 2,5—3. G. 16,0—19,3. Das Gold ist sehr zähe und läßt sich in äußerst dünne Blättchen schlagen, dann schimmert das Licht grün hindurch.

Platin, sehr selten in Würfeln, meist in Schuppen und Körnern von stahlgrauer Farbe; rein weißlich. H. 5—5,5. G. 17,0—19,0 roh, ganz rein 21. Ebenfalls hämmerbar und schweißbar, wie das Eisen. Südamerika und am Ural.

Dritte Ordnung. Schwefelmetalle.

§. 188. Auch in dieser Gruppe ist der Metallglanz und das metallische Ansehn sehr deutlich, oft stärker als in der vorigen. H. 1—6,5. G. im Allgemeinen geringer, wechselt von 3,5—8,2. Alle bestehen aus Metall und Schwefel in verschiedenen Graden innig verbunden. Die Meisten sind deutlich krystallisirt, Manche strahlig abgesondert in Kugeln und Knollen. Sie finden sich auf Gängen in älteren und eingesprengt in jüngeren Formationen. In der Metallurgie heißen diese Fossilien Kiese, Blenden und Glanze.

Schwefeleisen, Schwefelkies. Messinggelb, an der Luft braun anlaufend, frisch mit starkem Metallglanz. Krystalle, Würfel oder polyedrisch, oder strahlig abgesondert in Kugeln und Knollen. H. 3,5—6,5. G. 4,4—5,4. Findet sich auf Gängen, Lagern und eingesprengt in allen Formationen, besonders jüngeren. Manche Kiese zersetzen sich leicht an der Luft, und bilden dann Eisenvitriol. Ist Eisen mit Schwefel.

Schwefelkupfer. Krystallisation untergeordnet, meistens in derben Stücken. Farbe schwärzlich, gelbgrau, bisweilen blau anlaufend. G. 5,4 bis 5,7. H. 3—4. — Buntkupfererz, rothbraun, läuft an der Luft regenbogenfarben an. In Würfeln, häufiger dicht und derb, H. 3. G. 5. Auf Gängen und Lagern mit andern Kupfererzen. Ist Kupfer, Schwefel und Eisenoxyd. — Kupferkies, krystallisirt in quadratischen Oktaedern und Tetraedern, aber auch derb, besonders mit Bleiglanz auf Gängen. Farbe hell messinggelb, oft bunt anlaufend. H. 4. G. 4. Ist Schwefelkupfer mit Schwefeleisen. — Fahlerz, krystallisiirt in Polyedern, besonders Tetraeder; stahlgrau bis eisenschwarz mit unebenem Bruch. H. 4. G. 5. Ist Schwefelkupfer mit Eisen, Arsenik, Spießglanz und öfters auch Silber.

•Arsenikkies, prismatische Krystallisation, ziemlich deutlich; Farbe frisch silberweiß, an der Luft grau werdend. H. 5—6. G. 6,4—6,7. Besteht aus Schwefeleisen und Arsenik. Häufig auf Lagern und Gängen mit andern Erzen.

Kobaltkies (Speißkobalt), Krystalle oktaedrisch, auch stalaktitische Formen; Farbe zinnweiß bis stahlgrau, grau auslaufend; Bruch uneben. H. 5,5. G. 6,5. Auf Gängen, besteht aus Kobalt, Arsenik und etwas Schwefeleisen. — Das Kobaltmetall findet sich meist mit Arsenik verbunden, hat eine bleigraue ins Röthliche gehende Farbe, einen grobkörnigen Bruch, und eine Schwere von 8,7. — Liefert Smalte (Glas) und Zaffer (Oxyd), erstere blau, letztere gelb gefärbt.

Bleiglanz, krystallisirt in polyedrischen Formen, meist in Würfeln und Rhombendodekaedern, Farbe bleigrau. H. 2,5. G. 7,4—7,6. Höchst gemein auf Gängen und Lagern, besteht aus Schwefel und Blei, meistens mit etwas Silber und liefert das meiste in den Handel kommende Blei. — Das Bleimetall findet sich in der Natur nicht rein, sondern vorzugsweise in diesem geschwefelten Zustande.

Spießglanz, prismatische Krystalle, meist strahlig abgesondert, Farbe dunkel bleigrau. H. 1,5—2,5. G. 4,5—4,8. Ist Spießglanz mit Schwefel. Das Spießglanzmetall findet sich selten rein, besonders aber geschwefelt und oxydirt; es ist zäher als Blei, leicht schmelzbar, bei höherer Temperatur flüchtig; man braucht es zu Compositionen und in der Medicin.

Rothgültigerz findet sich krystallisirt in sechsseitigen Prismen mit Pyramiden, oder derb. Farbe dunkelroth, schwarzgrau glänzend, gegen das Licht gehalten blutroth scheinend, Strich roth. G. 5,8. Auf Gängen, besonders im Harz. Ist Schwefel, Silber, Spießglanz und Arsenik. — Das Sprödglaserz ist Schwefel, Silber und Antimon und wird wie voriges zur Silbergewinnung verhüttet.

Zinnober. Krystalle undeutlich, meist derb, selten blättrig, Farbe dunkelgrau oder roth mit Demantglanz, Strich schön roth. H.2. G. 7—8. Ist Schwefel und Quecksilber. Findet sich auf Gängen und Lagern, z. B. im Zweibrückschen, und wird als Farbestoff oder auf Quecksilber benutzt.

Vierte Klasse.

Brenzliche Gesteine. Brenze.

§. 189. Fett- oder Glasglanz, undeutliche Krystallisation, düstere, gelbe, braune oder schwarze Farben, H. 1—2,5. G. 1,0—2,6, und die leichte Verbrennlichkeit im Feuer mit eigenthümlichem Geruch charakterisiren diese Gruppe. Einige sind elementar, wie der Schwefel, andere bestehen aus Kohlenstoff, Pflanzenresten und Erdöl oder Bitumen, dessen eigenthümlichen

Geruch manche besitzen. Sie finden sich auf Gängen oder als Gebirgsformation in ganzen Lagern. Hierher nur wenige Mineralien.

Schwefel krystallisirt in Rhombenpyramiden, oft auch in kugeligen, stalaktitischen Massen, faserig, körnig und dicht; Farbe gelb, starker Fett- oder Glasglanz. H. 1—2,5. G. 1,9—2,0. Brennt im Feuer mit blauer Flamme und riecht dabei eigenthümlich. Findet sich auf Gängen und Lagern entweder rein, oder mit Arsenik verbunden als Operment in der zweiten und als Realgar oder Sandarack in der ersten Schwefelmischung.

Erdöl, Erdpech, Asphalt, haben eine braune oder schwarze Farbe; ersteres ist flüssig, leichter als Wasser und riecht stark brenzlich, quillt aus der Erde, besonders am Kaspischen und todten Meere; der Asphalt ist fest, pechschwarz und findet sich besonders auf Trinidad.

Kohlen, schwarz oder braun. Glasglanz oder erdig, nicht krystallisirt. Härte sehr verschieden, bis 2, Gew. 1,2—1,5. Bestehen größtentheils aus Kohlenstoff mit etwas Sauerstoff, Wasserstoff und Stickstoff. — Die Steinkohle ist schwarz, glänzend, nie erdig, fest, und findet sich als Lager mit Sandstein und Schieferthon wechselnd im ältern Flötzgebirge. — Die Braunkohle ist braun, meistens glanzlos und erdig, hat oft noch Holzstruktur und findet sich mit Sand und Thon abwechselnd im jüngsten Flötzgebirge. Beide werden als Brenn- und Leuchtmaterial benutzt und stammen von urweltlichen Gewächsen her.

MIX
Papier | Fördert gute Waldnutzung
FSC® C083411

Zeitfracht Medien GmbH
Ferdinand-Jühlke-Straße 7
99095 Erfurt, Deutschland
produktsicherheit@kolibri360.de